Siegfried J. Schmidt

Die Welten der Medien

Wissenschaftstheorie
Wissenschaft und Philosophie

Gegründet von Prof. Dr. Simon Moser, Karlsruhe

Herausgegeben von Prof. Dr. Siegfried J. Schmidt, Siegen

1 H. Reichenbach: Der Aufstieg der wissenschaftlichen Philosophie (lieferbar als Band 1 der Hans Reichenbach Gesammelten Werke)
2 R. Wohlgenannt: Was ist Wissenschaft? (vergriffen)
3 S. J. Schmidt: Bedeutung und Begriff (vergriffen)
4 A.-J. Greimas: Strukturale Semantik (vergriffen)
5 B. G. Kuznecov: Von Galilei bis Einstein (vergriffen)
6 B. d'Espagnat: Grundprobleme der gegenwärtigen Physik (vergriffen)
7 H. J. Hummell, K. D. Opp: Die Reduzierbarkeit von Soziologie auf Psychologie (vergriffen)
8 H. Lenk (Hrsg.): Neue Aspekte der Wissenschaftstheorie (vergriffen)
9 I. Lakatos, A. Musgrave (Hrsg.): Kritik und Erkenntnisfortschritt (vergriffen)
10 R. Haller, J. Götschl (Hrsg.): Philosophie und Physik (vergriffen)
11 A. Schreiber: Theorie und Rechtfertigung
12 H. F. Spinner: Begründung, Kritik und Rationalität
13 P. K. Feyerabend: Der wissenschaftstheoretische Realismus und die Autorität der Wissenschaften
14 I. Lakatos: Beweise und Widerlegungen (vergriffen)
15 P. Finke: Grundlagen einer linguistischen Theorie
16 W. Balzer, A. Kamlah (Hrsg.): Aspekte der physikalischen Begriffsbildung (vergriffen)
17 P. K. Feyerabend: Probleme des Empirismus
18 W. Diederich: Strukturalistische Rekonstruktionen (vergriffen)
19 H. R. Maturana: Erkennen: Die Organisation und Verköperung von Wirklichkeit
20 W. Balzer: Empirische Theorien: Modelle – Strukturen – Beispiele
21 H. von Foerster: Sicht und Einsicht
22 P. Finke, S. J. Schmidt (Hrsg.): Analytische Literaturwissenschaft
23 J. F. Ihwe: Konversationen über Literatur
24 E. von Glasersfeld: Wissen, Sprache und Wirklichkeit
25 J. Klüver: Die Konstruktion der sozialen Realität Wissenschaft: Alltag und System (vergriffen)
26 Ch. Lumer: Praktische Argumentationstheorie (vergriffen)
27 P. Hoyningen-Huene: Die Wissenschaftsphilosophie Thomas S. Kuhns
28 W. Stangl: Das neue Paradigma der Psychologie
29 W. Krohn, G. Küppers (Hrsg.): Selbstorganisation. Aspekte einer wissenschaftlichen Revolution
30 E. Matthies, J. Baecker, M. Wiesner: Erkenntniskonstruktion am Beispiel der Tastwahrnehmung (vergriffen)
31 M. Borg-Laufs, L. Duda: Zur sozialen Konstruktion von Geschmackswahrnehmung (vergriffen)
32 R. Paslack: Urgeschichte der Selbstorganisation
33 G. Schiepek: Systemtheorie der Klinischen Psychologie
34 A. Kertész: Die Modularität der Wissenschaft
35 H.-M. Zippelius: Die vermessene Theorie
36 A. Ziemke: System und Subjekt
37 G. Schlosser: Einheit der Welt und Einheitswissenschaft
38 H.-J. Niemann: Die Strategie der Vernunft
39 Th. Zoglauer: Das Problem der theoretischen Terme
40 M. F. Peschl: Repräsentation und Konstruktion
41 J. Klüver: Soziologie als Computerexperiment
42 U. Charpa: Philosophische Wissenschaftshistorie
43 G. Schiepek, W. Tschacher (Hrsg.): Selbstorganisation in Psychologie und Psychiatrie (in Vorbereitung)
44 B. Vaassen: Die narrative Gestalt(ung) der Wirklichkeit
45 A. Ziemke, O. Breidbach (Hrsg.): Repräsentationismus – Was sonst?
46 S. J. Schmidt: Die Welten der Medien

Siegfried J. Schmidt

Die Welten der Medien

Grundlagen und Perspektiven der Medienbeobachtung

vieweg

Softcover reprint of the hardcover 1st edition1996

Der Verlag Vieweg ist ein Unternehmen der Bertelsmann Fachinformation GmbH.

Gedruckt auf säurefreiem Papier

ISSN 0939-6268

ISBN-13: 978-3-322-86513-7 e-ISBN-13: 978-3-322-86512-0
DOI: 10.1007/978-3-322-86512-0

Inhalt

Vorbemerkung VII

Kap. I Medienforschung: Grundlagen und Orientierungen 1

0 Vorbemerkungen 1
1 Medienforschung braucht Systemorientierung 2
2 Zur „strukturellen Kopplung“ von Kognition und Kommunikation 5
3 Kognition 10
4 Sprache als Instrument der Verhaltenskoordinierung 16
5 Aspekte des Verstehens 18
6 Kommunikation 21
7 „Massenkommunikation“/„Massenmedien“ als Sozialsystem? 26
8 Kultur 35
9 Medienkulturwissenschaft 41
10 Medienkulturgesellschaft als Forschungsfeld 43
11 Noch einmal: Medien und Realität 55
12 Exkurs: „Gedächtnispolitik“ 64
13 Medienforschung und Anwendungsorientierung 70
14 Systemorientierung: Kanonisierung als Fallbeispiel 79

Kap. II Die Welt der „Neuen Medien“: Virtuelle Realitäten 95

1 Wirklichkeiten im Plural 95
2 Virtuelle Realitäten 99
3 Neue Medien-Kunst 108
4 Nachfrage: Oder leben wir schon im Cyberspace? 112
5 Aspekte der Virtualität in der Musik: Medien-Musik 115

Kap. III Medien – Kommunikation – Werbung: Stichwort Kommerzialisierung 118

1 Systemorientierung 118
2 Werbung und Medienkultur 118
3 Werbung, Wirtschaft und Gesellschaft 120
4 Zur Karriere der Fernseh-Werbung in der BRD nach dem 2. Weltkrieg 124
5 Funktionen von Fernseh-Werbung in der BRD seit 1956 135
6 Werbung als Kunst unserer Tage? 137
7 Werbung und die Kommerzialisierung der Kommunikation 149

Kap. IV Stille und laute Bilder.
13 Anmerkungen zur Medienkonkurrenz ... 153

1 Medienkonkurrenz ... 153
2 Die Erfindung der Fotografie ... 156
3 Bilder lesen ... 157
4 Das Auge ... 160
5 Das Sehen ... 162
6 Foto(Bild) ... 163
7 Werbefotos beobachten ... 164
8 Beziehungsverhältnisse ... 167
9 Zeitverhältnisse ... 171
10 Das Werbefoto ... 174
11 Werbung als theologische Technik ... 175
12 Das stille Bild ... 177
13 Vom Auraverlust zum Cyberspace ... 184
14 Nachsatz ... 185

Literaturverzeichnis ... 187

Abbildungsverzeichnis ... 205

Sachindex ... 206

Namenindex ... 212

Vorbemerkung

Die Rede von der Wirklichkeit der Medien ist heute gängig geworden. Gängig zu werden beginnt inzwischen auch die Einsicht, daß wir in einer Pluralität von Medienwirklichkeiten leben und daß wir zunehmend Probleme damit bekommen, dieses Pluriversum zu koordinieren. Selbst die Medienwissenschaften haben den Überblick verloren und lavieren zwischen hoch abstrakten Beschreibungsentwürfen und empirischer Detailanalyse. Klar ist inzwischen aber wohl, daß Medienforschung Systemorientierung braucht und sich interdisziplinär umsehen muß, um Medien und ihre Rolle im Prozeß gesellschaftlicher Selbstbeobachtung und Reproduktion mit Erkenntnisgewinn beobachten zu können.

Die hier vorgelegten Studien zu Grundlagen und Perspektiven der Medienbeobachtung führen Überlegungen zusammen, die im Laufe der letzten Jahre an den verschiedensten Stellen publiziert worden sind. Den thematischen Schwerpunkt bilden vier Beobachtungsbereiche: Medienkultur(wissenschaft), Virtuelle Realitäten, Werbung und Medienkonkurrenz.

Mit diesem Band wird die Reihe *Wissenschaftstheorie. Wissenschaft und Philosophie* abgeschlossen. Danken darf ich als Herausgeber dieser Reihe allen Autorinnen und Autoren, die ihre Manuskripte zur Verfügung gestellt und damit das Niveau der Reihe geprägt haben. Mein ganz besonderer Dank gilt daneben Dr. Frank Lube und Albrecht A. Weis für eine fast dreißigjährige vertrauensvolle Zusammenarbeit. Diese Erfahrung gehört zu den positivsten meines akademischen Lebens, in dem die Reihe Wissenschaftstheorie eine bedeutsame Rolle gespielt hat.

Siegen, im März 1996 S.J. Schmidt

Kap. I Medienforschung: Grundlagen und Orientierungen

0 Vorbemerkungen

Die Diskussion über das Funkkolleg „Medien und Kommunikation“ ebenso wie über den Einführungsband in die Kommunikationswissenschaft „Die Wirklichkeit der Medien“ (K. Merten et al. 1994) hat gezeigt, daß „der Radikale Konstruktivismus“ zumindest zur Irritation der Diskussion in der Publizistik sowie in den Kommunikations- und Medienwissenschaften taugt.[1]

Mancher der (nicht selten empört wirkenden) Kritiker hat sich dabei die Arbeit leicht gemacht. So spricht etwa U. Saxer (1992a) von „dem“ Radikalen Konstruktivismus, ohne einen einzigen Namen oder eine einzige Publikation zu nennen – als ob er nicht genau wüßte, daß es „den“ Radikalen Konstruktivismus gar nicht als geschlossene Theorie und/oder Autorenfraktion gibt[2]; und daß er „diesen“ Konstruktivismus ohne große Mühe als bloße Sensationsmasche decouvrieren kann, liegt nicht zuletzt daran, daß er dessen „Grundthesen“ extrem simplifiziert – gegen einen verantwortungslosen schieren Subjektivismus willkürlicher Konstruktionen zieht man leicht erfolgreich zu Felde.

Während Saxer aber, als erfahrener Wissenschaftler, bei aller Kritik die Contenance bewahrt, rutscht ein Autor wie R. Gehrke (1994) mit seinen aufgeregten Vorwürfen in den Bereich offener Verleumdung ab, die er mit Zitatcollagen diffamierender Art zu „belegen“ versucht – und das in so angesehenen Organen wie der DVjs oder der FR publizieren kann.

Angesichts solcher Aufgeregtheiten der Diskussion ist zu begrüßen, daß es auch besonnene Stimmen gibt, die zum einen zur Kenntnis nehmen, daß und wie Konstruktivistinnen und Konstruktivisten den Diskurs des Radikalen Konstruktivismus weiterentwickelt haben[3], und zum anderen abschätzen, welche Problemlösungskapazitäten diesem Diskurs für Fragen der Kommunikations- und Medienwissenschaften zuzutrauen sind (cf. u.a. S. Weischenberg 1995, St. Weber 1995a, P.M. Spangenberg 1995b, K. Merten 1995). Dabei stehen vor allem folgende Problembereiche im Zentrum der Aufmerksamkeit: Medien und Wirklichkeit, Medienwirkung, Kommunikation, öffentliche Meinung, Public Relations und Journalismus. Daneben wird in solchen Überlegungen zunehmend zur Kenntnis genommen, daß konstruktivistische und systemtheoretische

---

1 Cf. dazu die Titel in der von St. Weber zusammengestellten „Auswahlbibliographie Konstruktivismus und Medientheorie“ (1995).

2 Cf. S.J. Schmidt 1992: 9.

3 Cf. dazu S.J. Schmidt 1994.

Diskurse zunehmend Überschneidungsbereiche entwickeln und sich gegenseitig zur Präzisierung eigener Positionen benutzen, wobei auch deutlich wird, daß es sich bei beiden Diskursen um produktive Theorieangebote handelt, nicht um Supertheorien oder Paradigmata mit Abschlußcharakter.

*

Mit den folgenden Überlegungen versuche ich bewußt, auf der damit angedeuteten eher pragmatischen Ebene zu operieren, also zwei Fragen nachzugehen:

- Welche konstruktivistischen Theorieangebote können sinnvoll zur Klärung relevanter Probleme in den Kommunikations- und Medienwissenschaften verwendet werden (= Anwendungsaspekte)?
- Wie können bzw. sollten konstruktivistische Theorieangebote aussehen, die kommunikations- und medienwissenschaftliche Probleme lösen helfen können (= Entwicklungsaspekt)?

Dabei konzentriere ich mich im Folgenden auf den Themenbereich „Medien und Wirklichkeit" sowie auf Grundlagen und Perspektiven der Beobachtung von Medien und greife dabei auf meine einschlägigen Überlegungen zu diesen Themen aus den letzten Jahren zurück, die zusammengefaßt und (wo möglich) präzisiert bzw. erweitert werden. Dabei möchte ich die Ausgangslage (sozusagen die Atmosphäre) meiner Überlegungen mit M. Seel so kennzeichnen: Auch wenn die neuen Medien unser Wahrnehmen und Erkennen verändern und damit zu signifikanten Veränderungen (in) der menschlichen Lebenswelt führen, „... stellen sie nicht die *Begriffe* der Wahrheit und der Wirklichkeit insgesamt auf den Kopf." Vielmehr müssen „... alle die *Unterscheidungen* neu bedacht werden, die es braucht, um die neuen Wirklichkeiten angemessen zu beschreiben – zwischen Sein und Schein, Wahrheit und Lüge, Fiktion und Nicht-Fiktion, zwischen ästhetischen und erkenntnistheoretischen Kategorien [...] – und vielem anderen mehr." (1993: 783)

1 Medienforschung braucht Systemorientierung[4]

Medienforschung steht grundsätzlich vor einem doppelten Problem:

- Sie operiert *autologisch*, d.h. sie spricht über Sprache, kommuniziert über Kommunikation, handelt in Medien über Medien. Und daraus folgt: Sie kann ihre eigenen Voraussetzungen nie analytisch einholen.
- Sie kann ihren Gegenstand (ein Medium oder verschiedene Medien) nicht *identitätstheoretisch* (dem Wesen nach) bestimmen, sondern nur *differenztheoretisch* (im Un-

4 Dieses Kapitel greift eine Forderung auf, die S. Weischenberg (1995, 1995a) für die Journalismusforschung, U. Saxer (1992) für die Kommunikationswissenschaft aufgestellt hatte. Er plädiert dort für eine Analyse der intersystemischen Beziehungen zwischen Kommunikationssystemen, Sozialsystemen, Techniksystemen und psychischen Systemen, während hier der intersystemische Zusammenhang von Kognition (psychischem System), Kommunikation (sozialem System), Mediensystem und Kultur (System symbolischer Ordnungen) im Mittelpunkt des Interesses steht.

terschied zu). Denn jede Bestimmung ist beobachterabhängig und damit soziokulturell kontingent; das heißt, man könnte auch anders und anderes beobachten.[5]

Aus diesen (nur auf den ersten Blick sehr abstrakten) Startüberlegungen ergibt sich eine für alle kommunikations- und medienwissenschaftlichen Forschungen sehr folgenreiche Konsequenz: *Medienforschung braucht Systemorientierung,* und zwar sowohl bei der Gegenstandsbestimmung als auch bei der Methodenwahl. Was ist damit gemeint?

Zunächst einmal ist an die medienwissenschaftliche Einsicht zu erinnern, daß der abstrakte Begriff *Medien* eine ganze Reihe von Faktoren bündelt:

- semiotische Kommunikationsinstrumente (z.B. natürliche Sprachen)
- Materialien der Kommunikation (z.B. Zeitungen)
- technische Mittel zur Herstellung und Verbreitung von Medienangeboten (z.B. Computer oder Kameras)
- soziale Organisationen zur Herstellung und Verbreitung von Medienangeboten (z.B. Verlage oder Rundfunkanstalten, samt ihren ökonomischen, juristischen, sozialen und politischen Handlungsvoraussetzungen)
- schließlich die Medienangebote selbst (also Zeitungsartikel, Rundfunk- und Fernsehsendungen usw.)[6]

Erst das komplizierte Zusammenspiel dieser verschiedenen Faktoren führt zu dem, was man heute „moderne Massenmedien" nennt und was als *Massenmediensystem* einer Gesellschaft in Teilbereiche wie Print, Film, Fernsehen, Hörfunk, elektronische Medien usw. unterteilt werden kann.

Systemorientierung in diesem Bereich bedeutet zweierlei:

- Die Analyse eines Teilbereichs des gesellschaftlichen Mediensystems (z.B. Print) kann sinnvoll nur in Differenz zu (den) anderen Teilbereichen erfolgen, da sich die Möglichkeiten eines Teilbereichs nur im Verhältnis zu den Funktionsmöglichkeiten der anderen Teilbereiche entwickeln können[7] und da der Inhalt eines Mediums immer ein anderes Medium ist, wie man seit M. McLuhan und F. Kittler weiß.

---

5 Darüber hinaus hat K. Krippendorff auf die Verantwortung verwiesen, die Konstrukteure von Kommunikationstheorien übernehmen müssen: „Betrachtet man schließlich Wirklichkeit als eine konstitutive Folge der Konstruktion von Sozialtheorien, dann sollten *verantwortungsvolle Theoretiker öffentlicher Kommunikation bereit sein, in der Wirklichkeit zu leben, die ihre Theorien hervorbringen können.*" (1993: 51; Hervorhebungen im Original).

6 U. Saxer definiert – in m.E. durchaus anschließbarer Weise – 'Medien' als „... komplexe institutionalisierte Systeme um organisierte Kommunikationskanäle von spezifischem Leistungsvermögen." (1992: 98)

7 Schon 1913 erkannte der Historiker Wolfgang Riepl „... als ein Grundgesetz der Entwicklung des Nachrichtenwesens, daß die einfachsten Mittel, Formen und Methoden, wenn sie nur einmal eingebürgert und brauchbar befunden worden sind, auch von den vollkommensten und höchst entwickelten niemals wieder gänzlich und dauernd verdrängt und außer Gebrauch gesetzt werden können, sondern sich neben diesen erhalten, nur daß sie genötigt werden, andere Aufgaben und Verwertungsgebiete aufzusuchen." (1913: 5) – W.B. Lerg (1981) hat die Situation beim Auftreten neuer Medien differenziert nach dem Wandel der *Medienleistung* (Supplementär- und Komplementär-Hypothese) sowie der *Mediennutzung* (Substitutions- und Kompensationshypothese).

- Die Analyse von Medienangeboten kann sich nicht werkimmanent – nach hermeneutisch-semiotischer Tradition – allein auf das jeweilige Medienangebot konzentrieren, sondern muß – differenztheoretisch – den mediensystemischen Kontext hinreichend mit berücksichtigen.

Diese Lektionen haben die Medienwissenschaften spätestens in der wechselnden Geschichte der Medienwirkungsforschung gelernt, die im Rückblick geradezu als Geschichte der Erfahrung der Unumgänglichkeit von Systemorientierung im Gegenstands- wie im Methodenbereich gelesen werden kann.[8]

Als E. Katz und D. Foulkes 1962 die traditionelle Frage nach dem Einfluß der Medien auf die Menschen umdrehten und fragten, *was die Menschen mit den Medien machen,* begann die Karriere der Mediennutzer in der Medienforschung. Aber diese Karriere, angesiedelt vor allem im *uses-and-gratifications-approach,*[9] ist bis heute alles andere als unumstritten; denn sie zwingt den Medienwissenschaften eine Breite und eine Fülle von Beobachtungsperspektiven auf, die zunächst beängstigend erscheint, die aber auf den zweiten Blick durchaus auch als intellektuelle Herausforderung erkennbar wird.

Es geht, so wird deutlich, in den Kommunikations- und Medienwissenschaften um nicht weniger als um eine forschungstechnisch machbare und problemlösungsadäquate Analyse des Zusammenwirkens von vier komplexen Dimensionen: *Kognition, Kommunikation, Kultur* und *Medien.* Dabei können diese Dimensionen nicht gleichermaßen umfassend und detailliert behandelt werden wie in den dafür einschlägigen Spezialdisziplinen (z.B. der Kognitionspsychologie), sondern argumentativ selektiv im Hinblick auf Themen wie Information, Wissen, Verstehen, Sinn oder Bedeutung, wobei aber jeweils genetisch-historische und strukturelle Aspekte zu berücksichtigen sind (cf. die Übersicht über die erforderlichen Beobachtungsaspekte medienwissenschaftlicher Forschung in Abb. 1). Welche Voraussetzungen bei solchen Analysen reflektiert werden müssen und welche Forschungsperspektiven sich dabei ergeben können, soll in den vier Kapiteln dieses Buches unter wechselnden Gesichtspunkten diskutiert werden.

Der Schwerpunkt der Überlegungen liegt im Folgenden auf strukturellen Aspekten (eine Ausnahme bildet der kurze Abriß zur Geschichte des Werbesystems im III. Kapitel). Wie medien*geschichtliche* Studien angelegt werden können, läßt sich an den einleitenden Bemerkungen jedoch unschwer erkennen. Mediengeschichte(n) konzentrieren sich auf die Entwicklung und Interaktion der vom Medienbegriff gebündelten Faktoren, wobei die Beobachtungsinteressen sich auf die Co-Evolution dieser Entwicklung mit der Evolution von Möglichkeiten der Kognition und Kommunikation konzentrieren. Entsprechend könnte die systemische Überschrift über Mediengeschichte(n) lauten: Mediengeschichte als Geschichte der Konstruktion sozialer Wirklichkeit(en).

8 Cf. dazu etwa R. Winter 1995 und die Übersicht in M. Schenk 1987.

9 Dieser Ansatz wurde 1974 von J. Blumler & E. Katz entwickelt und in Deutschland als Nutzenansatz – verbunden vor allem mit Annahmen des Symbolischen Interaktionismus – von K. Renckstorf (1973) und W. Teichert (1972/73) weiter ausgebaut.

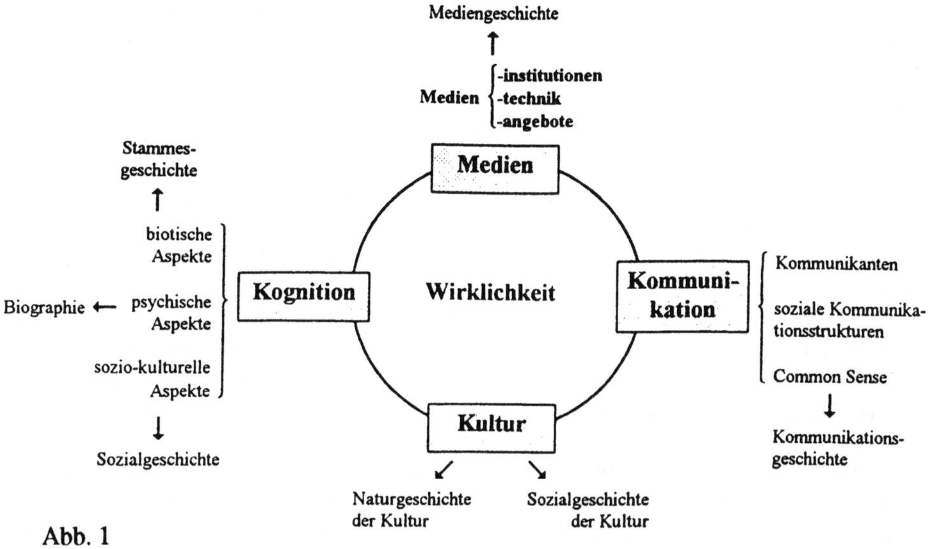

Abb. 1

2 Zur „strukturellen Kopplung“ von Kognition und Kommunikation

Daß Denken und Sprechen, daß Bewußtsein und Kommunikation nicht identisch sind, gehört zum Erfahrungsschatz jedes einzelnen wie zu den Topoi der Geistesgeschichte. Seit Jahrtausenden beklagen Dichter, sie könnten sprachlich nicht ausdrücken, was sie „wirklich“ denken und fühlen. Und in jedem Gespräch wird uns mehr oder weniger deutlich bewußt, daß wir nie in den Kopf der anderen hineinsehen können und uns deshalb mit dem begnügen müssen, was gesagt wird. Aber diese Ver-Schlossenheit der anderen Menschen hat auch Vorteile, die etwa N. Luhmann so formuliert hat: „Nur weil die operative Schließung das Innere des Lebens, Wahrnehmens, Imaginierens, Denkens des anderen verschließt, ist er als ewiges Rätsel attraktiv. Nur deshalb ist die Erfahrung mit anderen Menschen reicher als jede andere Naturerfahrung ...“ (1995: 26).

Ebenso alt wie diese Erfahrungen sind aber auch die Alltagsgewißheit sowie die Argumente von Dichtern und Philosophen, daß Denken und Sprechen nicht unabhängig voneinander gedacht und beschrieben werden können bis hin zu der These, daß ohne Sprache kein menschliches Bewußtsein möglich sei. Von Locke bis Wittgenstein[10], von Herder und Humboldt bis Chomsky und Lyotard haben sich viele Forscher bemüht, den Zusammenhang zwischen Sprache und Denken aufzuklären – das Thema aber ist bis heute unerledigt und beschäftigt jede wissenschaftliche Neuerung von der Erforschung künstlicher Intelligenz bis zur Computertechnologie.

10 Cf. dazu u.a. S.J. Schmidt 1968, 1976; P. Hartmann & S.J. Schmidt 1972; D. Hymes (ed.), 1964.

Eine interessante Neuauflage dieses Altthemas läßt sich seit einigen Jahren im Umkreis konstruktivistischer und systemtheoretischer Diskurse beobachten; interessant ist diese Auflage insofern, als hier von einer *kategorialen Trennung von Kognition und Kommunikation* ausgegangen wird und sich damit das Vermittlungsproblem drastisch verschärft. Wenn, wie dies etwa N. Luhmann propagiert, Kognition und Kommunikation jeweils als operational geschlossene, autopoietisch operierende und daher vollständig autonome Systeme konzipiert werden, dann stellt sich die Frage dringlicher als je zuvor, wie denn überhaupt diese beiden Systeme so miteinander in Beziehung gebracht werden können, daß sich eine plausible Erklärung für die intuitive Gewißheit jedes Sprechers ergibt, daß beim Kommunizieren Sprecher und Hörer „mitdenken" müssen, soll Kommunikation gelingen.

Die Formel, die Luhmann im Anschluß an H.R. Maturana für die Beziehungen zwischen Kognition und Kommunikation anbietet, lautet „*strukturelle Kopplung*". Um herauszufinden, was damit gemeint sein kann, soll zunächst die argumentative Ausgangslage bei beiden Autoren kurz skizziert werden.

*

Mit dem Konzept 'strukturelle Kopplung' versucht Maturana, die Beziehungen zwischen lebenden (autopoietischen) Systemen und ihrer Umwelt zu bestimmen. 'Strukturelle Kopplung' benennt dabei die Herstellung einer dynamischen strukturellen Übereinstimmung, genauer: „... die effektive raumzeitliche Abstimmung der Zustandsveränderungen des Organismus mit den rekurrenten Zustandsveränderungen des Mediums, solange der Organismus autopoietisch bleibt." (1985: 144) Ist ein Organismus an eine Umwelt strukturell gekoppelt, kann dies als ontogenetische Anpassung des Organismus an sein Medium bestimmt werden. Werden zwei Organismen strukturell verkoppelt, dann resultiert daraus ein sogenannter *konsensueller Bereich*, d.h. ein Verhaltensbereich, „... in dem die strukturell determinierten Zustandsveränderungen der gekoppelten Organismen in ineinander verzahnten Sequenzen aufeinander abgestimmt sind." (1985: 150f.) Wichtig ist nun, daß die Interaktionen zwischen Organismus und Umwelt (bzw. Milieu), solange sie rekursiv sind, füreinander reziproke Perturbationen bilden: „Bei diesen Interaktionen ist es so, daß die Struktur des Milieus in den autopoietischen Einheiten Strukturveränderungen nur *auslöst*, dieses also weder determiniert noch instruiert (vorschreibt), was auch umgekehrt für das Milieu gilt." (Maturana & Varela 1987: 85) Obwohl also Strukturkopplungen nur als veränderungsauslösende Perturbationen wirken können, wirkt strukturelle Kopplung immer gegenseitig: „Organismus und Milieu bzw. die interagierenden Organismen erfahren gleichermaßen Veränderungen." (1987: 113) Wenn die Interaktionen zwischen Organismen im Verlauf ihrer Ontogenese *rekursiven* Charakter annehmen, führt das zur Ko-Ontogenese und damit zur Bildung sozialer Einheiten: „Und jeder einzelne Organismus ist nur so lange Teil einer sozialen Einheit, wie er Teil jener reziproken strukturellen Kopplung ist." (1987: 210)

Kommunikation wird entsprechend bestimmt als das gegenseitige Auslösen von koordinierten Verhaltensweisen unter den Mitgliedern einer sozialen Einheit. Nur erworbenes kommunikatives Verhalten wird dann als *sprachlicher Bereich* bezeichnet, der die Grundlage von Sprache bildet, aber nicht mit ihr identisch ist. Aus biologischer Sicht erscheint sprachliches Verhalten konsequent als „... Verhalten in einem Bereich gegenseitiger ontogenetischer Strukturkoppelung, den wir Menschen als ein Ergebnis unserer kollektiven Ko-Ontogenese herstellen und aufrechterhalten.“ (1987: 224f.) Sprache tritt im Ablauf rekursiver sozialer Interaktionen dann auf, wenn Handlungen koordiniert werden, die zum sprachlichen Bereich selbst gehören: „Wenn die Sprache entsteht, dann entstehen auch Objekte als sprachliche Unterscheidungen sprachlicher Unterscheidungen, die die Handlungen verschleiern, die sie koordinieren.“ (1987: 227) Entsprechend bestimmen Maturana & Varela Wörter als Zeichen für sprachliche Koordinationen von Handlungen und nicht etwa als Zeichen für Dinge. Erkennen hat es entsprechend nicht mit Objekten zu tun, sondern wird bestimmt als „effektives Handeln“. Jedes Wissen ist ein Tun, und alles menschliche Tun spielt sich, als ein soziales Geschehen, im „In-der-Sprache-Sein“ ab (1987: 267).

Mit der Sprache entsteht auch der Beobachter als sprachmächtiges Wesen. „Selbstbewußtsein, Bewußtsein, Geist – das sind Phänomene, die in der Sprache stattfinden. Deshalb finden sie als solche nur im sozialen Bereich statt.“ (1987: 249) So wie ein lebendes System auf jeder Ebene so organisiert ist, daß es innere Regelmäßigkeiten erzeugt, geschieht das gleiche in der sozialen Kopplung durch Sprache „... im Netzwerk der Gespräche, das die Sprache hervorbringt und das durch seine Geschlossenheit die Einheit einer bestimmten menschlichen Gesellschaft konstituiert.“ (1987: 251) Der Satz von Regelmäßigkeiten, die zur Kopplung einer sozialen Gruppe gehören, stellt ihre biologische und kulturelle Tradition dar. – So weit zu Maturanas und Varelas Erläuterungen des Konzepts ‘strukturelle Kopplung’. Wie fällt diese Erläuterung bei Luhmann aus, der das Kopplungskonzept von Maturana übernommen hat?

*

N. Luhmann hat die kommunikations- und erkenntnistheoretische Diskussion der letzten Jahre durch zwei Thesen nachhaltig irritiert: (a) Kommunikation ist unwahrscheinlich, und (b) nicht der Mensch kann kommunizieren, sondern nur die Kommunikation. Sinnvoll sind diese Thesen nur im Kontext weitreichender kognitionstheoretischer und soziologischer Theorien, auf die ich hier kurz eingehen muß.[11] So vertritt Luhmann (1990) – im Anschluß an H. von Foerster und G. Roth – die Auffassung, daß kognitive sinnbenutzende Systeme operational geschlossen sind; m.a.W. sinnbenutzende Systeme sind füreinander undurchsichtige black boxes. Kommunikation, theoretisch modelliert als Synthese der drei Selektionen Information, Mitteilung und Verstehen, wird ebenfalls konzipiert als autopoietisches, geschlossenes und autonomes System. Soziale Systeme qua sinnprozessierende Systeme bestehen aus Kommunikationen und aus nichts anderem.[12]

---

11 Für eine ausführliche Auseinandersetzung cf. S.J. Schmidt 1993a.

12 „Das Kriterium der Sinnhaftigkeit bringt Sozialsysteme in unauflösbare Beziehung zu Kommunikation, die darum auch schon als ‘modus operandi des sozialen Lebens’ (Richard LaPiere) und als ‘soziales Totalphänomen’ (Marcel Mauss) bezeichnet worden ist, weil sie sich in alle erdenklichen Bereiche der Gesellschaft erstreckt. Luhmann ist daher bloß konsequent, wenn er Kommunikation als gesellschaftskonstituierenden Mechanismus begreift und seine Gesellschaftsdefinition auf Kommunikation gründet. Diese Konzeption von Gesellschaft empfiehlt sich offenbar für die Kommunikationswissenschaft besser als irgendeines der sonstigen soziologischen Gesellschaftsmodelle, in denen, weil sie gesellschaftsstrukturell ausgerichtet sind, Kommunikation regelmäßig bloß als Nebensache, als Epiphänomen, aufscheint.“ (U. Saxer 1992: 92)

In seiner soziologischen Argumentation trennt Luhmann das Nervensystem, Bewußtsein und Kommunikation radikal voneinander. Bewußtsein hat seine Eigenart in Wahrnehmung und Imagination, die beide für die Kommunikation unerreichbar sind. Kommunikation ist gekennzeichnet durch das Prozessieren der Unterscheidung von Information und Mitteilung.

Luhmann spricht sich eindeutig dagegen aus, Kommunikation als Übertragung von Informationen, als Verständigungsmittel oder als Instrument der Verhaltenskoordination zu sehen. Und da er Bewußtsein als ein geschlossenes System betrachtet, das seine Operationen nie direkt an die Operationen anderer kognitiver Systeme anschließen kann, muß er konsequenterweise Wissen (ebenso wie Verstehen) von Bewußtsein auf Kommunikation „umstellen", also von psychischer auf soziale Systemreferenz überwechseln. Wissen und Verstehen sind für ihn soziale Phänomene.

Wenn Luhmann also in systemtheoretischer Sicht davon ausgeht, daß „... lebende Systeme, Bewußtseinssysteme und Kommunikationssysteme [...] verschiedenartige, getrennt operierende selbstreferentielle Systeme" sind, die „... sich selbst autopoietisch nach Maßgabe der eigenen Struktur" reproduzieren: Wie kann er dann die gleichzeitig vertretene These plausibilisieren, „... das Kommunikationssystem Gesellschaft [sei] an die Bewußtseinsprozesse von Individuen gekoppelt ..."? (1990: 28f.)

Hier bringt Luhmann den von Maturana übernommenen[13] Begriff der strukturellen Kopplung ins Spiel. Er versteht darunter eine von Moment zu Moment variable Kopplung von Nervensystem und Bewußtsein sowie von Bewußtsein und Kommunikation, „... die die Freiheit der Systeme zur Eigenbewegung mit dem Ablauf jedes Einzelereignisses immer wieder erneuert. Es kommt nie zu einer Verschmelzung, auch nicht zu einer Dauersynchronisation, einem Aneinanderklebenbleiben der einmal integrierten Systeme." (1990: 31)

Der oft gegen Luhmann erhobene Vorwurf, er trage in seiner Kommunikationstheorie dem Bewußtsein überhaupt keine Rechnung, ist also unzutreffend. In seinen Überlegungen dazu, „wie das Bewußtsein an Kommunikation beteiligt ist" (1988), betont er klar und deutlich, daß „... Kommunikation ohne Bewußtsein zum Erliegen käme". Aber aufgrund seiner Annahme, daß Bewußtsein und Kommunikation strukturdeterminierte autonome, ja sogar autopoietische Systeme *sind*[14], die füreinander Umwelt sind, kann er beide Systeme nur als autopoietisch konstruieren.[15] Seiner Ansicht nach bestehen beide

13 Cf. N. Luhmann 1990: 31.

14 „Kommunikation ist ein sich selbst bestimmender Prozeß und in diesem Sinne ein autopoietisches System. Alles, was als Kommunikation festgelegt wird, wird durch Kommunikation festgelegt." (1995: 23)

15 W.L. Schneider hat diese Annahme gut so paraphrasiert: „... ebenso wie Bewußtsein an physiologische Voraussetzungen gebunden ist, aber nur Gedanken und nicht neuronale Schaltungen [...] darin vorkommen, so muß Kommunikation Bewußtsein voraussetzen, und kommen dennoch nur Mitteilungsereignisse und keine Gedanken vor. 'Produktion' der Elemente von Kommunikation in der Kommunikation darf also nicht so verbunden werden, als ob die Kommunikation die empirischen Bedingungen ihrer Möglichkeit *vollständig* selbst erzeugen könnte [...]. Die Kommunikation leitet nur die *Synthese* von Information, Mitteilung und Verstehen. [...] Verstanden wird ein Ereignis durch ein späteres Mitteilungsereignis, das auf das vorausgegangene als Mitteilung einer Information referiert." (1994: 169)

Systeme „... völlig überschneidungsfrei nebeneinander. Sie bilden zugleich aber ein Verhältnis *struktureller Komplementarität*. Sie können ihre eigenen Strukturen jeweils nur selbst aktualisieren und spezifizieren, daher auch jeweils nur selbst ändern. Sie benutzen einander aber zugleich zu einer gegenseitigen Auslösung solcher Strukturänderungen. Kommunikationssysteme können sich überhaupt nur durch Bewußtseinssysteme reizen lassen, und Bewußtseinssysteme achten in hohem Maße präferentiell auf das, was in der extrem auffälligen Weise von Sprache kommuniziert wird. Unser Argument ist: daß die überschneidungsfreie Separierung der jeweils geschlossenen Systeme eine Voraussetzung ist für strukturelle Komplementarität, also für das gegenseitige Auslösen (aber eben nicht: Determinieren) der jeweils aktualisierten Strukturwahl.“ (1988: 893f.)

Die Kopplung von Kommunikation und Kognition erfolgt nach Luhmann durch Symbolarrangements wie Sprache und andere Medien, wobei ‘Symbol’ heißt, „... daß im Getrennten die Kopplung des Getrennten präsentiert werden kann.“ (1988: 889)

Die Ergiebigkeit dieser Hypothesen hängt nun davon ab, ob es gelingt, das Konzept ‘Kopplung’ zu präzisieren.

Zwar hat sich Luhmann im fünften Kapitel seines Hauptwerkes *Soziale Systeme* („System und Umwelt“) ausführlich mit der Interpenetrationsproblematik (so der damals im Anschluß an T. Parsons verwendete Ausdruck für strukturelle Kopplung) beschäftigt. Aber die dort skizzierte Position ist äußerst abstrakt. Sie geht davon aus, daß Interpenetration sich auf die operative Reproduktion der Systeme bezieht, nicht auf deren Sein. Danach „bestimmt sich“ ein Bewußtseinsakt „aus Anlaß von Kommunikation“ durch Bezug auf andere Bewußtseinsakte. „Analog bestimmt ein kommunikatives Ereignis sich durch Bezug auf andere kommunikative Ereignisse, wobei Bewußtsein mehrerer psychischer Systeme [...] in Anspruch genommen wird“. (1985: 315f.)

Wie läßt sich diese abstrakte Position konkretisieren?

Luhmanns Position wird vielleicht weniger kontraintuitiv, wenn man sich klarmacht, daß er durchaus einen notwendigen Zusammenhang zwischen Bewußtsein und Kommunikation postuliert, aber beide eben „nicht als einheitliches System“ denken will (wobei sich die Frage stellt, wer das eigentlich will). Auch für Luhmann gilt: ohne Bewußtsein keine Kommunikation, ohne Kommunikation kein Bewußtsein. Was er ausschließen möchte, ist die Vorstellung vom Subjekt als „Ursache“ der Kommunikation und von Kommunikation als intentionaler Handlung. Darum interpretiert er strukturelle Kopplung strikt als Verhältnis der Gleichzeitigkeit und nicht als Kausalverhältnis. (1990: 39) Strukturelle Kopplungen zwischen Systemen sorgen also einerseits dafür, daß die beteiligten Systeme sich gegenseitig „irritieren“ können, überlassen aber die spezifische Verarbeitung solcher Irritationen dem jeweiligen System, das damit auch in der Kopplung seine Autonomie bewahrt. Wie solche Irritationen aussehen, bleibt dabei allerdings offen.

Damit eine laufende strukturelle Kopplung von Bewußtsein und Kommunikation erreicht werden kann, ist *Sprache* erforderlich: „Die Sprache *distanziert* Bewußtsein und Kommunikation gerade dadurch, daß sie deren strukturelle Kopplung automatisiert.“ (1990: 51) Einerseits ermöglicht Sprache dem kommunikativen System hohe Unterscheidungsfähigkeit bei gezielter Anschlußfähigkeit und ermöglicht damit hohen Komplexitätsaufbau; andererseits „fasziniert“ Sprache das Bewußtsein, indem sie Wahrnehmungsgegenstände besonders auffälliger Art zur Verfügung stellt, denen sich das Bewußtsein nicht entziehen kann, weil es auf kontrollierbare Weise Imagination anregt. Dadurch, so Luhmann, leistet Sprache eine laufende strukturelle Kopplung der beiden Systeme.

*

Der oben skizzierte Stand der Debatte über das Verhältnis zwischen Kognition und Kommunikation kann wohl eher als Problemexplikation denn als Problemlösung bezeichnet werden. Das Konzept 'strukturelle Kopplung' ist noch zu wenig ausgearbeitet, um mehr zu leisten, als eine produktive Metapher leisten kann.[16] Vor allem Linguisten und Sprachphilosophen, aber auch Kognitions- und Kulturwissenschaftler werden hier vielfältige Desiderate anmelden (müssen) und Spezifikationen einfordern – angefangen bei der Forderung nach einer Klärung solcher Zentralmetaphern wie 'Irritation' und 'Faszination'. In welche Richtung solche Spezifikationen gehen können, soll im Folgenden kurz angedeutet werden, wobei der Ausgangspunkt von Maturana und Luhmann durchaus beibehalten wird.

3 Kognition

Philosophische Systemtheorien ersetzen die traditionellen Kategorien 'Subjekt' und 'Objekt', 'Realität' und 'Erkenntnis', 'Bewußtsein' und 'Kommunikation' durch die Differenz System/Umwelt. Dabei dominiert die Einsicht, daß Umwelten nur durch Bezug auf Systeme, Systeme nur in bezug auf Umwelten bestimmt werden können. Dabei kommt den Systemen – wobei hier in erster Linie menschliche Beobachter gemeint sind – die aktive Rolle zu: Ein Beobachter hat keine Umwelt an sich, sondern genau diejenigen Umweltkontakte, die er sich selbst ermöglicht. Umwelten bzw. Wirklichkeiten können also nur beobachterabhängig bestimmt werden, oder anders gewendet: Es gibt genau so viele Wirklichkeiten, wie es Beobachter bzw. wie es Systeme gibt, die zu beobachten in der Lage sind. Beobachten wird dabei – abweichend vom alltagssprachlichen Verständnis – theoretisch bestimmt als Handhaben und Benennen von Unterscheidungen. Unterscheiden und Benennen sind systemabhängige Operationen, die weder Realität noch Information in das System hineinholen oder dort einfach abbilden. *Informationen* „existieren" deshalb nur in unterscheidungsfähigen Systemen und für solche Systeme, nicht in der Umwelt. Wie D. Baecker betont, gibt es keine notwendigen Unterscheidungen[17]. „Leben, Bewußtsein und Kommunikation reproduzieren sich, indem sie sich anhand selbstgesetzter und, wenn man so sagen darf, selbstverwalteter Unterscheidungen aus allem anderen ausgrenzen und von allem anderen unterscheiden." (1990: 17) Beob-

16 So sprechen O. Jahraus & D. Marius auch zu Recht von einer rätselhaften Kopplung, die als 'Zeichen' firmiert: „Die Rätselhaftigkeit des Zeichencharakters liegt darin, daß er die Kopplung der beiden einander unzugänglichen Prozesse 'Bewußtsein' und 'Kommunikation' leisten muß, indem er die beiden sie strukturierenden Differenzordnungen als Signifikat und Signifikant in Beziehung setzt." (1995: 49)

17 S. Weischenberg hat zu Recht darauf verwiesen, daß Unterscheidungen nicht an der Umwelt, sondern an anderen Unterscheidungen zu messen sind. (1995: 48)

achtungen qua Unterscheidungen haben notwendigerweise ihren blinden Fleck; denn sie können sich nicht im Akt des Beobachtens/Unterscheidens selbst beobachten. Und Beobachtungen sind hierarchisierbar; denn ein Beobachter kann andere beim Beobachten beobachten (auf Kosten seines eigenen blinden Flecks), also Beobachtungen zweiter Ordnung betreiben. Wie Baecker betont, läßt sich jede Beobachtung sowohl auf einen Beobachter als auch auf etwas Beobachtetes zurechnen. Daraus zieht (der operative Konstruktivist) Luhmann die erkenntnistheoretisch wichtige Konsequenz: „Jede Beobachtung ist unmittelbar Beobachtung von etwas, was man unterscheiden kann – von Dingen oder von Ereignissen, von Bewegungen oder von Zeichen. Die unmittelbar gegebene Welt läßt sich nicht eliminieren, auch wenn der Philosoph Zweifel haben mag, ob sie existiert oder so existiert, wie sie scheint ..." (1995: 93)

Medienangebote wie Texte, Filme, Bilder usw. enthalten keine Informationen, sondern sie bestehen aus kulturell geprägten semiotischen Komponenten, die von entsprechend sozialisierten kognitiven Systemen als erlernte und konsensfähige Anlässe zur Informationsproduktion genutzt werden können. M.a.W., menschliches Bewußtsein (als kognitives System) ist das Nadelöhr für alle informationellen Prozesse, weshalb man nicht umhin kommt, sich mit der Funktionsweise kognitiver Systeme zu beschäftigen, will man über Information, Kommunikation und Medien reden.

Beobachtet man Wahrnehmen und Erkennen als systemabhängige Handhabungen von Unterscheidungen und Benennungen bei menschlichen Beobachtern, dann stößt man auf folgende Aspekte konstruktivistischer Argumentationen und auf folgende empirische Forschungsergebnisse: Menschliche Beobachter können nur wahrnehmen und erkennen, insofern sie von ihrer Umwelt abgekoppelte, *operativ geschlossene* Systeme sind, d.h. Systeme, die gerade nicht außerhalb ihrer Grenzen operieren und sich auch nicht selbst durch ihre Operationen mit der Umwelt verknüpfen können.

Die hier einschlägigen Forschungsergebnisse haben G. Roth & H. Schwegler (1992) sowie G. Roth (1994) wie folgt zusammengefaßt: An die Stelle der in der Hirnforschung lange vertretenen Filtertheorie, nach der von der Sinnesperipherie zu den höchsten Wahrnehmungszentren die neuronalen Filter immer spezifischer und selektiver werden, ist heute ein Modell der parallelen und distributiven Verarbeitung von Erregungen getreten. Danach werden komplexe Wahrnehmungszustände nicht durch kleine Neuronenverbände oder gar einzelne Neuronen repräsentiert, sondern durch eine räumlich verteilte simultane Aktivität vieler Nervenzellen und Nervenzellenverbände. Zugleich damit hat sich die Einsicht in die Konstruktivität des Wahrnehmungsvorgangs entwickelt. Im aktiven Prozeß der Wahrnehmung „suchen" das Gehirn und die Sinnesorgane die Umwelt nach Reizzusammenhängen ab, die aufgrund von Erwartungen und Vorerfahrungen wichtig sind.

„Es ist für das Gehirn und die Sinnesorgane als Teil der Welt sowohl im Prinzip unmöglich [...] als auch unzweckmäßig, die Welt abzubilden, 'so wie sie wirklich ist'. Vielmehr ist es das Ziel des kognitiven Systems, Kenntnis über die Welt zu gewinnen, die für ein überlebensförderndes (oder zumindest einem aktuellen Interesse dienendes) Handeln ausreicht. Diese Unterscheidung existiert natürlich nicht in der Umwelt, die ja für verschiedene Systeme ganz verschieden bedeutungshaft ist, sondern muß durch das kognitive System selbst getroffen werden. Die Kriterien für Bedeutungshaftes entstammen vielmehr stets dem System selbst, auch wenn sie bei individuellem Lernen oder im

Laufe der Evolution in Auseinandersetzung mit der Umwelt gewonnen werden. Dies ist die grundsätzliche Selbstreferentialität des Gehirns bzw. des kognitiven Systems." (G. Roth & H. Schwegler 1992: 107f.; vgl. dazu auch G. Roth 1992, 1994 oder G. Rusch 1987)

Wie die Autoren betonen, wird das menschliche Gehirn nicht mit einer „fertigen kognitiven Welt" geboren. Vielmehr differenzieren sich die Erregungszustände des Gehirns erst allmählich in selbstorganisierender und selbstreferentieller Weise zu der kognitiven Vielfalt aus, die später bewußt erfahren wird. In den ersten Lebensjahren werden im Rahmen der anatomisch weitgehend vorgegebenen, vielfach rückgekoppelten Verknüpfungsstruktur zwischen Sinnesorganen, Zentrum und motorischer Peripherie die Erregungszustände des Gehirns in drei Grundbereiche der Erlebniswelt eingeteilt: in Körper, Umwelt und „Mentales" (Vorstellung, Denken, Fühlen, Erinnern). Diese drei Bereiche resultieren nach Ansicht der Autoren aus sekundären Differenzierungen des kognitiven Systems selbst und gehören nicht etwa verschiedenen „Seinsbereichen" an (1992: 109). Viele Evidenzen sprechen dafür, daß diese Selbstdifferenzierung bei verschiedenen Individuen in unterschiedlicher Weise erfolgt. Daraus schließen die Autoren, daß es für jedes Individuum nur *eine* erfahrbare Welt gibt, nämlich seine *Erlebniswelt*, und daß die Erlebniswelten der Individuen nur zum Teil miteinander übereinstimmen[18] und in Interaktionen und Kommunikation ständig gegeneinander abgeglichen werden müssen.

Für Kognitions-, Kommunikations- und Medientheorien folgt daraus hinsichtlich ihrer Starthypothesen, daß mit der Annahme von Pluralität und Differenz begonnen werden muß: Pluralität subjektdependenter Erfahrungs- bzw. Erlebniswelten der Individuen und Differenz der Sinn- und Bedeutungskonstruktion im Umgang mit den verschiedenen Aspekten von Umwelten. Erklärungsbedürftig ist also in erster Linie, wie es angesichts dieser Ausgangslage überhaupt zu Interaktion und Kommunikation, zu Kooperation und Konsens zwischen operational geschlossenen Systemen kommen kann. Welche Argumente können in solchen Erklärungen vorkommen?

Der gehirninterne Aufbau von Kenntnissen über die Umwelt wird durch lange Lernprozesse geprüft. Parallel zu diesem Kenntnisaufbau erfolgt seine Überprüfung durch Gleichgewichts- und Gesichtssinn sowie eine Prüfung durch Vergleich mit dem Gedächtnis. Abstraktionen oder die Bildung von Invarianten (wie zum Beispiel konstanten

18 N. Luhmann (1995) hat gegen G. Roth (1994) m.E. zu Recht eingewandt, er unterscheide nicht zwischen Gehirntätigkeit und Bewußtsein. Luhmann bietet zur (Auf)Klärung dieser Differenz folgende Argumentation an: Neuronale Operationen bilden die notwendige Voraussetzung für Bewußtseinsoperationen, sind aber keineswegs damit identisch: Nervensysteme können nicht wahrnehmen, sie können sich nur selbst beobachten. Nur das Bewußtsein kann – auf eine noch ungeklärte Art und Weise – im laufenden Operieren jeweils Selbst- und Fremdreferenz miteinander kombinieren, weil es von Sprache „gezwungen" wird, Bezeichnendes und Bezeichnetes kontinuierlich auseinanderzuhalten und trotzdem gemeinsam zu prozessieren. „Bewußtsein korrigiert, könnte man deshalb sagen, die operative Geschlossenheit des Nervensystems durch die operativ nach wie vor interne Unterscheidung von innen und außen, von Selbstreferenz und Fremdreferenz." (1995: 19) (Ähnlich kompensieren dann die ebenfalls operativ geschlossenen sozialen Systeme die operative Geschlossenheit des Bewußtseinssystems.)

Objekten) folgen dabei zum Teil angeborenen Mechanismen bzw. Mechanismen, die in ontogenetisch frühen Versuchs- und Irrtumsprozessen prägungsartig entwickelt worden sind. Hinzu kommt, daß kognitive Wirklichkeit nur unter spezifisch *sozialen Bedingungen* ständiger Interaktion mit anderen Menschen entwickelt werden kann. Die von unserem Gehirn konstruierte Wirklichkeit ist eine soziale Wirklichkeit, obgleich das Gehirn keine „Fenster nach draußen" hat. Sie ist subjektabhängig, aber nicht subjektiv im Sinne von willkürlich. Mit der Formel von der „gesellschaftlichen Konstruktion von Wirklichkeit im Individuum" versuchen Konstruktivisten, der Alltagserfahrung Rechnung zu tragen, daß wir im täglichen Leben – abgesehen von Situationen des Streits – intuitiv aber dennoch fiktiv den Eindruck haben, wir lebten doch mehr oder weniger alle in ein und derselben Wirklichkeit.

Fassen wir zusammen: Wirklichkeit ist für Menschen stets und „unhintergehbar" nur als Sinnzusammenhang, d.h. als zwar gesellschaftlich interpretierte aber immer nur subjektiv erlebbare Erfahrungswirklichkeit oder Umwelt „vorhanden". Diese Umwelt wird über Wahrnehmung, Sensomotorik, Kognition, Gedächtnis und Emotion, über kommunikatives und nicht-kommunikatives Handeln informationell („sinnhaft") von Menschen erzeugt und erhalten. Sie läßt sich beschreiben als eine geordnete Gesamtheit von *Wissen*, das für erkennende Systeme ökologisch valide ist und im Zuge der soziokulturellen Reproduktion von Gesellschaften an deren Mitglieder übermittelt wird. Mit anderen Worten, jedes Individuum wird schon in eine sinnhaft konstituierte Umwelt hineingeboren und auf sie hin sozialisiert und geht nie mit „der Realität als solcher" um. Das bedeutet: Wahrnehmen, Denken, Fühlen, Handeln und Kommunizieren sind geprägt von den Mustern und Möglichkeiten, über die der Mensch als Gattungswesen, als Gesellschaftsmitglied, als Sprecher einer Muttersprache und als Angehöriger einer bestimmten Kultur verfügt. Evolution, Sprache, Sozialstrukturen und die „symbolischen Ordnungen" der Kultur (dazu s.u.) liefern dem Individuum die konventionellen Muster für typisches Verhalten: Das Individuum erkennt seine sozial bestimmten Möglichkeiten im Verhalten anderer und handelt danach. Kollektives Wissen, das individuelles Handeln orientiert, resultiert aus sozialem Handeln der Individuen und orientiert wiederum deren soziales Handeln. Als soziales Handeln kann kommunikativ orientiertes Handeln gelten, das über Erwartungserwartungen reflexiv auf die Ebene sozialen bzw. kollektiven Wissens gerichtet ist und sich konventionalisierter Ausdrucksformen bedient. Soziales Handeln bekommt damit Zeichencharakter. Und andererseits ist in den Zeichen natürlicher Sprachen – auf Ausdrucks- wie auf Inhaltsebene – Handlungswissen sozial (durch Bezug auf Geschichte und Praxis) „sedimentiert".[19]

*

Bei all diesen Überlegungen darf die Rolle von *Gefühlen* nicht unterschätzt werden.[20] Gefühle sind konstitutive Bestandteile menschlichen Lebens, die deshalb so komplex sind, weil in ihnen physiologische, psychische und soziale Prozesse auf schwer durchschaubare Weise zusammenwirken.

---

19 Cf. dazu H. Feilke 1994.

20 Cf. dazu H.F. Alfes 1995.

Nicht nur beim Wahrnehmen, auch beim Lernen und Erinnern spielen emotionale „Grundierungen" bzw. „Bewertungen" grundsätzlich eine Rolle. Erinnern und Vergessen sind offensichtlich durch hedonistische Prinzipien gesteuert. Kognitive Schemata sind besetzt und beeinflußt von emotionalen Strukturen, die die Verknüpfung, Speicherung und den Abruf solcher Schemata (mit-)regulieren. Daneben gibt es eigenständige emotionale Schemata, die aus affektiven Begriffs-, Imaginations- und Körperassoziationen bestehen und mit anderen affektiven und kognitiven Schemata verbunden sind.

Auch die Strategien und Regulationen bei der Produktion und Verarbeitung von Wissen sind emotional beeinflußt. (Bekanntermaßen ist Neuartiges in der Regel mit Staunen, Überraschung, Schreck oder gar Angst verbunden.) Emotionale Bewertungen wirken sich automatisch auch motivational aus und tragen in entscheidendem Maße dazu bei, ob und inwiefern eine Handlungsplanung erfolgreich und befriedigend verläuft, wieviel Anstrengung man zu investieren bereit ist, und welches Problemniveau ausgehalten wird.

Unter soziologischer Perspektive erscheinen Gefühle keineswegs als etwas besonders Privates, sondern als unentbehrlicher Bestandteil sozialer Interaktion. Interaktion ist eingebettet in eine Grundemotionalität (Vergnügen, Haß, Gleichgültigkeit usw.) und produziert ihrerseits Emotion(en). Der sprachliche wie nicht-sprachliche Ausdruck von Gefühlen spielt sich nach kulturspezifischen sozialen „Drehbüchern" ab, die regeln, wie Interaktionspartner ihre eigene emotionale Befindlichkeit sowie die der anderen bemerken und darstellen (bis hin zur Simulation im Theater), welches Gefühl in welcher Situation angemessen und erwartbar ist und wie es ausgedrückt werden muß. Insofern sind Emotionen beschreibbar als kulturell geteiltes Wissen, das entsprechend konventionalisiert und codiert ist. Solche Codes sind z.B. Emotionsbegriffe, Typisierungen und repräsentative Medienangebote (Texte, Musikstücke, Filme etc.). Sie formen Gefühle, aktualisieren und kontrollieren sie.[21]

*

Bei allem Nachdenken über Kognition müssen wir also immer mit berücksichtigen, daß es sich um einen emotional gesteuerten und äquilibrierten Prozeß handelt.[22] Genauso wichtig wie der Zusammenhang zwischen Kognition und Emotion ist auch der zwischen Kognition und Gedächtnis sowie die Rückkopplung der neuronalen Operationen über die Sensomotorik. Wenn wir uns nicht im Raum bewegen könnten, wenn unsere Sinne nicht in den Kreis von Motorik, Kognition und Gedächtnis eingebunden wären, dann könnten wir weder sehen noch hören noch denken[23] – in keiner Wirklichkeit, auch nicht in einer virtuellen (cf. dazu Kap. II).

Entscheidend ist nun, daß diese komplexen kognitiven Prozesse sich selbst steuern und sich selbst bewerten. Welchen Stellenwert eine Operation oder das Resultat einer Operation für das kognitive System hat, wird letztlich im System selber entschieden und nicht durch eine Außeninstanz. Jede Aktivität der Außeninstanz, die qua Umwelt auf

21 Cf. dazu exemplarisch U. Saxer & M. Märki-Koepp 1992.

22 Cf. dazu L. Ciompi 1986 oder E. Oeser & F. Seitelberger 1988.

23 Cf. dazu u.a. A. Ziemke 1992.

das kognitive System einwirkt, muß vielmehr unter den Bedingungen des Systems verarbeitet werden.

Solche Beobachtungen und Hypothesen haben eine ganze Reihe von Neurowissenschaftlern in den letzten Jahren dazu veranlaßt, von *Konstruktionen* von Wirklichkeit*en* zu sprechen. Denn die Strukturen, die unser kognitives System der Erfahrungswirklichkeit zuordnet, sozusagen die Musterordnungen oder Modelle, in denen die Umwelt konstituiert wird, existieren in dieser Form nicht in der Umwelt, sondern werden vom System erzeugt – die Umwelt könnte gar nicht wissen, was für das System wichtig ist.[24]

Damit wird keineswegs irgendeine Willkür kognitiver Wirklichkeitskonstruktionen behauptet oder impliziert; denn ohne Umwelt als empirischen „Ermöglichungsgrund" für kognitive Konstruktionen wäre weder die Trennung System–Umwelt noch die Existenz und Operation des kognitiven Systems möglich, das auf Materie und Energie aus der Umwelt angewiesen ist. Entscheidend für die konstruktivistische Kognitionstheorie ist aber, daß die Symmetriebrechung, also die Kontrolle und Bewertung der System-/ Umweltbeziehungen durch das kognitive System erfolgt, das auch die Resultate dieser Brechung selegiert. (Cf. dazu B. Meyer 1993: 138ff.) Die Konstruktion von Wirklichkeiten kann allgemein umschrieben werden als „Emergenz"[25] sinnvoll gedeuteter Umwelten in kognizierenden Systemen. Diese Hypothese erlaubt die Schlußfolgerung, daß alles, was wir jeweils als Wirklichkeit erleben und erfahren, immer kognizierte, also sinnvoll konstituierte Wirklichkeit ist. Oder um es noch einmal umzuformulieren und damit an die ältere Wissenssoziologie ebenso wie an die Kulturanthropologie und Sozialpsychologie anschließbar zu machen: Das, was wir jeweils als Wirklichkeit erfahren, ist ökologisch valides Wissen, was wir erfahrungsgemäß mit anderen teilen, weil seine Konstruktion von der Interaktion mit anderen, von konsensuellen Bereichen, von Sprache und Kultur konstituiert wird.

Der philosophisch wichtige Punkt bei diesen Überlegungen liegt – wie zu Beginn dieses Abschnitts betont – darin, daß Wirklichkeit immer in Relation zu einem beobachtenden System betrachtet und beurteilt werden muß; wir können immer nur von „der Wirklichkeit-des-Beobachters" reden und müssen dann im strengen Sinne von *den* Wirklichkeit*en der* Beobachter reden. Wirklichkeit – und das ist keineswegs eine konstruktivistische Erfindung, sondern bei reflektierten Physikern wie etwa C.F. von Weizsäcker schon seit langem so formuliert worden –, Wirklichkeit sollte immer als ein systemrelativer Begriff im Plural gebraucht werden.[26]

---

24 Cf. dazu u.a. die Beiträge in S.J. Schmidt (Hg.) 1987, 1992.

25 „*Emergenz:* [...] In einer modernen Version spricht man von Emergenz, wenn durch mikroskopische Wechselwirkung auf einer makroskopischen Ebene eine neue Qualität entsteht, die nicht aus den Eigenschaften der Komponenten herleitbar (kausal erklärbar, formal ableitbar) ist, die aber dennoch allein in der Wechselwirkung der Komponenten besteht." In: W. Krohn & G. Küppers (Hg.), 1992: 389 (Glossar).

26 Auf die bei Philosophen beliebte Frage, was/wie denn die unabhängig vom Menschen existierende Realität sei, kann man mit C.F. von Weizsäcker so antworten: „Sprechen wir sinnvoll von Realität, so sprechen *wir* von Realität; spricht niemand von Realität, so ist von Realität nicht die Rede." (1980: 142)

Obgleich es unendlich viele Formen möglichen Unterscheidens gibt, können Beobachter „gleichsinnig" (so N. Luhmann 1995: 92) operieren, also dieselbe Unterscheidung einsetzen. Diese Gleichsinnigkeit wird von Sprache und Kultur wahrscheinlich gemacht, ohne die kognitive Autonomie der Beobachter zu tangieren. Wichtig ist darauf hinzuweisen, daß sie nicht aus Konsens resultiert, sondern aus Common sense (cf. H. Feilke 1994).

4 Sprache als Instrument der Verhaltenskoordinierung

Sprache wird in dem hier skizzierten konstruktivistischen Diskurs nicht in erster Linie als ein Zeichensystem gesehen, sondern als sozial vermitteltes und kontrolliertes Instrument der Verhaltenskoordinierung: Sprache reguliert das Verhalten von Individuen, indem sie gesellschaftlich relevante Unterscheidungen benennt, intersubjektiv vermittelt und damit sozial zu prozessieren erlaubt. Sprecher nutzen sprachlich benannte Unterscheidungen, um Erfahrungen und Vorstellungen zu artikulieren; und umgekehrt werden solche Nutzungserfahrungen zum Bestandteil sprachlichen Verwendungswissens, und der Gebrauch von Sprache orientiert sich in jedem Einzelfall an solchen Erfahrungen. Das gilt auch für die Struktur sprachlicher *Ausdrucksmittel,* die sozial typisiert sind und einen spezifischen Bereich kollektiv geteilten Wissens bilden. Semantische Referenz ist deshalb als eine sprachliche Operation anzusehen, die auf Kommunikation und Common Sense bezogen ist, nicht auf eine objektive beobachterunabhängige „Realität". (Cf. H. Feilke 1994)

Im kindlichen Spracherwerbsprozeß müssen Prozesse der Zeichenerkennung und Artikulation erfolgreich verbunden werden mit Erwartungen an kognitive und kommunikative Orientierungsfunktionen sprachlicher Äußerungen, mit dem Erwerb von verschiedenartigen Schemata, Gattungen, Erzählmustern, Metaphern usw. Verbale und non-verbale Kommunikationsmöglichkeiten müssen in ihrem komplizierten Zusammenspiel erlernt werden. Dabei ist wichtig zu beachten, daß ein Kind immer in einem Lebenszusammenhang sprechen lernt und spracherwerbend funktionierende Lebenszusammenhänge „erwirbt". Lehrende und Lernende agieren als beobachtete Beobachter, deren Verhaltenssynthesen sich (partiell) aneinander angleichen. Das Kind lernt im Sozialisationsprozeß, wie die Wirklichkeitsmodelle seiner Gesellschaft aufgebaut sind, welche Handlungsmöglichkeiten (im weitesten Sinne von kognitiven bis kommunikativen und nicht-sprachlichen Handlungen) es im Rahmen seiner Sozialstruktur darin nutzen kann und welche nicht. Spracherwerb führt also, abstrakt gesagt, zum individuellen Erwerb kollektiven Sprachverwendungswissens (auf der Ausdrucksebene wie auf der Inhaltsebene), das sich durch Reflexivität in der Zeit-, Sach- und Sozialdimension selbst stabilisiert. Dieses kollektive Wissen bildet die vom normalen Sprecher intuitiv erwartete Grundlage für die Interindividualität von Kognitions- wie Kommunikationsprozessen. Aber auch hierbei muß die kognitive Autonomie (qua operationale Geschlossenheit) der sprachverwendenden Aktanten berücksichtigt werden, was vielleicht mithilfe der Formel geschehen kann, daß Zeichen und Zeichenverkettungen kognitive wie kommunikative Prozesse zwar *orientieren* aber nicht *determinieren* (können).

Da jede Einzelsprache immer nur eine ganz bestimmte Selektion möglicher Unterscheidungen und Benennungen semiotisch konkretisiert, kann sie auch beschrieben werden als ein System blinder Flecken der/bei der Beobachtung und Unterscheidung; denn im Verlauf der Verwendung einer bestimmten Sprache bleiben andere Möglichkeiten unbeobachtbar. Dadurch erzeugt jede einmal erworbene Muttersprache die intuitive Gewißheit, *man* müsse doch genauso über die Umwelt und über Sprache sprechen, wie es die jeweilige Muttersprache nahelegt.[27]

*

Zu den notorisch ungelösten Fragen der Sprachtheorie gehört die nach dem Status von *Bedeutungen* – und Medientheorien haben diese Frage in aller Problematik geerbt. Hierzu einige Anmerkungen. Ungeachtet aller Divergenzen in Einzelheiten hat sich in der Semiotik eine weithin geteilte Annahme durchgesetzt, daß die Bedeutung von Medienangeboten im weitesten Sinne keine ontologischen Entitäten sind, die in den Medienangeboten selbst stecken, sondern daß sie aus soziokulturell orientierten kognitiven Operationen mit Medienangeboten in konkreten Kontexten resultieren. Begriffe und Metaphern wie „Text-Leser-Interaktion", „top-down, bottom-up" oder „Bedeutungs-Attribuierung" weisen in diese Richtung.

Im Lichte meiner bisherigen Argumentation kann die allgemeinste Annahme in diesem semiotischen Diskurs meines Erachtens wiederum in Form einer grundlegenden Differenz formuliert werden, nämlich im Rahmen der Differenz Bedeutung vs (semantisch operatives) System, oder: Bedeutung vs Beobachter, wobei diese Differenz die gleiche erkenntnistheoretische Idee enthält wie die Unterscheidung zwischen System und Umwelt. Die empirischen Bedingungen für Bedeutungsproduktion können unter dem Stichwort „kollektives Wissen" beschrieben werden, das produziert, reproduziert und angewendet werden muß auf die Verwendung von kommunikativen Instrumenten (z.B. natürliche Sprachen) in bestimmten Kontexten. Da diese (Re-)Produktion und Anwendung im Laufe der biographischen und soziokulturellen Entwicklungen mehr oder weniger stark von System zu System und von Kontext zu Kontext variiert, ist es sinnvoll anzunehmen, daß die Bedeutungen, die von semantisch operativen Systemen etwa im Hinblick auf sprachliche Texte gebildet werden, sich notwendigerweise voneinander unterscheiden. In einer Reihe von empirischen Experimenten haben D. Meutsch und ich (1986) zeigen können, daß diese Differenzen im Hinblick auf triviale Informationstexte in standardisierten pragmatischen Kontexten marginal sind, daß sie aber sehr bedeutsam werden, sobald es um komplexe technische oder literarische Texte in nicht genau definierten Rezeptionskontexten geht. Die Geschichte der akademischen Interpretation bedeutender literarischer Werke unterstreicht diese Annahme und zeigt, daß bestimmte Lesarten oder Bedeutungskonstruktionen nur deshalb eine gewisse Zeitlang akzeptiert werden, weil diese Lesarten der kulturellen Homogenität der Mitglieder einer Kommu-

27 Bei der Diskussion der Frage, wie/ob der Widerstand, den „die Realität" dem Erkennen wie dem Wollen entgegensetzt, als „Realitätsindikator" gedeutet werden kann/soll, bemerkt N. Luhmann im Hinblick auf die Sprache, „... daß Widerstand gegen Sprache nur durch die Sprache selbst geleistet werden kann und daß folglich, soweit es um Sprache geht, die Sprache selbst ihre Realitätsindikatoren erzeugt." (1995a: 68)

nikationsgemeinschaft (mit vergleichbaren blinden Flecken der Beobachtung) entsprechen.

Wie im Falle der Interdependenz zwischen System und Umwelt ist auch im Bezug auf Bedeutungen zu unterstreichen, daß Bedeutungen Texten nicht willkürlich zugeordnet werden, obwohl jedes kognitive System diese Zuordnung autonom vornehmen muß, da die Freiheitsgrade bei dieser Operation soziokulturell definiert sind durch das jeweilige semiotische Material, durch Regeln und Ordnungen der Kommunikation.

Die Frage, ob der Text oder das kognitive System die entscheidenden Schiedsrichter in Bedeutungskonflikten sind, muß entsprechend dem oben gemachten Vorschlag umformuliert werden. Die Zeichen einer Sprache materialisieren semiotisch kommunikative Erfahrungen einer Gesellschaft. Sie beziehen sich nicht auf sprachunabhängige Objekte in „der Realität", sondern sie beziehen sich auf unser gesellschaftlich geteiltes Wissen möglicher Referenzen; mit anderen Worten, Zeichen beziehen sich auf eine *soziale Praxis* und nicht auf ontologische Gegebenheiten. Vielleicht kann man die darin ausgedrückte Hypothese so formulieren, daß die Bedeutung eines Wortes aus der Menge akzeptabler Gebrauchsweisen in Kommunikationszusammenhängen in einer Kultur besteht. Aus diesem Grunde sollten sprach- und kommunikationstheoretische Diskurse die Arten und Grade der Selbstorganisation innerhalb der Kommunikation hinreichend berücksichtigen und nicht von einer linearen Kausalbeziehung zwischen Text und Kognition ausgehen. Meines Erachtens ereignet sich die Regulierung der Bedeutungsproduktion in dem geschlossenen Zirkel von Operationen und Orientierungen zwischen den Polen Kognition, Medien, Kommunikation und Kultur, wobei – wie in Abschnitt 1 gefordert – sowohl strukturelle als auch genetische Aspekte zu berücksichtigen sind. Die *Sozialität von Rationalität,* und damit ihre Geschichtlichkeit und Kontingenz, darf bis hinein in die Wissenschaftstheorie nicht einfach übersehen werden. Ähnlich wie Wirklichkeit, die als eine Art von viabler Alloreferenz für solches zirkulare Operieren emergiert, gehört Bedeutung nicht „mir oder dir", sondern unserer Kultur in „dir und mir". Bedeutung resultiert aus den empirisch konditionierten Operationen von Systemen; sie ist deshalb notwendigerweise system-dependent und daher in ständigem Wechsel begriffen (ein Lieblingsthema der Dekonstruktionisten).

5 Aspekte des Verstehens

Infolge der Sozialität semiotischer Formen von Ausdrücken können Texte und andere Medienangebote *ausdrucksseitig* als hochgradig konventionalisierte Auslöser kognitiver Operationen betrachtet werden. Ich spreche von Auslösern, weil selbst die Konventionalität etwa der Elemente der Text-Oberflächen nicht dieselben kognitiven Operationen in unterschiedlichen kognitiven Systemen *erzwingt.* Statt dessen ist das, was aus Anlaß der Wahrnehmung einer Text-Oberfläche im kognitiven Bereich eines Individuums geschieht, nicht nur vom Text abhängig, sondern von der gesamten Verfassung des Individuums als einem Resultat ihrer oder seiner Vergangenheit und Gegenwart. Aktanten *machen situationsspezifischen Gebrauch* von Texten, um Bedeutungen in ihrem kognitiven Bereich zu produzieren; aber die Texte lösen weder genau oder automatisch die jeweiligen kognitiven Prozesse in einer voraussehbaren Weise aus, noch bestimmen sie ihre Ergebnisse.

Um Zweideutigkeiten zu vermeiden, schlage ich vor, den komplizierten kognitiven Prozeß, der die Wahrnehmung eines Textes begleitet, *'Kommunikatbildung'*[28] zu nennen und ihn zu unterscheiden vom *'Verstehen'*, welches auf der Ebene der Kommunikation verortet wird.[29]

Kommunikatbildung verkettet – in einer Weise, die noch keineswegs „verstanden" ist[30] – eine Reihe von Faktoren, Komponenten, Bedingungen usw. Unter diesen Faktoren finden wir zum Beispiel:

- *Medien-Angebote,* d.h. konventionalisierte Auslöser von Kommunikatbildungsprozessen;
- *Dispositions*-Faktoren, die mit der Biographie des Empfängers verbunden sind, z.B. Erwartungen an Ziele und beabsichtigte Anschlußhandlungen an die Kommunikatbildung; Kosten-Nutzen-Erwägungen; Hypothesen bezüglich der Intentionen der Produzenten von Medien-Angeboten; Voraussetzungen hinsichtlich des Umgangs mit spezifischen Medien-Angeboten (z.B. bzgl. literarischen Texten); biographische, kontextuale oder situationsbezügliche Bedingungen der Kommunikatbildung, usw.
- *kognitive Differenzierungen,* z.B. der Grad der Ausdifferenzierung der jeweils individuellen Wirklichkeits-Konstruktionen; Erinnerungsvermögen; Wissen bezüglich spezieller Diskurse usw.; Toleranzgrade in bezug auf Ambiguitäten und Komplexitäten, affektive Zustände, Interessen usw. (vgl. W. Früh 1980);
- *Konventionen,* z.B. Sprech-Handlungs-Konventionen oder literarische Konventionen;
- *Strategien,* z.B. Strategien zur Bildung von Makro-Strukturen, Interferenz- und Elaborations-Strategien, Lesestrategien (wie z.B. D. Viponds & R. Hunts ziel-gerichteten, story-gerichteten oder informations-gerichteten Lesestrategien, 1984).

Wie Faktoren in/von diesen Dimensionen miteinander in Wechselwirkung stehen, variiert gemäß der jeweiligen kognitiven Architektur, der Sozialisation und der biographischen Situation, dem sozialen Status usw. Es scheint sinnvoll anzunehmen, daß diese Wechselwirkungen unterschiedlich bewußt ablaufen. Mit anderen Worten: Das kognitive System kann diesen Prozeß niemals vollkommen beobachten oder gar beherrschen.

Wenn kognitive Systeme als autonome Systeme beschrieben werden, die operational geschlossen sind, dann muß der Prozeß der Kommunikatbildung entsprechend als *Selbstorganisation* beschrieben werden. Das bedeutet: Kommunikate resultieren aus selbstreferentiellen Verkettungen verschiedener kognitiver Operationen, in deren Verlauf rationale, emotionale, assoziative und empraktische[31] Komponenten bzw. Aspekte integriert und gleichzeitig bewertet werden. Kommunikate werden gemäß den operativen Funktionen, die mit ihrer Verarbeitung in individuellen kognitiven Bereichen ver-

28 Cf. S.J. Schmidt 1980, 1991.

29 Man könnte auch von 'psychischem Verstehen' und 'sozialem Verstehen' sprechen.

30 Cf. dazu die Forschungsberichte in H. Hauptmeier et al. 1989 und S.J. Schmidt 1991.

31 'Empraxis' bezeichnet die bei allen kognitiven Operationen mitlaufende Abprüfung der Operationen auf ihre lebenspraktische Relevanz. Empraxis ist dabei eng verbunden mit der Lust-Unlust-Äquilibrierung (sensu L. Ciompi) aller kognitiven Operationen.

bunden sind, einem Text oder einem anderen Medienangebot (qua Kommunikatbasis) zugeschrieben bzw. zugeordnet.

Die Betonung integraler, selbstreferentieller und selbstorganisierender Aspekte der Kommunikatbildung lenkt den Blick in folgende Richtungen:

- Kommunikatbildung ist keine rein rationale Operation, sondern die Arbeit einer gesamten Person in komplexen biographischen Situationen und Kontexten. Die strikte Subjektabhängigkeit schließt die Annahme aus, daß es vollkommen identische Kommunikate für ein und denselben Text oder irgendein anderes Medienangebot in verschiedenen kognitiven Bereichen bzw. in ein und demselben kognitiven Bereich zu unterschiedlichen Zeiten gibt – wir würden sonst Texte nie zweimal mit Genuß lesen.
- Ein Medienangebot (eine Kommunikatbasis) ist nur ein (wenn auch ein sehr wichtiger) Faktor in individuellen Prozessen der Kommunikatbildung: Es löst kognitive Prozesse aus, kann sie aber niemals vollständig kanalisieren. Erfolgreiche Prozesse der Kommunikatbildung, die positiv konnotierte Kohärenz-Muster ergeben, tragen wesentlich zur Identitätskonstruktion eines Individuums bei. Sie unterstützen die konsistente Produktion von Selbst-Konzepten und Wirklichkeits-Modellen und eröffnen verschiedene Möglichkeiten, den „Prozeß des Lebens" fortzusetzen.

Metaphorisch gesprochen: „Psychisches Verstehen" als Kommunikatbildung geschieht uns viel mehr, als daß wir diesen Prozeß völlig beherrschen.

Beim Lesen eines Textes z.B. ist das Bewußtsein auf die Fortsetzung seiner Operationen konzentriert. Auf dieser Ebene sind Texte nicht da, um „verstanden" zu werden, sondern um eine Fortsetzung kognitiver Operationen auszulösen. Für das kognitive System beinhalten Texte nicht Bedeutung im Sinne von semantischen Eigenschaften der Textelemente. Statt dessen schreibt das kognizierende System einem Text Bedeutung zu und zwar durch kognitive (Selbst-)Orientierungen, welche das System während oder aus Anlaß des Prozesses der Kommunikatbildung leistet.

Kommunikatbildungen sind immer in die Autopoiese eines lebenden Systems integriert. Analytisch kann dieser Prozeß durch drei Aspekte charakterisiert werden: einen *rationalen* Aspekt informationeller Selbstorientierung; einen *emotionalen* Aspekt der Lust-Unlust-Äquilibrierung; und einen *empraktischen* Aspekt der Bewertung der Relevanz kognitiver Prozesse für die Autopoiese eines Systems in einem bestimmten biographisch bestimmten Kontext. Diese drei Aspekte stehen in einer selbstreferentiellen Weise miteinander in Wechselwirkung. Aus dieser Wechselbeziehung „entsteht" das, was uns als (Produktion von) Information aus Anlaß der Rezeption eines Medienangebots zu Bewußtsein kommt.

*

Wegen des Ereignis-Charakters von Bewußtseinsprozessen ist Kommunikatbildung ein Prozeß in der Zeit, der niemals identisch wiederholt werden kann, selbst wenn z.B. derselbe Text erneut rezipiert wird. Prozesse der Kommunikatbildung geschehen normalerweise ohne begleitende innere Beobachtungen – zumindest, solange keine Probleme auftauchen, welche unser Bewußtsein dazu drängen, den ablaufenden Prozeß in Operation und Beobachtung zu trennen.

Prozesse der Kommunikatbildung können, als Prozesse, nicht kommuniziert werden. Wenn ein Kommunikator A in einer Kommunikationssituation den Eindruck erhält, daß Partner B sein Medienangebot „verstanden" hat, dann geschieht das aufgrund von B's nachfolgenden Handlungen, welche A als der jeweiligen Situation angemessen betrachtet. Mit anderen Worten: A unterstellt B ein ausreichendes Text-Verständnis, weil B auf A's Äußerungen derart reagiert, daß A diese Reaktion für adäquat hält, obwohl es A nie möglich ist, B's kognitive Operationen unmittelbar zu beobachten.[32] Auf der Ebene der Kommunikation gibt es daher kein Verstehen, welches nicht Kommunikation ist. Ob jemand ein Medienangebot „versteht" oder nicht, kann nur auf der Ebene der Kommunikation via Zuschreibungen entschieden werden; i.e. 'soziales Verstehen' muß als eine Beobachter-Kategorie betrachtet werden. Streng genommen kann derjenige, der „versteht", nicht sagen „ich verstehe"; es sei denn, er simuliert eine Kommunikationssituation, in der ein interner Beobachter die Differenz zwischen Operation und Beobachtung kommuniziert.

*

Ich fasse zusammen: Auf sozialer Ebene dient Sprache Gesellschaften als Institution zur sozialen Kontrolle wie zur Verhaltenskoordinierung von Individuen mit Hilfe von kulturell programmierten Bedeutungen. Auf diese Bedeutungen beziehen sich die sozialen Erwartungen an sogenanntes Verstehen, das Sprecher sich in einer Kommunikationssituation attestieren, wenn sie kommunikative Anschlußhandlungen produzieren, die den jeweiligen Erwartungen der Sprecher entsprechen. Insofern bezeichnet die Kategorie 'Verstehen' auf der sozialen Ebene einen Prozeß sozialer Bewertung und Kontrolle der Anschlußfähigkeit von Kommunikationen. Damit kommt in hermeneutischen Prozessen ein oft übersehener *Machtfaktor* zum Tragen; denn die entscheidende Frage in der Kommunikation lautet: Wer kann/darf wem in welcher Situation attestieren, er/sie habe „richtig verstanden"?

Im Unterschied dazu läßt sich die kognitive Operation, die traditionell „Verstehen" genannt wird, theoretisch modellieren als Operation aus Anlaß bzw. im Vollzug der Wahrnehmung eines Ereignisses bzw. eines Medienangebotes, das von kognizierenden Systemen als kohärent empfunden wird. Auf der kognitiven Ebene macht die Differenz Verstehen/Mißverstehen keinen Sinn. Ich als Textrezipient zum Beispiel kann einen Text nicht mißverstehen; wohl kann ich Probleme beim Aufbau einer kohärenten kognitiven Struktur bekommen, die Rezeption abbrechen, usw. Ebensowenig sollte auf der Ebene sozialen Verstehens mit dieser Differenz operiert werden, da Kommunikation (s.u. Abschnitt 6) nicht über diese Differenz läuft, sondern über die Differenz ± Anschließbarkeit.

6 Kommunikation

Während sich Luhmann in seiner Kommunikationstheorie nur auf die Autopoiesis von Kommunikation konzentriert, muß eine an empirischer Forschung interessierte Kommunikationstheorie auch auf weniger abstrakten Ebenen operieren und dabei auch

32 Dieses Thema ist ausführlich behandelt worden von G. Rusch 1984.

Handlungen, Medienangebote und Aktanten mit berücksichtigen.[33] Dabei gehe ich von folgenden Annahmen aus: Bewußtseins- und Kommunikationsprozesse laufen (in interpersonaler Kommunikation) getrennt voneinander aber zeitlich synchron in der jeweiligen Systemgegenwart ab. Ereignisse in den Bereichen Kognition und Kommunikation werden unterschiedlich prozessiert und unterschiedlich aneinander angeschlossen. Bewußtsein ist ohne Kommunikation (evolutiv wie aktual) ebensowenig möglich wie Kommunikation ohne Bewußtsein. Sie bilden also einen notwendigen Zusammenhang, aber kein einheitliches System. Der notwendige Zusammenhang bzw. das Zusammenwirken von Kognition und Kommunikation kann wie folgt beschrieben werden: Aktanten produzieren durch geeignete Verkettung von semiotischen Materialien (Sprachzeichen, Bilder usw.) Medienangebote, die sie (einem) anderen mitteilen und dabei „Verstehen" erwarten. Wird ein Medienangebot tatsächlich von anderen Aktanten als „mitgeteilte Information" aufgegriffen und mit einem Medienangebot bzw. mit anderen funktional äquivalenten Reaktionen beantwortet, dann kommt Kommunikation als sozialer Prozeß der tatsächlichen Synthese von Information, Mitteilung und Verstehen zustande. Ähnlich heißt es bei W.L. Schneider: „Die *minimale Einheit der Kommunikation* besteht in einer *Sequenz von zwei Mitteilungsereignissen,* in der das zweite dem ersten einen mehr oder weniger eindeutig bestimmten Sinn zuweist." (1994: 168) Nicht eine psychische Intention oder eine isoliert bleibende Äußerung, sondern erst ein mitgeteiltes Medienangebot, auf das ein anderes als Ausweis des Verstehens referiert, konstituiert Kommunikation als sozialen Prozeß.

Nach W.L. Schneider werden in der Kommunikation drei Leistungen miteinander verbunden:

- die kooperative Realisierung einer sozialen Handlung
- die kommunikative Reproduktion der ihr zugrundeliegenden Erwartungsstrukturen
- die Koordination der Sinnzuweisungen der involvierten Akteure.

Und er fügt hinzu: „Gleichwohl ist Kommunikation nicht notwendig geknüpft an die Intersubjektivität der *psychisch* prozessierten Bedeutungsattributionen. Das Verhältnis zwischen psychisch intendiertem und kommunikativ realisiertem Sinn wird so zu einem empirischen Problem." (1994: 191)

Damit ein Medienangebot mit Aussicht auf Anschlußfähigkeit produziert werden kann, muß seine Produktion gesellschaftlichen Erwartungserwartungen an semiotische Operationen genügen, sich also an einschlägigen Konventionen bzw. an Common sense-Wissen orientieren. Dieses Normwissen ist – evolutiv gesehen – kommunikativ erzeugtes soziales Wissen, das – strukturell gesehen – in Kommunikationen immer wieder erprobt und bestätigt wird. Referenz wird entsprechend bestimmt als an prototypischen Verwendungen orientiertes semiotisches Common sense-Wissen (sensu H. Feilke 1994).

Über die wechselseitige Orientierung der Kommunikationspartner an Erfahrungen im Umgang mit Medienangeboten kommt es insofern zu einer Engführung der Orientierungsorientierungen der Kommunikanten, als sie auf Resultate ihrer vorausgegangenen Kommunikationen als voraussetzbares intersubjektives Wissen zurückgreifen (können).

33 Cf. dazu ausführlich S.J. Schmidt 1994. – Schließlich muß auch N. Luhmann zugeben: „Eine Kommunikation kommt nur zustande, wenn jemand [sic!] sieht, hört, liest – und so weit versteht, daß eine weitere Kommunikation anschließen könnte." (1995: 7)

Dieses Wissen bildet die Voraussetzung für die Anschließbarkeit von Kommunikationen und erhält deshalb einen hohen Grad sozialer Verbindlichkeit. Wie jedes andere Wissen muß aber auch dieses soziale bzw. kollektive Wissen empirisch in den kognitiven Bereichen von Aktanten produziert werden; kollektiv gültig (= erwartbar) wird es durch die Bedingungen seiner Produktion und die soziale Akzeptanz der auf seiner Grundlage gebildeten und geäußerten Medienangebote.

Die Sozialität von Kommunikationen ist durch verschiedene Faktoren bestimmt, die deren Anschließbarkeit konstituieren.

So sind Kommunikationsprozesse an Situationskontexte gebunden, die jeweils nur bestimmte Typen von Kommunikationen zulassen, indem sie über Erwartungserwartungen selegieren, welche Typen von Medienangeboten und deren Nutzungen im jeweiligen Medienkontext sozial akzeptabel sind.

Kommunikationen beziehen sich notwendigerweise immer auf vorangegangene Kommunikationen und antizipieren andere Kommunikationen.[34] Das heißt: Aktanten leisten Beiträge zu Themen im Sinn- und Äußerungszusammenhang von Diskursen. Dabei wird von den Kommunikationsteilnehmern automatisch (oder explizit metakommunikativ) die Kohärenz des jeweiligen Kommunikationsbeitrags sowie seine Relevanz für den Referenzdiskurs mitgeprüft. Nur mit Bezug auf diesen interindividuellen Sinnzusammenhang wird ein Beitrag zu einem Thema kommunikativ akzeptabel. Dazu kommt, daß jeder Diskurs (als Themenzusammenhang bzw. thematischer Raum) auch mit Selektionsvorschriften hinsichtlich der Äußerungsformen für akzeptable Beiträge verbunden ist, so z.B. hinsichtlich erwarteter (bzw. normativ zugelassener) Gattungsformen oder syntaktischer Muster, Metaphern(gebrauch) oder stilisierter Gestaltungsmerkmale.[35] Wichtig für die soziale Akzeptanz von Kommunikationsofferten sind darüber hinaus – vor allem in funktional differenzierten Gesellschaften – Akzeptanzselektoren vom Typ symbolisch generalisierter Kommunikationsmedien (sensu T. Parsons und N. Luhmann) wie Wahrheit, Geld, Macht oder Liebe.

Wenn Kommunikationsprozesse als soziale Handlungen beschrieben werden, dann sind sozialstrukturelle Aspekte wie Rolle, Institution und Organisation von großer Bedeutung. Die Relevanz einer Kommunikationsofferte hängt entscheidend davon ab, in welcher Rolle Kommunikanten handeln, welcher Institution oder Organisation sie angehören und welchen sozialen, politischen oder ökonomischen Einfluß sie besitzen – und das gilt auch für kollektive Aktanten wie Redaktionen oder Rundfunkanstalten. Kommunikationen organisieren sich nicht von selbst, sie werden organisiert von (individuellen oder kollektiven) Aktanten; und zwar in ganz unterschiedlichen Verteilungen und Gewichtungen von Kommunikationsanteilen, -rollen und -zielen, in denen Motive und

34 Insofern kann ich N. Luhmanns folgende Bestimmung von 'Kommunikation' akzeptieren: „Alles, was als Kommunikation festgelegt wird, wird durch Kommunikation festgelegt. Das geschieht sachlich im Rahmen der Unterscheidung von Selbstreferenz und Fremdreferenz, zeitlich in rekursivem Rückgriff und Vorgriff auf andere Kommunikationen und sozial dadurch, daß kommunizierter Sinn der Annahme bzw. Abbildung ausgesetzt wird." (1995: 23) – Dabei stützt sich Luhmann auf H. von Foersters Definition: „Kommunikation ist das Eigenverhalten in einem rekursiv operierenden, zweifach geschlossenen System." (1993a: 83)

35 Cf. zu diesem Thema Th. Luckmanns Konzept der „kommunikativen Gattungen" (1989).

Interessen, Einstellungen, Überzeugungen und Bewertungen sozial ins Spiel gebracht werden.

Nicht ohne Grund hat P. Bourdieu (1982) Sozial- und Herrschaftsbeziehungen als symbolische Interaktionen, also als Kommunikationsbeziehungen modelliert („Ökonomie des symbolischen Tausches"). Gesellschaftliche Organisationen und Institutionen, Macht- und Herrschaftsverhältnisse, Generations- und Geschlechterbeziehungen entstehen auf der Grundlage und im Verlauf von Kommunikationsprozessen und wirken sich durch ihre Institutionalisierung prägend auf Kommunikation aus.

*

Auf der Grundlage dieser kurz skizzierten Konzeptionen von 'Kognition', und 'Kommunikation' läßt sich die *These ihrer strukturellen Kopplung* ein Stück weit präzisieren, wobei ich Maturanas weiten Kognitionsbegriff hier auf 'Bewußtsein' einenge.

Meine generelle These lautet: Die selbständigen Bereiche Bewußtsein und Kommunikation werden unter Aufrechterhaltung ihrer Selbständigkeit durch einen dritten selbständigen Bereich, den Medienbereich, miteinander strukturell gekoppelt, weil sich die Aktanten in einer Gesellschaft in hinreichend vergleichbarer Weise auf kollektives Wissen[36] (auf „Kultur", siehe den nächsten Abschnitt) beziehen (können) und dies voneinander erwarten. Medienangebote können nur produziert und rezipiert werden, weil und wenn Aktanten die verwendeten Kommunikationsmittel in einer Weise verwenden, die im Verlauf der Mediensozialisation als gesellschaftlich anschlußfähig erlernt und erprobt worden ist. Bewußtseinsoperationen, die im Verlauf ihrer Genese zu einem wesentlichen Teil im Umgang mit Medienangeboten geprägt und geschult worden sind, können daher Medienangebote in jeweils systemspezifische Operationen („Gedanken",

36 H. Esser (1994) hat sehr klar dargelegt, daß die kontroverse Diskussion um Luhmanns Kommunikationstheorie maßgeblich dadurch ausgelöst wird, daß Luhmann zentrale Konzepte wie 'Kommunikation' und 'Handlung' eigenwillig umdeutet, ohne ihren neuen Gebrauch aber hinreichend zu definieren. Außerdem startet Luhmann reichlich apodiktisch mit der These, „... daß Kommunikation nicht als Handlung und der Kommunikationsprozeß nicht als Kette von Handlungen begriffen werden kann." (Luhmann 1985: 225) Er blockiert sich damit selbst die Möglichkeit, handlungstheoretische Konzeptionen von Prozessen der Kommunikation überhaupt auch nur zu prüfen. Essers Prüfung dieser Möglichkeit führt zu dem Ergebnis, daß ein „... Modell der Kommunikation als Sequenz der Selektion von Kommunikationsakten durch Akteure sich in der Tat als heimliches Erklärungsmodell der Systemtheorie selbst wiederfindet." (1994: 184)
Ganz im Sinne meines bisher skizzierten Vorschlags zur strukturellen Kopplung zeigt Esser, daß die Kopplung von psychischen und sozialen Systemen über ein drittes System erfolgt, das als kollektives Wissen bezeichnet werden kann: „Diese Interpretation der psychischen und der sozialen Systeme wird aber erst über ein drittes 'System' möglich, von dem Luhmann im Zusammenhang mit der Selbstreferentialität der Systeme spricht, ohne es als eigenes 'System' zu benennen. Es sind die Regeln, die Zuschreibungen, die Typisierungen und Vereinfachungen, die Modelle, die 'Drehbücher', die 'Codes', an denen sich die psychischen Systeme bei ihren 'kommunikativen' Selektionen orientieren. Die Grundidee dabei ist auch sehr naheliegend: Wenn es ein geteiltes Wissen über ein 'Modell' eines kommunikativen Ablaufs gibt, dann erleichtert dies die höchst riskanten Selektionen der psychischen Systeme so sehr, daß dann auch zu erwarten ist, daß sich ein gut identifizierbares soziales System als Prozessieren der entsprechenden kommunikativen Akte leichter herausbilden kann." (1994: 185)

„Gefühle“, „Erinnerungen“ usw.) transformieren. Kommunikationen werden mit Hilfe von Medienangeboten gestartet und in Gang gehalten. Medienangebote beziehen sich auf Medienangebote im *sozialen Sinnkontext von Kommunikation* (als Fragen und Antworten, Kommentare und Kritiken, Interpretationen und Bewertungen), wobei die Kommunikation den Bezugsrahmen in Form von symbolischen Ordnungen wie z.B. Diskursen, Themen, Gattungen usw. vorgibt. Umgekehrt instruieren Medienangebote Kommunikatbildungsprozesse, indem sie – ungeachtet aller kognitiven Autonomie – sprachsozialisatorisch stark geprägte Bewußtseinsprozesse anlaufen lassen, die sich selbst an (subjektiv konstruiertem) kollektivem Wissen orientieren.

Medienangebote koppeln also die beiden Bereiche Bewußtsein und Kommunikation, indem sie zwar kognitiv produziert und kommunikativ prozessiert werden, aber dennoch mit keinem der beiden Bereiche oder Prozesse identisch sind. Bei der Produktion greift das Bewußtsein zurück auf frühere und antizipierte Bewußtseinsprozesse und Kommunikationen, ebenso wie Kommunikationen sich auf frühere und antizipierte Kommunikationen beziehen und zugleich notwendig auf die „Umweltressource“ Bewußtsein zu(rück)greifen.

Generell gilt, daß in der Kommunikation nur der Ausdruck (sozusagen nur „die Oberfläche“) zählt – was immer an Intentionen, Meinungen und Gedanken „dahinter“ vermutet wird. Kommunikationspartner unterstellen (schon aus Narzißmus) einander zwar in der Regel, daß beim Kommunizieren auch „mitgedacht“ wird und deshalb angemessene Anschlußkommunikationen erfolgen. Aber diese Unterstellung bleibt eine nützliche Fiktion, nicht mehr; denn prozessiert werden in der Kommunikation nur Medienangebote (bzw. funktionale Äquivalente). Gemeintes kann sprachlich nicht erscheinen und ist für die Kommunikation auch ohne Belang.

Man mag diesen Umstand bedauern; ich neige eher dazu, ihn zu begrüßen. Wären Bewußtsein und Kommunikation unmittelbar miteinander verbunden, dann wären kognitive Prozesse aus Anlaß der Wahrnehmung von Medienangeboten gezielt erzwingbar und umgekehrt kommunikative Prozesse kognitiv determinierbar. Die Autonomie beider Bereiche dagegen erhöht zwar einerseits die Risiken – aber sie bewahrt andererseits auch die Freiheit und die Kreativität von Bewußtsein wie von Kommunikation. Es reicht aus, im gemeinsamen Rückgriff auf fiktiv[37] unterstelltes kollektives Wissen Sprechern zu unterstellen, was sie gemeint haben können (oder sollten), wenn sie sagen, was sie gesagt haben. Denn auch für den Sprecher legt erst die Kommunikation fest, was das von ihm Gemeinte kontextspezifisch durch Bezug auf soziales Wissen („Sinn“) *bedeutet.*

Damit bekommt diese Argumentation wieder Anschluß an die Erörterung des Verstehenskonzepts. Die oben (Abschnitt 5) vorgeschlagene Trennung des Verstehens-Konzepts in 'psychisches Verstehen' (= Kommunikatbildung) und 'soziales Verstehen' (= Attribuierung einer Erwartungserfüllung) orientiert die Kommunikanten auf die Differenz Annahme/Ablehnung einer Kommunikationsofferte. Deshalb entzieht sich, wie W.L. Schneider zu Recht bemerkt, das, was als Verstehen in der Kommunikation erreicht wird, der Steuerung jedes einzelnen Beteiligten: „Es ist ein emergentes Resultat

37 Ich spreche von „fiktiv“, da ja auch kollektives Wissen im kognitiven Bereich der jeweiligen Subjekte erzeugt werden muß, also subjektabhängig und nie direkt überprüfbar ist.

ihres Zusammenwirkens und daher nicht als Handlung zurechenbar auf Sender *oder* Empfänger." (1994: 164) Was durch Anschlußäußerungen in der Kommunikation zustande kommt, zählt solange als Verstehen, wie kein Einspruch erfolgt oder etwas als Mißverständnis deklariert wird.

Wie steht es aber mit Verstehen in *massenmedial vermittelter Kommunikation,* wo der Produzent (bzw. Verarbeiter) eines Medienangebots die Akzeptanz seiner Kommunikationsofferte nur in Ausnahmefällen erlebt? Wie Schneider wiederum zutreffend bemerkt, kann in dieser Form von Kommunikation „... *die Reduktion mitlaufend erzeugter Intersubjektivität auf den Grenzwert Null" gehen.* „Die Kommunikation läuft weiter ohne Ratifizierung der in jedem Anschlußereignis rückweisend vorgenommenen Sinnattributionen." (1994: 188f.) Deshalb sind Erwartungen der Produzenten von Medienangeboten, in der Kommunikation gemäß ihrem subjektiv intendierten Sinn verstanden zu werden, in massenmedial vermittelter Kommunikation illusorisch und auch nicht einklagbar: Die Kommunikation geht über subjektiv gemeinten Sinn hinweg.

7 „Massenkommunikation"/„Massenmedien" als Sozialsystem?

Meine bisher vorgestellten Überlegungen zu Bewußtsein und Kommunikation haben sich generell auf *medienvermittelte Kommunikation* konzentriert und damit die klassischen Differenzen Individual-/Massenkommunikation bzw. informelle Kommunikation/Medienkommunikation gewissermaßen unterlaufen. Der damit eingeführte allgemeine Kommunikationsbegriff kann nun im Hinblick auf Spezifika seiner Konstituenten differenziert werden, wobei in der bisherigen Kommunikationsforschung der Hauptakzent auf dem jeweils verwendeten Medium lag. Dieser Akzent kann weiter differenziert werden, indem man (im Sinne des in Abschnitt 1 vorgestellten Medienbegriffs) nach den semiotischen Kommunikationsinstrumenten, den Materialien der Kommunikation, den Herstellungs- und Verbreitungstechnologien und -organisationen für Medienangebote samt allen damit verbundenen Handlungsvoraussetzungen fragt.

Damit ist ein Beobachtungsraster gewonnen, das zur Systematisierung bisheriger Überlegungen zur Massen-[38] bzw. Medienkommunikation verwendet werden kann, so etwa:

- die Bedeutung gegenseitiger Wahrnehmung und Interaktion in der Kommunikationssituation
- die Bedeutsamkeit der Reflexivität in der Sach-, Zeit- und Sozialdimension (cf. K. Merten 1977) in der informellen Kommunikation und ihre Substitution durch reflexive Strukturen des Wissens und Glaubens in der Medienkommunikation
- das Verhältnis zwischen dem ständig wachsenden Bedarf an Kommunikation im Zuge der anhaltenden Ausdifferenzierung der Gesellschaft und dem wachsenden Bedarf an

38 Von Massenkommunikation spreche ich dann, wenn die verwendeten Medienangebote maschinell produziert und von ökonomisch orientierten Organisationen distribuiert werden. Massenmedien nenne ich entsprechend alle technisch produzierten Kommunikationsmittel zur Produktion und Distribution von Medienangeboten.

Wissens- und Glaubensstrukturen auf fiktionaler Basis (z.B. Images), der zur neuen Profession der Public Relations geführt hat (cf. K. Merten 1995)

- der Wandel der Öffentlichkeit durch Massenkommunikation
- Wahrnehmungswandel und Wandel von Wirklichkeitskonstruktionen durch Massenmedien.

Eine besondere Rolle spielt dabei die Frage, ob (Massen)Kommunikation ein eigenes Sozialsystem sei. Wie üblich gibt es hier von systemtheoretisch (d.h. von Luhmann) beeinflußten Autoren und von Luhmann selbst ganz unterschiedliche Antworten, und wie zu erwarten resultieren die unterschiedlichen Antworten aus Unterschieden in der Kernfrage, wie denn die Grenze, die Funktion und die Leistung eines solchen Systems zu bestimmen ist.

P.M. Spangenberg (1993) plädiert hinsichtlich des Grenzkriteriums für den Code[39] aktuell/nicht aktuell. B. Blöbaum (1994) konstruiert das Sozialsystem Journalismus über den Code informativ/nicht informativ und vermutet, dieses System entlaste andere Systeme von ihrer Vermittlungsfunktion. F. Marcinkowski (1993) entwirft Publizistik als autonomes Funktionssystem via öffentlich/nicht öffentlich. Und N. Luhmann deklariert, „die Massenmedien seien eines der Funktionssysteme der modernen Gesellschaft, das, wie alle anderen auch, seine gesteigerte Leistungsfähigkeit der Ausdifferenzierung, der operativen Schließung und der autopoietischen Autonomie des betreffenden Systems verdankt." (1995: 11) Als entsprechenden grenzbildenden Code optiert er für Information/Nichtinformation. Die Funktion der Massenmedien besteht nach Luhmann „im Dirigieren der Selbstbeobachtung und Selbstbeschreibung des Gesellschaftssystems" bzw. „in der ständigen Erzeugung und Bearbeitung von Irritation" (1995b: 65f.).[40]

Für diese Versuche gilt – wie für ähnlich laufende Versuche einer systemtheoretischen Konzeptualisierung des Literatursystems[41] –, daß die Prominenz der Luhmannschen Systemtheorie die Diskussion über die theoretische Konzeptualisierung sozialer Systeme auf nur eine Variante verkürzt hat. Daher sollte künftig erst einmal genauer geprüft werden, ob nicht andere Varianten ergiebiger sind; denn immerhin liegt es bei uns, welches Systemkonzept wir für welche Problemlösungszwecke einsetzen – es sei denn, man ontologisiert unter der Hand den Systembegriff wieder.

*

Bekanntermaßen gibt es im Rahmen der verschiedenen bis heute entwickelten Systemtheorien (von der Biologie bis zur Mathematik) ganz unterschiedliche Definitionen und Typologien von Systemen. Bei der Entscheidung für eines dieser Systemkonzepte sind allgemein drei Gesichtspunkte zu berücksichtigen, die oft vergessen werden.

---

39 Daß Grenzbestimmung über binäre Codes zu erfolgen habe, und nur darüber, gehört zu den schwächsten Hypothesen der Luhmannschen Systemphilosophie. Zur Kritik cf. S.J. Schmidt (Hg.), 1993.

40 Zur Kritik dieser Ansätze cf. S. Weischenberg 1995 und A. Görke & M. Kohring 1996. - N. Bolz vertritt dagegen die These: „Massenmedien dienen entweder dem Information Processing oder dem Marketing. Tertium non datur!" (1996: 81)

41 Cf. etwa die Beiträge in S.J. Schmidt (Hg.) 1993, S.J. Schmidt 1994b, G. Plumpe 1995, N. Werber 1992 und G. Plumpe & N. Werber (Hg.) 1995.

(a) Systemkonzepte sind, wie alle Konzepte, beobachterrelative kognitive und kommunikative Instrumente, sie sind Maßstäbe, die Menschen sich selber in bestimmten kulturhistorischen Situationen „zuschneiden" (Ros 1993: 7f.) und mit deren Hilfe sie Unterscheidungsoperationen in ihrer Erfahrungswirklichkeit durchführen. Redeweisen des Typs „X ist ein α-System" müssen daher strenggenommen stets umformuliert werden in Ausdrücke des Typs: „Ich betrachte/konzeptualisiere aus bestimmten Gründen X als ein α-System.", will man Systeme nicht „alteuropäisch" oder „luhmannsch" ontologisieren.
(b) Die zweite Formulierung verweist darauf, daß der Sinn einer Beschreibung von X als α stets davon abhängt, welche Funktion diese Beschreibung hat, welches Problem man damit lösen will. So hat etwa der Übergang von einer strukturalistischen zu einer systemtheoretischen Beschreibung in den Medienwissenschaften sicher die Funktion (gehabt), von einer statischen und elementorientierten zu einer dynamischen und prozeßorientierten Beschreibung von Medienangeboten in Kontexten überzuwechseln.
(c) Drittens geht es um die Frage des Beginns. Luhmanns Position ist hier, wie bekannt, apodiktisch-thetisch. Kapitel I seines Hauptwerks *Soziale Systeme* beginnt mit der berühmt-berüchtigten Formel: „Die folgenden Überlegungen gehen davon aus, daß es Systeme gibt. Sie beginnen also nicht mit einem erkenntnistheoretischen Zweifel. Sie beziehen auch nicht die Rückzugsposition einer 'lediglich analytischen Relevanz' der Systemtheorie. Erst recht soll die Engstinterpretation der Systemtheorie als eine bloße Methode der Wirklichkeitsanalyse vermieden werden. Selbstverständlich darf man Aussagen nicht mit ihren eigenen Gegenständen verwechseln; man muß sich bewußt sein, daß Aussagen nur Aussagen und wissenschaftliche Aussagen nur wissenschaftliche Aussagen sind. Aber sie beziehen sich, jedenfalls im Falle der Systemtheorie, auf die wirkliche Welt. Der Systembegriff bezeichnet also etwas, was wirklich ein System ist, und läßt sich damit auf eine Verantwortung für Bewährung seiner Aussagen an der Wirklichkeit ein." (1985: 30)
Damit wird jede Alternative des Beginns dogmatisch ausgeschlossen. Damit wird aber auch die erkenntnistheoretische Pointe der Luhmannschen Systemtheorie (wie der konstruktivistischen Kognitionstheorie), nämlich der auf das jeweilige Beobachtersystem bezogene Relativismus, explizit konterkariert, und die erkenntnistheoretische Frage nach der Wirklichkeit durch eine, wie N. Luhmann formuliert, „... vortheoretische Behauptung gelöst: Wirklichkeit wird vorausgesetzt und mit ihr die Wirklichkeit autopoietischer Systeme." (1994: 207)

Apodiktische „Theoriestarts" dieser Art, die bei Luhmann häufig vorkommen, leiden in der Folge darunter, daß die verwendeten Konzepte, ihr Zusammenhang mit anderen Konzepten in Begriffsnetzen, sowie die jeweils damit verbundenen Implikationen nicht genügend analysiert werden.

So ist etwa Luhmanns Entscheidung, soziale Systeme als *autopoietische* Systeme zu postulieren, nur dann möglich und sinnvoll, wenn man als deren Komponenten ausschließlich Kommunikationen ansetzt, die sich selbst erzeugen und erhalten, und wenn man zugleich behauptet, Sozialität erschöpfe sich in Kommunikationen. Mit diesen begrifflichen Entscheidungen ist zugleich die Entscheidung erzwungen, Bewußtsein, Natur und Lebewesen in die nicht-soziale Umwelt zu verlagern (so dezidiert N. Werber

1992: 11), womit von vielen Soziologen und Anthropologen als längst überwunden geglaubte Gegensatzpaare wieder „eingekauft" werden.

Es ist unbestreitbar, daß Luhmann mit seiner Entscheidung für bestimmte Beobachtungsperspektiven Interessantes beobachtet. Aber sein Anspruch, nur so *könnten* und *dürften* Sozialsysteme konzeptualisiert werden – offensichtlich weil unterstellt wird, daß sie so *sind* –, ist nicht akzeptabel.

In diesem thematischen Zusammenhang sind in der Diskussion der letzten Zeit viele bedenkenswerte Kritiken und Anregungen aufgetaucht. Auf einige will ich wenigstens kurz hinweisen.

Zunächst einmal stimme ich G. Jäger voll zu, wenn er feststellt: „Es ist [...] nicht unproblematisch, daß die Luhmannsche Systemtheorie in den Geisteswissenschaften zu einem Synonym für die Systemtheorie generell zu werden beginnt." (1994: 1)

B. Meyer hat ausführlich dargelegt, daß moderne Fassungen einer allgemeinen Systemtheorie weit über das hinausgehen, was Luhmanns Systemtheorie anbietet. „Durch die Vernachlässigung vieler Gebiete der Systemtheorie werden bestimmte Typen sozialer Prozesse bei Luhmann nicht angemessen erfaßt: Spielsituationen, positive Rückkopplungen, Regelkreise, dissipative Selbstorganisationsprozesse, chaotische Prozesse, Hyperzyklen. Ein einzelner, soziologisch weniger bedeutender Teilbereich der Systemtheorie wird verabsolutierend als *'die* Systemtheorie' präsentiert. Insofern ist es falsch, Luhmann als *typischen* Repräsentanten der neueren Entwicklungen der Systemtheorie anzusehen." (1993a: 7)

Diese Kritik macht plausibel, warum immer wieder bestimmte Typen von Fragen an Luhmanns Systemtheorie gerichtet worden sind: Was – außer theoriebautechnischen oder theoriehygienischen Gründen – erzwingt die Entscheidung, soziale Systeme ausschließlich aus homogenen Elementen (zum Beispiel Kommunikationen) bestehen zu lassen? Was – außer einem (übrigens typisch strukturalistischen) Binarismus – bedingt kategorisch, die Grenzen *aller* sozialen Systeme *nur* über duale Codes zu bestimmen? Was – außer einem undifferenzierten Autopoiesepostulat (so G. Teubner 1987) – hindert Luhmann daran, Kommunikation in der Doppelperspektivierung auf kognitive wie auf soziale Systeme hin konkret zu bestimmen?[42] Und welcher Grund, außer dem Verdikt Luhmanns und seiner neuen „Meistererzählung" (J.-F. Lyotard), hindert oder verbietet, Systeme auch handlungstheoretisch zu konzeptualisieren – wo doch selbst Systemtheoretiker wie U. Schimank schon 1988 zu vermuten wagten: „Das, was Systemtheoretiker unter einem gesellschaftlichen Teilsystem verstehen, läßt sich offenbar akteurtheoretisch rekonstruieren und in die akteurtheoretische Perspektive einfügen." (1988: 636)[43]

Wichtiger als der (oft schon scholastisch anmutende) Streit darüber, ob ein Autor Luhmanns Systemtheorie kanonisch korrekt reproduziert und angewandt hat, scheint mir zunächst einmal eine begriffstheoretische Analyse der zentralen Konzepte einer

42 Gelegentliche Begründungen Luhmanns wirken (auf mich) eher arrogant als erhellend: „Bewußtseinssysteme (Bewußtseine, Individuen, Subjekte) sind ihm [dem Soziologen, sjs] einfach deswegen nicht interessant, weil es deren zu viele gibt [...] . Wir gehen hier ohne viel Getöse davon aus, daß 'der Mensch' (im Singular) ohnehin dekonstruiert ist." (1995: 24)

43 Dazu bemerkt H. Esser boshaft kommentierend: „So ist es. Wegen dieser Häresie wird Uwe Schimank in Bielefeld nur noch mit viel Argwohn betrachtet." (1994: 200)

Theorie und der in ihnen enthaltenen Entscheidungen und Implikationen, wie sie etwa A. Ros anmahnt.

So hat etwa P.M. Hejl – soweit ich sehe bis heute unwiderlegt – durchaus vorgeführt, wie man über das Konzept der synreferentiellen Wirklichkeitskonstruktion in eine soziologische Systemtheorie Akteure einbauen kann, ohne eine Theorie sozialer Systeme auf Psychologie zu reduzieren (Hejl 1987; einen ähnlichen Versuch hat auch J. Klüver, 1988, vorgelegt.) Oder G. Rusch (1991) hat vorgeführt, daß man eine empirisch erheblich perspektivreichere Theorie des Literatursystems als Sozialsystem im Anschluß etwa an die allgemeine Systemtheorie aufbauen kann. Danach werden Entitäten nicht kraft ihrer immanenten Eigenschaften zu Elementen eines Systems, sondern aufgrund ihrer Verteilung, Position, Rolle oder Funktion innerhalb einer als System organisierten Ganzheit. Damit entfällt die Forderung, als Systemkomponenten nur gleichförmige Entitäten zuzulassen.

Solche Überlegungen erhalten wertvolle argumentative Unterstützung wiederum durch B. Meyer. Er macht plausibel – worauf ich hier nur in aller Kürze verweisen kann –, „... daß eine Modellierung von Systemen mit mehreren verknüpften Dimensionen (‘Systemkomplexe’) formal zulässig und für soziologische Problemstellungen am zweckmäßigsten ist.“ (1993a: 6) Dabei wird ein sehr allgemeiner Systembegriff vorausgesetzt (System als Einheit, die mehrere voneinander differierende Einheiten mit mindestens einem identischen Bezugspunkt umfaßt). Auf diesen Grundlagen lassen sich Gesellschaften als „nichtlineare, vernetzte System-Komplexe“ modellieren, als „partiell selbststrukturierte Spiele“, das heißt als Systeme, deren Kausalstrukturen unter anderem von den Entscheidungen zielorientiert agierender partieller Subsysteme (handelnder Menschen) abhängen (1993a: 7). Wie Meyer zeigt, verliert in einer (von P.M. Hejl wie von ihm gleichermaßen verfolgten) akteurzentrierten (statt wie bei Luhmann zurechnungszentrierten) soziologischen Theorie Luhmanns Zweistufenmodell (mit basaler Selbstreferenz der Kommunikation und sozialer Autopoiese) seinen Alleinvertretungsanspruch (1993: 298).

Nimmt man hingegen an, daß Kommunikationen kein selbstbewegliches Sinngeschehen „sind“, sondern daß sie empirische Träger brauchen, eben alter und ego[44], die Selektionen vollziehen und deren Sozialität durch die in Abb. 1 skizzierten vier Bedingungsebenen immer schon konstituiert ist, noch bevor sie bewußt zu handeln und zu kommunizieren beginnen, dann macht die Evakuierung von Aktanten, die in Rollen und Institutionen gemäß kollektiv geteiltem kulturellen Wissen, normativer Orientierung und sinnbezogenen Erwartungserwartungen sozial handeln, aus Kommunikation und Gesellschaft wenig Sinn. Bei einer solchen Konzeption wird ja keineswegs behauptet, Kommunikation solle oder könne auf Kognition „zurückgeführt“ oder durch Aktanten „erklärt“ werden. Vielmehr wird hier der *wechselseitige Konstitutionszusammenhang* von Kommunikation, sozialen Akteuren, kollektivem Wissen und Kultur in den Vordergrund gerückt. Natürlich müssen Kognitionen via Medienangebote erst in Kommunikationen transformiert werden, sollen sie sozial relevant werden können als Übernahme

44 „Ohne einen Begriff von sozialen Akteuren, die sich selbst reflektieren, bezeichnen und identifizieren, ist meines Erachtens eine Theorie der Selbstorganisation der sozialen Welt nicht möglich.“ (Ch. Bender, 1994: 280)

einer Selektionsofferte; aber wer Kommunikation von Kommunikanten, Wissen und Kultur abkoppelt, verkürzt sie auf Texte (und andere Medienangebote) und muß dann die Bedeutung (i.S. der oben genannten Fiktion, der Text selbst sei schon Wissen) in die Texte selbst verlegen.

*

Damit kehren wir zurück zu dem Problem, wie Systemtheorie und Handlungstheorie in einer komplexer angelegten Sozialtheorie miteinander verbunden werden können. Natürlich kann ich hier nicht im Detail argumentieren, wie eine solche Verbindung aussehen könnte; aber vielleicht können einige allgemeine Hinweise zunächst die Richtung meines Nachdenkens andeuten.[45]

Das Akteurskonzept, das ich hier vorschlage, integriert die Reflexivität und Rekursivität von sozialen Handlungen ebenso wie die strategische Orientierung in Richtung auf einen von anderen Akteuren konstituierten Kontext. Akteure handeln entsprechend generalisierten Interessen, die in der Handlungslogik sozialer (Sub-)Systeme verkörpert sind, sowie im Rahmen der sozialen Mechanismen, die die Aufrechterhaltung sozialer Organisationen bewirken. Anders ausgedrückt: Das soziale Handeln von Individuen ist immer schon „getränkt" von sozialen Beziehungen, Orientierungen und Einschränkungen. U. Schimank (1988) hat betont, daß soziale Systeme nicht selber handeln (wie Luhmann sich ausdrückt), sondern daß sie die Aktionen von Akteuren begrenzen und formen, indem sie Muster der Reduktion von Komplexität bereitstellen.

J. Weyer (1993) hat unterstrichen, daß soziale Strukturen nicht, wie Luhmann verlangt, autokatalytisch emergieren; vielmehr setzt ihre Emergenz Interessen von Akteuren voraus und schließt sie zugleich ein. Die sozialen Aktivitäten von Akteuren sind durch drei miteinander rivalisierende Rationalitäten gekennzeichnet und geprägt: Systemrationalität, die sozialen Aktionen über systemische Anschließbarkeiten eine spezifische Bedeutung zuordnet; Kommunikationsrationalität, die die Rolle von Kommunikationen in sozialen Prozessen definiert; und Akteursrationalität. Die Interaktion zwischen diesen Rationalitäten ist fundamental für die Konstruktion der sozialen Wirklichkeit im Sinne von P.L Berger und Th. Luckmann. Der Zwangscharakter des Sozialen resultiert aus den unterschiedlichen Geschwindigkeiten, mit denen sich diese drei Rationalitäten im Laufe der Geschichte verändern.

Die Einführung von Akteuren in die Systemtheorie kann vielleicht auch gefördert werden, indem man auf Elitetheorien zurückgreift (cf. etwa A. Sterbling 1991). Eliten werden dabei theoretisch modelliert als Individuen oder mehr oder weniger organisierte Gruppen, die miteinander kooperieren und konfligieren im Hinblick auf die systemisch bestimmten Handlungsziele und Handlungsmöglichkeiten. Eliten lassen sich definieren als Instanzen, die deswegen eine entscheidende Rolle in der sozialen Wirklichkeitskonstruktion spielen, weil sie spezifische Situationen definieren und relevante Entscheidungen treffen. Eliten führen sozial relevante Ideen in die Diskurse ein, stabilisieren und ändern Überzeugungen und Orientierungen ebenso wie jene symbolischen Systeme, in denen subjektives und kulturelles Kapital (im Sinne Bourdieus) akkumuliert wird, des-

45 Hinter den folgenden Überlegungen steht P.M. Hejls Entwurf einer konstruktivistischen Sozialtheorie, die Systeme und Akteure gleichermaßen berücksichtigt (cf. u.a. Hejl 1982, 1987, 1994).

sen Besitz wiederum Eliten produziert und bestätigt. Wegen ihrer privilegierten Handlungsmöglichkeiten, Handlungen und Entscheidungen beeinflussen Eliten die Meinung eines größeren Publikums, orientieren deren Aktivitäten und ändern damit deren Lebenssituation in einer durchaus nicht-trivialen Weise.

*

Im Folgenden möchte ich kurz einen Vorschlag entwickeln, Sozialsysteme zu modellieren als komplexe Einheiten, die aus verschiedenen interrelierten Dimensionen bestehen.

Im Rahmen einer Allgemeinen Systemtheorie (cf. G. Schlosser 1993) kann diese komplexe Einheit spezifiziert werden als ein heterogenetisches System, d.h. als ein zyklisch operierendes dynamisches Prozeßsystem, das angewiesen ist auf eine sogenannte permissive Umgebung, die keine für das Bestehen des Systems restriktiven Systeme enthält. Heterogenetische Systeme werden dadurch konstituiert, daß sie relativ autonome aber auch nicht autonome heterogenetische Subsysteme miteinander kombinieren. Autonome Subsysteme sind dabei solche Systeme, die auch außerhalb des Systems überleben können, während dies bei nicht autonomen Subsystemen nicht der Fall ist.

Die Einheit des Systems resultiert aus der systemspezifischen Organisation relevanter Interaktionen der Komponentensubsysteme, die als Selbstorganisation charakterisiert werden kann.[46]

Ein soziales System wird im Folgenden theoretisch modelliert als ein heterogenetisches Prozeßsystem, in dem Komponenten in fünf voneinander unterscheidbaren Dimensionen miteinander interagieren:

- Akteure und ihre kognitiven Bereiche
- Kommunikationsprozesse
- soziale Strukturen und Institutionen (unter Einschluß von Mediensystemen)
- Medienangebote
- symbolische Ordnungen kulturellen Wissens.

Die Komponenten im Rahmen dieser Dimensionen können theoretisch modelliert werden als Subsysteme, die keineswegs vollständig innerhalb des Systems enthalten sein müssen, die aber in relevanter Weise beitragen müssen zu seiner Entstehung, zu seinem

46 P.M. Hejl hat in einem Definitionsangebot des Konzepts 'Selbstorganisation' folgende Argumente entwickelt: Die Eigenschaften, die eine Einheit als Komponente eines Systems charakterisieren, sind ihre Interaktionseigenschaften. Die Organisation eines Systems ist das Interaktionsmuster zwischen ihren Komponenten, das in einem Beobachtungsintervall stabil bleibt. 'Organisation' bezeichnet also ein in aller Regel selektives Netz von Beziehungen zwischen den Systemkomponenten. Wenn also zugleich das Wechselwirkungsverhältnis von Systemniveau und Komponentenniveau berücksichtigt wird, dann kann ein System als selbstorganisierend bezeichnet werden, wenn die Selektivität der Organisation Veränderungen im Verhalten ihrer Komponenten bewirkt bzw. beeinflußt, und wenn diese Veränderungen des Komponentenverhaltens wiederum zu Veränderungen in der selektiven Organisation des Systems führen (1988: 24-31). Oder in der Formulierung von G. Roth ausgedrückt: Ein System ist selbstorganisierend, wenn seine Ordnungszustände nicht (wesentlich) von außen aufgezwungen, sondern spontan erreicht werden. (1986: 153f.) Der wichtigste dabei wirksame Mechanismus kann als 'Selbstreferenz' bezeichnet werden. – Zum Problem der Selbstorganisationskonzepte in der Systemtheorie und im Konstruktivismus cf. u.a. Ch. Bender (1994) sowie die Beiträge in W. Krohn & G. Küppers (Hg.) 1992. Zur Geschichte von Selbstorganisationskonzepten cf. R. Paslack 1991.

Funktionieren und zu seiner Reproduktion – wobei die Frage, was 'relevant' hier bedeutet, eine jeweils zu untersuchende empirische Frage ist. Die Interrelationen zwischen dem System und seinen Subsystemen lassen sich auf drei Ebenen beobachten: auf der Ebene von Ereignissen (einfache Interaktion oder Symmetriebrechung), auf der Ebene von Prozessen, und auf der Ebene von relativ stabilen Elementen wie Strukturen und Wirkfaktoren. Subsysteme können Komponenten unterschiedlicher sozialer Systeme sein, insofern sie einen relevanten Beitrag zur Organisation der jeweiligen Systeme leisten (z.B. Akteure, die in verschiedenen Rollen in verschiedenen sozialen Systemen handeln).

*

Bei der Behandlung des *Systemgrenzproblems* empfiehlt es sich, wieder mit Überlegungen zum Strukturproblem zu beginnen.

Strukturbildung setzt partiell gleichartige Elemente (bzw. Subsysteme) voraus, die in der gleichen Dimension liegen. Entsprechend können verschiedene Systemmodelle konstruiert werden:

- Systeme mit nur einer Strukturdimension
- System-Komplexe mit mehreren Strukturdimensionen
- streng hierarchische Systeme.

Empirisch komplexe Phänomene (wie Menschen und Gesellschaften) lassen die Beobachtung ganz verschiedener Typen von relevanten Merkmalen und Wirkfaktoren zu, die eine Systemtheorie mittels je verschiedener struktureller Dimensionen erfassen muß. Damit wird es schwierig, die Grenzen solcher Phänomene einheitlich zu bestimmen; es treten vielmehr Überschneidungszonen verschiedener Art auf, die auch eine strikte Hierarchiebildung erschweren. Eindimensionale Systemmodelle stehen dagegen vor der Schwierigkeit, „... den kausalen Vernetzungen der meisten praktisch relevanten Phänomene hinreichend Rechnung zu tragen." (G. Schlosser 1993: 107)

Will man Systeme mit nur einer Strukturdimension modellieren, dann muß das Grenzproblem entweder nach dem Prinzip der partiellen Überschneidung oder, wie bei Luhmann, nach dem Ausschlußprinzip gelöst werden.

„*Beim Prinzip der partiellen Überschneidung* kann sich die wechselseitige Überschneidung der Systeme sowohl auf ereignishafte Elemente (einfache Wechselwirkungen oder Symmetriebrechungen) als auch auf relativ stabile Elemente (bzw. Subsysteme bzw. Wirkfaktoren) und auf Prozesse erstrecken. Diese Überschneidung wird begrifflich faßbar, indem man den Begriff des *partiellen Subsystems* einführt. Damit werden Phänomene bezeichnet, die nicht vollständig im betreffenden System enthalten sind, aber mit den o.g. Komponenten direkt zu ihm beitragen. Auf diese Weise können sie auch zu *verschiedenen* Systemen beitragen. Unter je verschiedenen Aspekten sind sie in je verschiedenen Systemen enthalten." (1993: 107f.)

Konstruiert man System-Komplexe als Kopplungen mehrerer Systeme (und mehrerer grenzziehender Merkmale), dann treten auch hier unterschiedlich große Überschneidungszonen auf. Je nach struktureller Dimension kann ein und dasselbe komplexe Subsystem als in verschiedenen gekoppelten Subsystemen enthalten modelliert werden.

Versucht man, das Systemgrenzproblem durch das Vollständigkeitsprinzip zu lösen, dann müssen die einzelnen Subsysteme vollständig im System enthalten sein, so daß eine vollständige Systemhierarchie entsteht. (Als Beispiel denke man an räumlich definierte Systeme wie Organismen und an H.R. Maturanas Autopoiesekonzept.)

Beim Ausschlußprinzip kann sich Mehrebenenzugehörigkeit nur auf zeitlich punktuelle Ereignisse erstrecken, so daß das Bild des Überschneidens hier unangebracht ist. „Die Frage, warum sich Luhmann für das Ausschlußprinzip entscheidet, läßt sich nicht schlüssig aus seinen systemtheoretischen Prämissen ableiten (besonders angesichts dessen, daß er mit PARSONS' Modell vertraut ist)." (1993: 113)

Ereignisse mit Mehrebenenzugehörigkeit werden bei Luhmann zweifach perspektiviert: Wenn ein System ein angrenzendes System ermöglicht, spricht er von „Penetration", bei wechselseitiger Ermöglichung dagegen von „Interpenetration". Im Unterschied zu Parsons' Interpenetrationsbegriff besteht Luhmann aber darauf, daß sich die rekursiven Netzwerke beider Systeme (etwa Bewußtsein und Kommunikation) *nicht* überschneiden, da zum Beispiel psychische Ereignisse „als solche" nicht in der Kommunikation funktionieren können. Nach Meyer baut Luhmann aber hier einen falschen Kontrast auf. Er übersieht, daß ein und dasselbe empirische Phänomen (etwa die Decodierung einer Mitteilung) „... bei der Systemmodellierung sowohl einen kommunikativen Aspekt als auch einen psychischen Aspekt aufweist. Beide Aspekte sind in ihren jeweiligen Systemmodellen zu berücksichtigen, wenn diese hinreichend vollständig modelliert werden sollen." (1993: 111)[47]

Da sich Luhmann für (eine bestimmte Lesart von) Maturanas Autopoiesebegriff entscheidet, ihn jedoch auf *ereignishafte* Systeme bezieht, kann er das Hierarchie-Modell nicht wählen. Und weil er nicht mit mehreren verknüpften strukturellen Dimensionen arbeiten will, muß er sich für ein eindimensionales Systemmodell entscheiden. Wird dann zum Zwecke der Grenzbildung das Ausschlußprinzip auf soziale Systeme angewandt, dann müssen eben alle organischen und psychischen Systeme (also Menschen) aus dem Modell verdrängt werden, bis nur noch *eine* Dimension überbleibt: Kommunikation.[48]

Meyer bilanziert seine Analysen wie folgt: „Eine tragende These der Arbeit ist, daß die meisten schwerwiegenden Probleme der Theorie Luhmanns auf eine unzweckmäßige systemtheoretische Grundsatzentscheidung zurückgeführt werden können: auf die Lösung des Systemgrenzproblem nach dem Ausschlußprinzip." (1993: 110) Diesem Prinzip „opfert" Luhmann die Berücksichtigung vieler zentraler Themen bisheriger und nicht-systemtheoretischer Soziologie, primär Handlungen und Menschen, daneben aber auch Aspekte wie Motive, Interessen, Institutionen und dergleichen. Dieses Prinzip zwingt ihn auch, Grenzen über Duplikationscodes zu definieren, obwohl eine Empirike-

47 Meyer verweist meines Erachtens zu Recht darauf, daß Luhmann das Grenzproblem mit dem Emergenzproblem vermischt. Sein Versuch, soziale Systeme als emergent gegenüber psychischen und organischen Systemen zu postulieren, bindet beide Probleme unzulässig aneinander; denn die Frage, ob die Konstituenten, durch deren Interaktion eine vorher so nicht gegebene nichtlineare Struktur per Symmetriebruch entsteht, zum System gehören oder nicht, gehört nicht mehr zum Emergenzproblem (1993: 79).

48 Als Alternative zu Luhmann hat (der von ihm gescholtene) W. Martens (1991, 1992) nach dem Prinzip der partiellen Überschneidung ein Modell kommunikativer Systeme entwickelt, das Meyer durchaus für konsistent hält.

rin wie K. Knorr-Cetina mehrfach mit guten Gründen die Annahme zurückgewiesen hat, funktionale Teilsysteme der Gesellschaft seien primär informationsverarbeitende Systeme mit einheitlichen Leitdifferenzen (1993: 341). Und angesichts der Luhmannschen Behauptung, eine Definition der Teilsysteme sei eine Sache der Funktionssysteme selber und nicht die einer wissenschaftlichen Klassifikation, stellt Meyer die meines Erachtens berechtigte Frage, warum noch Soziologie als eigene Wissenschaft nötig ist, wenn Gesellschaft das ist, was sie von sich selbst sagt. (1993: 343)[49] Auch hinsichtlich der Hypothese der operationalen Geschlossenheit kommt Luhmann mit seinem Ausschlußprinzip in Schwierigkeiten; denn in einer sinnhaft zusammenhängenden Gesellschaft können Teilsysteme nicht gegeneinander operational geschlossen sein, wenn als Komponenten der Systeme nur Sinnereignisse wie Kommunikationen angesetzt werden.

Luhmanns Versuch, die Erfolgswahrscheinlichkeit der „an sich" unwahrscheinlichen Kommunikation durch die Annahme symbolisch generalisierter Kommunikationsmedien zu erklären, erweist sich ebenfalls als sehr problematisch.

„Diese 'Medien' dienen in Luhmanns Theorie implizit dazu, die durch das Ausschlußprinzip verdrängten Phänomene an das Kommunikationsmodell anzubinden: die Funktionen der sozialen Systeme für die individuellen Akteure, die stofflich-energetischen Aspekte der Gesellschaft, die organischen Systeme (die Körper) und die individuellen Akteure. Somit faßt Luhmann eine sehr heterogene Menge von Phänomenen rein funktional zusammen, ohne sie anderweitig einzuordnen. Diejenigen ihrer Funktionen, die nicht direkt auf Kommunikation zielen, können somit nicht mehr hinreichend erfaßt werden." (1993: 346)

8 Kultur[50]

Im Verlauf der bisherigen Argumentation habe ich an verschiedenen Stellen bereits darauf hingewiesen, daß Kognitionen wie Kommunikationen wesentlich angewiesen sind auf kollektives Wissen, auf kommunalisierende Erwartungserwartungen, auf symbolische Ordnungen, kurz: auf *Kultur*. Wie ich an anderer Stelle (S.J. Schmidt 1994) ausführlich dargestellt habe, gehört der kulturtheoretische Diskurs zu den komplexesten und kontroversesten interdisziplinären Diskursen, der weit entfernt ist von einer allgemein akzeptierten Konzeptualisierung von 'Kultur'.[51] In diesem Abschnitt soll deshalb versucht werden, den Ansatz eines Kulturkonzepts zu skizzieren, das mit den bisher entwickelten konstruktivistischen Grundannahmen kompatibel ist und die Tendenz neuerer Kulturtheorien aufgreift, die Kultur als Modell *für* Verhalten bestimmen, das keinen Bruch mit der natürlichen Evolution darstellt.

---

49 Auf einem anderen Blatt steht, daß Soziologie als Gesellschaftstheorie in ihrem Untersuchungsbereich selbst wieder vorkommt.

50 Zur Einführung cf. K.P. Hansen 1995 sowie den historischen Überblick in O.A. Baumhauer 1982.

51 Cf. dazu etwa den jüngsten Sammelband von R. Segers & R. Viehoff 1996.

Um die folgenden Überlegungen zu einem konstruktivistischen Kulturkonzept mit den bisherigen Überlegungen kohärent zu halten, gehe ich wieder aus von der Grundoperation aller kognitiven und kommunikativen Systeme: von Unterscheiden und Benennen. Wie oben angeführt operieren Wahrnehmen und Erkennen mit Unterscheidungen, die mit Hilfe von Sprachen als differentiellen Systemen von Benennungen kommunikativ verfestigt werden. Aus Interaktion und Kommunikation entstehen im Laufe der Geschichte die Wirklichkeitsmodelle von Gemeinschaften und Gesellschaften. Wirklichkeitsmodelle lassen sich bestimmen als systematisiertes kollektives Wissen der Mitglieder einer Gemeinschaft, das über Erwartungserwartungen deren Interaktionen koordiniert und damit kommunalisiert. Wirklichkeitsmodelle entstehen auf dem Wege der Konstruktion und Systematisierung für wichtig gehaltener Unterscheidungen. Solche grundlegenden Unterscheidungen betreffen die Verhaltensweisen gegenüber Natur und Umwelt (wirklich/unwirklich, hilfreich/gefährlich, oben/unten), gegenüber Ko-Aktanten (alt/jung, männlich/weiblich, mächtig/machtlos), in bezug auf Normen und Werte (gut/böse, heilig/profan) sowie hinsichtlich der Inszenierung von Emotionen (glücklich/traurig, liebevoll/grausam). Im Unterschied zu Klassifikationen sind solche Unterscheidungen ebenso wie ihre Verknüpfungen ausnahmslos gefühls- und wertmäßig besetzt.

Da Aktanten nur solange und insofern Mitglieder einer Gemeinschaft oder Gesellschaft „sind", als sie bezogen auf deren Wirklichkeitsmodell agieren, kommt der Thematisierung, Plausibilisierung und Legitimierung des jeweiligen Wirklichkeitsmodells eine entscheidende Rolle zu. M.a.W., das System von Unterscheidungen, das den kategorialen Rahmen des jeweiligen Wirklichkeitsmodells bildet, muß dauerhaft mit einer normativen gesellschaftlichen Semantik und mit gesellschaftlich sanktionierten Gefühlen und Werten verbunden werden. *Das Programm für diese soziale Gesamtinterpretation und Bewertung des Wirklichkeitsmodells einer Gesellschaft nenne ich Kultur.* Daraus folgt: Es gibt keine Gesellschaft ohne Kultur und keine Kultur ohne Gesellschaft, und beide werden getragen von kognitiv und kommunikativ aktiven Individuen. Unter dieser Perspektive kann die Bestimmung von 'Kultur' auch so angelegt werden: 'Kultur' nenne ich das sozial gültige und sozialisatorisch reproduzierte Programm zum Abgleich (sozusagen zum Tuning) individuell erzeugter Wirklichkeitskonstrukte, das im Tuning die Kriterien der Realitätsgeltung entwickelt, erprobt und legitimiert. Insofern verkörpert Kultur das grundlegende Prinzip der Selbstorganisation allen Lebens und Denkens sowie aller Gesellschaft.

Die Entscheidung für das Konzept 'Programm' bei der Bestimmung von 'Kultur' bietet m.E. folgende Vorteile.

- Ein Programm enthält nicht nur eine Menge von Prinzipien, Regeln und festen Items, die aus bisher erfolgreichen Problemlösungen stammen und nicht ohne weiteres geändert werden können, sondern es braucht auch Programm*anwender*, soll es funktionieren. Dieser Doppelaspekt erlaubt die Beobachtung, daß *der* Mensch Schöpfer aller Kultur ist und zugleich *die* Menschen Geschöpfe einer je spezifischen Kultur sind.[52]
- Wie moderne Computerprogramme sind auch Kulturprogramme lernfähig, im Augenblick der jeweiligen Anwendung aber „lernunwillig", sie sind also zugleich sta-

52 Mit diesem Ansatz werden – wie in Abschnitt 7 angeregt – mikro- und makrosoziologische Perspektiven notwendig aufeinander bezogen. Cf. dazu etwa Kap. II.

tisch und dynamisch. Kultur als Programm koordiniert Kognition wie Kommunikation über das kollektive Wissen, das Anwender bei sachgerechter Programmanwendung in ihren kognitiven Bereichen erzeugen. Andererseits ist jede Programmanwendung systemabhängig und damit prinzipiell deviant, womit langfristig kultureller Wandel wahrscheinlich wird.

- Kultur als Programm stellt Problemlösungen im Bereich der Sinnkonstruktion kognitiv wie kommunikativ auf (relative) Dauer. Damit werden zwei für den Bestand von Gesellschaften zentrale Aufgaben gelöst: *Kontrolle* und *Reproduktion*. Das heißt: Die Reproduktion der Gesellschaft erfolgt durch die Weitergabe des Kulturprogramms an Individuen im Verlauf der Sozialisation. Die dabei vollzogene Verpflichtung der Gesellschaftsmitglieder auf ganz bestimmte Problemlösungsoptionen (samt deren normativer und emotionaler Besetzung) regelt die Beziehung zwischen sozialen Ordnungen und individuellen Freiräumen. Die Kontrolle der Individuen erfolgt nicht durch kausale Verursachung, sondern durch kulturell programmierte Bedeutungen, wobei Sprache ein besonders effektives Instrument kultureller Kontrolle darstellt. Sprachliche Sozialisation ist rigide, und die Regeln gesellschaftlich korrekter Anwendung sprachlicher Mittel kondensieren erfolgreich gesellschaftlich akzeptierte Erfahrungen, Gefühle und Überzeugungen.
- In Gesellschaften ohne ausdifferenzierte und reflexive Mediensysteme sind Kulturprogramme und deren sozial akzeptierte Anwendungen der Dauerbeobachtung entzogen. Sie systematisieren hier gleichsam in verbindlicher Weise, was in einer Gesellschaft „immer schon" üblich war und ist. Darum besitzen kulturelle Programme für ihre Anwender den Anschein der Natürlichkeit bzw. Selbstverständlichkeit.
- Kulturprogramme bestehen in der Regel aus miteinander verschalteten Teilprogrammen. So entwickeln etwa funktional differenzierte Gesellschaften Teilprogramme für jedes ausdifferenzierte Sozialsystem (= „Wirtschaftskultur", „Sportkultur" usw.), die z.T. miteinander unvereinbar werden können. Konflikte zwischen solchen Teilprogrammen werden in der Regel über abstrakte Rechtsvorschriften gelöst (z.B. Unversehrtheits- oder Eigentumsrecht). Je nach Ausdifferenzierungsgrad eines Kulturprogramms stellt sich die Frage, ob man noch sinnvoll von „der Kultur" einer Gesellschaft sprechen kann.
- Je stärker Gesellschaften durch die Entwicklung von Mediensystemen den Grad ihrer Beobachtbarkeit erhöhen, desto drängender wird die Frage nach der Funktionsfähigkeit von Kulturprogrammen. Beobachtungen zweiter Ordnung – das hat die Modernisierung von Mediengesellschaften in den letzten dreißig Jahren drastisch gezeigt – führen notwendig zu einschneidenden Kontingenzerfahrungen: Alles könnte auch anders sein, anders beobachtet und anders bewertet werden, jede Problemlösung erscheint wie jede Überzeugung oder Selbstverständlichkeit als nur *eine* mögliche Option.
- Gesellschaften, deren Wirklichkeitsmodelle einer Dauerthematisierung in komplexen Mediensystemen ausgeliefert sind, entwickeln daher notwendig *Medienkulturen* mit hoher Pluralität und geringem Verpflichtungsgrad partieller Problemlösungen. Dabei entsteht die Gefahr, daß Fundamentalisten verschiedenster Herkunft diese anstrengende Komplexität – notfalls mit Gewalt – zu reduzieren versuchen.

- Der Zusammenhang zwischen Kultur, Gesellschaft und Individuen kann grundsätzlich als „auto-konstitutiv“ bestimmt werden. Wirklichkeitsmodelle, ihre Interpretation durch Kulturprogramme und deren Anwendung, Bewertung und Veränderung durch Aktanten bedingen sich gegenseitig, Sinn- und Ordnungsproduktion erfolgen selbstorganisierend. Damit wird die Kultur einer Gesellschaft operational gegen die Umwelt und gegen andere Gesellschaften und Kulturen abgeschlossen, womit wiederum das Paradox Anwendung findet, daß nur operational geschlossene Systeme in komplexen Umwelten überlebensfähig sind, weil sie ihre Umweltkontakte selbst selegieren können.
- Mit Hilfe ihrer Dimensionen symbolischer Ordnungen (Riten, Mythen, Diskurse, Kollektivsymbole, Gattungen usw.), die als kollektives Wissen in und von entsprechend sozialisierten Aktanten (re-)produziert werden, überbrückt Kultur die Trennung zwischen Kognition und Kommunikation und vermittelt die Autonomie der lebenden Systeme mit der gesellschaftlich erforderlichen sozialen Kontrolle. *Kultur, so kann man zusammenfassend sagen, ist das Programm sozialer (Re-)Konstruktion kollektiven Wissens in/durch kognitiv autonome Individuen.* Kultur als Programm materialisiert sich in Anwendungen, die nur dann gesellschaftlich relevant werden, wenn sie eine (jeweils) relevante Öffentlichkeit erreichen und sich dort hinreichend lange etablieren können. Daher erklärt sich die grundsätzliche Bedeutsamkeit von Medien und Kommunikation für jede Kultur.

*

Wenn die oben vertretene Hypothese von der operativen Geschlossenheit von Kulturen zutrifft, dann ist prinzipiell von einer Individualität und Autonomie von Kulturen auszugehen. Das schließt nicht aus, daß unterschiedliche Kulturen gleiche oder ähnliche Programmelemente enthalten; entscheidend ist, wie beobachtete Differenzen im Lichte der jeweils eigenen Kultur bewertet werden.

Die Beobachtung und Beurteilung von Differenzen bestimmt auch das Problem der Zugänglichkeit sowie der Interaktionsfähigkeit von Kulturen (Stichwort: *Inter-* bzw. *Multikulturalität*). Wer in einer Kultur sozialisiert worden ist und in ihr lebt, operiert als Beobachter erster Ordnung, der die Unterscheidungen und Bewertungen, mit denen er agiert, im Akt ihrer Anwendung nicht zugleich auch beobachtet. Wer mit einer fremden Kultur konfrontiert wird, operiert zwangsläufig als Beobachter zweiter Ordnung, der die blinden Flecken der Anwender der ihm fremden Kultur zu beobachten versucht. Aus pragmatischen Gründen und aus Gründen einer intuitiven „Volks-Anthropologie“ wird er unterstellen, daß auch Beobachter erster Ordnung in einer fremden Kultur mit ähnlichen Kategorien von Wirklichkeitsmodellen operieren, so daß zumindest primäre Wahrnehmungen vergleichbar ausfallen. Zugleich wird er aber damit rechnen müssen, daß die emotionalen, normativen und lebenspraktischen Bewertungen der verwendeten Differenzen je nach der kulturellen Semantik gravierend verschieden sein können.

Auf der Ebene alltäglicher Verrichtungen sind die Differenzen zwischen Industrienationen heute weltweit nicht mehr erheblich bzw. leicht überwindbar. Schwierig wird auch Alltägliches dagegen erfahrungsgemäß in Gesellschaften, die nicht nach westlichem Muster modernisiert worden sind und ohne komplexe Mediensysteme operieren. Sicher gibt es Möglichkeiten, sich in fremde Kulturen einzuarbeiten und einzufühlen.

Aber der Fremde, der „wie wir" ist (oder zu sein versucht), kränkt unsere Identität wie unseren Narzißmus.

Versuche der Internationalisierung der Werbung zum Beispiel bieten interessante Aspekte zum Thema Interkulturalität. Bekanntermaßen gibt es weltweit operierende Kampagnen von Coca Cola, Nike, Swatch oder Santori-Spirituosen. Solche Kampagnen arbeiten mit (offenbar) plurikulturell wirksamen Stereotypen, wobei das Verfahren deshalb erfolgreich ist, weil eben diese (optischen) Stereotypen von den Firmen selbst in den internationalen Medien aufgebaut worden sind. Sobald eine Kampagne über stereotype Bildoberflächen hinauszugehen versucht, sind ihr schon in Europa enge Grenzen gesteckt, da sich die kulturellen Semantiken traditionsbedingt stark voneinander unterscheiden. Eine italienische Hausfrau läßt sich kaum so mit der Differenz von „sauber" und „rein" erschrecken wie ihre deutsche Kollegin; ein Zimmer voll lärmender Leute weckt in Neapel und Hamburg durchaus divergente Reaktionen; und unbeschwertes Strandleben mit kühlen Getränken konnotieren Finnen anders als Portugiesen.

Wie öfters bemerkt worden ist, verlaufen Grenzlinien kultureller Differenzen nicht nur zwischen Gesellschaften, sondern sie trennen ebenso die einzelnen Gesellschaften in einander teilweise fremde Gruppierungen. Beruf und Bildung, Herkunft und Umgang schließen Menschen zu kulturell homogenen Gruppen, Schichten oder Milieus zusammen, die sich gegenseitig fremder sein können als Mitglieder gleicher oder ähnlicher Gruppen in anderen Kulturen. Diese Ausdifferenzierung kann mit funktionaler Differenzierung und der Ausbildung von sozialsystem-spezifischen Kulturen zusammenfallen (brasilianische Atomphysiker werden vermutlich problemloser mit ihren deutschen Kollegen interagieren als mit brasilianischen Viehhirten), sie kann aber auch alltagsweltliche Differenzierungen etablieren (so etwa in Form des deutschen Vereinswesens). Auch hier spielen Beobachtungsverhältnisse wieder eine entscheidende Rolle, wie sie durch „die Medien" und durch den Tourismus (einschließlich des Wissenschaftstourismus) konstituiert werden. Nach dem fünften Kongreß- oder Institutsbesuch fühlt sich der deutsche Wissenschaftler in den USA schon fast heimisch; der eifrige Fernsehzuschauer findet beim ersten Besuch der Alm, die er aus dem Volksmusikprogramm kennt, nur noch Bekanntes vor; der Filmfreak weiß nach Streifen wie „The Lords must be crazy", wie „die Buschmänner" denken und fühlen, und so fort.

*

Blickt man von solchen Überlegungen auf ein aktuelles Thema wie *europäische Kultur*, dann kommen folgende Aspekte in den Blick. Es steht außer Frage, daß die Dichte der Beziehungen zwischen den Staaten der EU – von Handelsbeziehungen bis zu Sportbeziehungen – ein historisch unbekanntes Ausmaß erreicht hat. Die Erfahrungsmöglichkeiten der Menschen haben sich durch Arbeitsmigration, Urlaubstourismus, Automobilisierung, durch die Verbreitung von Kommunikationsmitteln (vom Telefon bis hin zum PC und zu internationalen Datennetzen) und die Durchsetzung des Fernsehens und der kommerziellen Werbung in zuvor unbekannter Weise erweitert. Über Schüler- und Wissenschaftleraustausch, Städtepartnerschaften und internationale Sportfeste wird der Kontakt auch politisch institutionalisiert. Der Konsum ist längst durch Restaurants und Boutiquen, durch Autos und CDs europäisiert. Die Durchindustrialisierung und Verstädterung und die Durchsetzung der Demokratie haben die Unterschiede zwischen den europäischen Ländern schwächer gemacht und in ihrer Bedeutung geändert. Aber garantieren solche Entwicklungen bereits die Herausbildung einer europäischen Kultur? Gegen eine solche Interpretation sprechen m.E. folgende Argumente: Konzipiert man, wie hier vorgeschlagen, Kultur als Programm, dann sind nicht Riten, Kunstwerke oder Symbole „an sich“ Kulturmomente, sondern erst ihre sinnhafte Interpretation und Bewertung in kognitiv-normativ-emotional-empraktischen Bezugssystemen. Kulturspezifisch ist, so könnte man deshalb sagen, nicht die Mahlzeit, sondern das Essen; nicht das Auto, sondern das Fahren; nicht die Wohnung, sondern das Wohnen, usw. Wie jedem Touristen bekannt, sind Zeit und Raum, Nähe und Ferne, Reden und Schweigen oder Ruhe und Geschwindigkeit in Europa von Nord nach Süd sehr unterschiedlich konnotiert. Und noch werden – allen Euroavancen zum Trotz – in den verschiedenen europäischen Staaten Identitäten eher durch Differenz zum nächsten Nachbarn aufgebaut als durch Differenz zu Japanern, Amerikanern oder Afrikanern (cf. Stereotype des Typs „die Deutschen“, „die Italiener“).

*

Wenn schon Identitätsbildung durch Differenz zum „fernen“ Nachbarn meist über komplexitätsreduzierende Stereotypen läuft, wie steht es dann mit der Identitätsbricolage in sog. multikulturellen Staaten wie Australien oder Kanada (– und demnächst allen europäischen Staaten)? Multikulturelle Gesellschaften funktionieren heute keineswegs dort und deshalb, weil die verschiedenen Kulturprogramme vereinheitlicht oder alle Einwohner Multi-Programmanwender geworden wären. Sie funktionieren dort, wo sich gemeinsame Routinen und Rituale öffentlicher Problemlösungen und ihrer Verrechtlichung herausgebildet haben, die individuelle Problemlösungen im Rahmen spezifischer Kulturprogramme respektieren und gesetzlich schützen.

Nur die in einem rechtlich geschützten Interaktionsbereich deutlich wahrnehmbaren Differenzen zwischen Kulturprogrammen können, *qua Differenz*, für die eigene Kultur fruchtbar gemacht werden. Kulturelle Anbiederung oder Gemeinschaftserlebnisse auf dem abgesenkten Niveau kultureller „McDonaldisierung“ beleidigen dagegen alle Beteiligten, vor allem diejenigen, die bevölkerungs- und machtpolitisch bzw. ökonomisch zu den Minderheiten gehören.

Auch im interkulturellen Kontakt gibt es wahrscheinlich nichts Schlimmeres als gute Absichten. Auch hier muß die deutliche Frage erlaubt sein, was die (notwendigerweise stets eigenkultur-blinde) Auseinandersetzung mit anderen Kulturprogrammen (Toleranzbereitschaft immer vorausgesetzt) an Vorteilen bringt – sei es durch Latenzbeobachtung der eigenen blinden Flecken der Beobachtung, sei es durch die Auseinandersetzung mit anderen Problemlösungsmöglichkeiten und deren Bewertung.

Auch das Problem von Inter- und Multikulturalität läßt sich wieder an den individual- wie sozialpsychologischen Konsequenzen der Beobachterproblematik nachbuchstabieren. Schon der Kolonialismus und die Weltreisen des 17. und 18. Jahrhunderts hatten Europa den ersten Schock versetzt: Die europäische Kultur mußte sich selbst als kontingente Problemlösung beobachten. Dieser Schock konnte durch die politische und ökonomische Hegemonialität der Europäer noch gemildert werden, außerdem war „alles andere weit weg“. Heute ist alles „nah dran“, gleichzeitig und besorgniserregend gleichwertig. Man muß schon „Glatzenmentalität“ entwickeln, um „die deutsche Kultur“ besser zu finden als die der „Kanaken“. Wenn aber zur gleichen Zeit der blinde Fleck dauerbeobachtet wird, der die eigene Kultur früher so selbstverständlich gemacht hatte; und wenn die Bindungskräfte innerhalb einer Kultur durch deren extreme Ausdifferenzierung stark nachlassen, dann entsteht eine – etwa die gegenwärtige – brisante Situation, in der ein produktiver Umgang mit Kontingenz wie Pluralismus zum Problem der Individuen wie der Gesellschaften wird – ein Überlebensproblem, wie Jugoslawien, Iran, Algerien oder Ruanda belegen.

Nicht die Einebnung oder die Aufgabe der kulturellen Identität(en) kann m.E. das Ziel der künftigen Entwicklung sein; es wird um die *Bewertung der Differenzen* gehen, denen wir unsere Identität verdanken; und diese Identität wird eine kulturelle Identität sein müssen.

9 Medienkulturwissenschaft

Wenn solche Überlegungen plausibel sind, dann werden Medienwissenschaften konsequenterweise auch als *Medienkulturwissenschaften* operieren müssen. Denn wenn man Kultur als Programm der gesellschaftlich relevanten Thematisierung von Dichotomien des verbindlichen Wirklichkeitsmodells konzipiert, und wenn man berücksichtigt, daß diese Thematisierung heute weitgehend wenn nicht schon ausschließlich „in den Medien" abläuft, dann kommt man zu dem Schluß, daß wir heute in einer Medienkultur leben. Und wenn wir zudem noch konzedieren, daß die Entfaltung des Mediensystems einer Gesellschaft eng zusammenhängt mit dem Stand der *Modernisierung* dieser Gesellschaft, dann haben wir bei medienkulturwissenschaftlichen Analysen drei Dimensionen zu berücksichtigen:

- Aufbau, Spezifik und Komplexität des Wirklichkeitsmodells einer Gesellschaft
- Differenzierungsgrad des Thematisierungsprogramms der Dichotomien des Wirklichkeitsmodells, einschließlich der für Thematisierungsoperationen zur Verfügung stehenden Medien
- Stand der Modernisierung einer Gesellschaft.

'Modernisierung' wird dabei rein als Beobachterkategorie verstanden, die – im Rahmen von Modernisierungstheorien – ausdifferenziert wird in eine Menge spezifischer Indikatoren gesellschaftlicher Entwicklungen. Nach einem weitgehenden Konsens der Modernisierungstheoretiker werden heute die folgenden Indikatoren berücksichtigt: Industrialisierung, Technisierung, Nationalstaatsbildung, Urbanisierung, Demokratisierung, Bürokratisierung, Alphabetisierung, Professionalisierung und Steigerung der sozialen Mobilität; Säkularisierung, Dominanz wissenschaftlicher und ökonomischer Rationalität, Individualisierung, Dominanz des Leistungsprinzips; funktionale Differenzierung, Formalisierung von Konfliktlösungen, die Entwicklung positiven Rechts, Historisierung und Permanenz des Wandels.

Diese durchaus ungleichwertigen Teilprozesse laufen ungleichzeitig ab. Das Ensemble der jeweiligen Entwicklungsstände dieser Teilprozesse kennzeichnet den Typus einer bestimmten Gesellschaft sowie den Stand ihrer Modernisierung (zu Einzelheiten cf. S.J. Schmidt & B. Spieß 1996).

Was kann eine Medienkulturwissenschaft von solchen zugegebenermaßen sehr allgemeinen Überlegungen profitieren?

Zunächst einmal sollte wieder die allgemeine Empfehlung bedacht werden, differenzorientiert statt identitätsorientiert zu operieren. Ein Medium läßt sich sinnvoll nur im jeweiligen Mediensystem beschreiben, ein Kulturprogramm nur in Differenz zu anderen; und eine Beschreibung läßt sich nur einschätzen in Relation zu Alternativen. Mit anderen Worten: Aspekte wie Intermedialität und Interkulturalität sollten historische wie synchrone Beschreibungs- und Erklärungsvorhaben einer Medienkulturwissenschaft als systemtheoretische Zielsetzung orientieren.

Bestimmt man das Geschäft einer Medienkulturwissenschaft als Unterscheidung und Benennung von Unterscheidungen, dann bieten sich nach den bisherigen Überlegungen vier Beobachtungsdimensionen für Unterscheidungsoperationen an: Wirklichkeitsmodelle, Kulturprogramme, Mediensysteme und Modernisierungsprozesse.

Der an dieser Stelle erforderliche Hinweis auf die kulturspezifische Blindheit jedes Medienwissenschaftlers soll dabei nicht als Entmutigung gewertet werden, sondern als Indiz epistemologischer Informiertheit darüber, daß jede Wissenschaft zwischen Konstruktivität und Kontingenz operiert, und daß ihre Daten und Ergebnisse nur so lange „halten" wie deren kommunikative Stabilisierung (s.u. Abschnitt 12) – und mehr sollte man heute nicht (mehr) verlangen, wo die Differenz Moderne/Postmoderne sich als Reflexionsakt der Moderne durchzusetzen beginnt.

Versucht man, die eingangs genannten globalen Problembereiche einer Medienkulturwissenschaft zu konkretisieren, so bieten sich folgende Systematisierungsgesichtspunkte an:

- *Medienepistemologie* als Erforschung der diachronen und synchronen Möglichkeiten kognitiver wie kommunikativer Wirklichkeitskonstruktion unter den Bedingungen spezifischer Mediensysteme bis hin zu Netzwerken und Hybridsystemen
- *Mediengeschichte* als Kommunikations-, Technik- und Mentalitätsgeschichte (z.B. Krieg und Medientechnologie, Materialität der Kommunikation, Medienentwicklung und Ökonomie, Medienentwicklung und Öffentlichkeit usw.)[53]
- *Medienkulturgeschichte* als (Re)Konstruktion der Co-Evolution von Medien, Kommunikation und Kulturprogrammen (z.B. Medien und Modernisierung, Medienkunstgeschichten[54] usw.) als Instrumenten gesellschaftlicher Reproduktion
- *Interkulturalitätsforschung:* Interaktion zwischen Kulturen, Kulturspezifik (Mono-, Pluri-, Transkulturalität), kulturelle (Ent-)Kolonialisierung, kulturelle Differenzierung/Entdifferenzierung, Identität und Fremdheit unter Globalisierungsansprüchen der Medien usw.

Theoretisch plausibel aber praktisch nicht leicht durchführbar dürfte die Forderung nach *Interkulturalität einer Medienkulturwissenschaft* selbst sein. Zwar wird auch in diesem Falle die oben erwähnte kulturspezifische Blindheit nicht aufgehoben, aber sie wird doch immerhin so weit verschoben, daß Latenzbeobachtungen möglich und neue Differenzerfahrungen wahrscheinlich werden. Das dürfte nicht nur für den jeweiligen Gegen-

53 Cf. dazu etwa F. Dröge & G.G. Kopper 1991 oder F. Kittler 1986.

54 Interessanterweise haben sich ja zu jedem neuen Medium sehr rasch auch medienspezifische Kunstformen entwickelt.

stand medienkulturwissenschaftlicher Forschung gelten, sondern auch für Methoden, Darstellungsformen und Bewertungen. Ob dabei letztendlich Fremdheitserlebnisse dominieren oder auch die Phantasie interkultureller Identitätserfahrung Gestalt annimmt, kann nur eine ernsthafte und lange Empirie erweisen.

10 Medienkulturgesellschaft als Forschungsfeld

Wie bekannt geht die sogenannte funktionale Differenzierung moderner Gesellschaften seit dem späten 18. Jahrhundert einher mit einer in der Geschichte zuvor unbekannten Beschleunigung medientechnischer Innovationen. Damit wird die von vielen Medienforschern vertretene These plausibilisiert, daß Medien Kommunikation entfalten und entfaltete Kommunikation wiederum die Entwicklung neuer Medientechnologien begünstigt wenn nicht gar erzwingt. Wir leben heute offenkundig in einer Mediengesellschaft, genauer: in einer „informatisierten Industriegesellschaft marktwirtschaftlicher Prägung" (M. Löffelholz 1993: 51), die globale Ausmaße anzunehmen beginnt; und in dieser Mediengesellschaft werden alle kulturellen Ordnungen und Leistungen Schritt für Schritt in eine *Medienkultur* transformiert. Die gesellschaftliche Konstruktion von Wirklichkeit(en), sozialer Wandel und die Proliferation normativer Orientierungen (bzw. die progressive Deformation von Verbindlichkeiten) hängen heute entscheidend ab von medienvermittelter Kommunikation. Dabei wird Kommunikation zunehmend vernetzt und reflexiv, d.h. auf sich selbst angewandt.

Wie K. Merten (1994) in seinem Überblick über die Evolution der Medien betont, wird das Überlast-Syndrom, das durch die Explosion der Medienangebote entsteht, nicht zuletzt durch Meta-Medien verarbeitet, die rigide Selektionsprozesse ermöglichen. Programmzeitschriften, Kataloge, Datenbanken u.ä.m. bilden solche institutionalisierten reflexiven Strukturen der Selektionsverstärkung, die daneben auch durch eine zunehmende Beschäftigung der Medien mit sich selbst unterstützt wird (dazu s.u.).

Reflexivität der Kommunikation zeigt sich aber auch in der Differenzierung von Nachricht und Kommentar sowie von medienvermittelter und informeller Kommunikation, die sich zunehmend gegenseitig beeinflussen. „Massenmedien erzeugen offensichtlich nicht nur Kommunikationsangebote für viele, sondern fördern – im zweiten Schritt – auch die private, die informelle Kommunikation." (Merten 1994: 155)

In der Entwicklung der Massenkommunikation lassen sich *Tendenzen* ausmachen, die seit langem beobachtet werden.

Medien werden in modernen Gesellschaften zunehmend als Instrumente kognitiver wie kommunikativer *Wirklichkeitskonstruktion* genutzt. Viele Medientheoretiker haben in den letzten Jahrzehnten ausführlich beschrieben, welche Veränderungen der Wahrnehmung sich – beginnend mit der Entwicklung der Fotografie bis hin zur Entfaltung elektronischer Simulationstechniken – in jüngster Vergangenheit vollzogen haben (Stichworte: Beschleunigung, Entfesselung des Blicks[55]), wie unsere Konstruktionen von Öffentlichkeit und Privatheit, von Politik und Wirtschaft sich unter Medieneinfluß

55 Vgl. dazu u.a. P. Weibel 1993 – G.J. Lischka (Hg.) 1993.

umgewälzt haben.[56] Zu diesen neuen Konstruktionsbedingungen gehört an prominenter Stelle die „... Entdifferenzierung von Raum- und Zeitorganisation innerhalb eines sich selbst stimulierenden Erlebnisraumes von komplexen, intensiven und beschleunigten Wahrnehmungen."[57]

Medien fungieren unvermeidlich als Instrumente der *Sozialisation*. Jeder, der noch primär printsozialisiert ist und für den das Fernsehen eine schon bewußt durchzumachende neue Erfahrung war, wird wissen, daß er im Bereich der visuellen Erfahrung gegenüber den Computer Kids der Gegenwart keine Chance hat.

Durch Mediensozialisation und unvermeidlich intensiven Mediengebrauch verändert sich auch das, was man als *ontologische Frage* bezeichnen könnte, nämlich die vermeintliche Sicherheit, zwischen wirklich und nichtwirklich, wahr und falsch, authentisch und fiktiv eindeutig und dauerhaft unterscheiden zu können. Langfristig scheint die Entwicklung dahin zu gehen, daß sich über den modernen Medienverbund und die Wirkungen, die er über Sozialisation und Kultur ausübt, die Struktur unserer Wirklichkeitsmodelle essentiell verändern wird. Es deutet sich meines Erachtens eine Entwicklung an, dergemäß in Zukunft unsere Wirklichkeitsmodelle nicht mehr *nur* über Dichotomien aufgebaut werden. Das ist sicher ein Prozeß, der nicht von heute auf morgen abläuft. Aber es gibt doch schon eine Reihe von interessanten Hinweisen darauf, daß die bereits mit den neuen Medien Sozialisierten an strikten Unterscheidungen des Typs wahr/falsch, wirklich/unwirklich, real/irreal gar nicht mehr in derselben Weise interessiert sind, wie das bei Printsozialisierten der Fall ist[58], bzw. nur noch in bestimmten Bereichen und zu bestimmten Zwecken daran interessiert sind.[59]

Solche Überlegungen sollten zu zwei Folgerungen führen:

- Statt von einer relativen Homogenität des Mediennutzungsverhaltens sollte man von einer *Pluralität der Mediennutzung* durch produktive Mediennutzer ausgehen. Dabei muß vor allem der Fehler vermieden werden, historische Standards der Printmediennutzung wie Referenz oder wahr/falsch-Bewertung als verbindliche Standards der Nutzung aller Medien quasi „hochzurechnen". Jedes Medium eröffnet produktiven Nutzern eigene und neue Nutzungsformen, die dann fast beliebig gegenseitig übertragbar sind, wenn es keine Leitmedien und keine kanonische Nutzungsform mehr gibt – wie etwa heute.
- Noch immer machen viele Wirkungsforscher den Fehler, primär vom Medienangebot auszugehen und nach dessen Wirkung auf Rezipienten zu fragen, statt den systemischen Zusammenhang von Medienangebot, Kontext und (produktivem) Nutzer als adäquates Untersuchungssyndrom zu behandeln.[60]

---

56 Vgl. dazu F. Böckelmann 1975, J. Meyrowitz 1987 oder H.M. Kepplinger 1992.

57 P.M. Spangenberg 1994: 3. – Zum Thema Fernsehen als Zeitgeber und zur Beschleunigung der Beschleunigungskraft des Mediums beim Zappen und Switchen cf. I. Neverla 1994.

58 Vgl. etwa die Experimente, von denen E. Carpenter 1972 berichtet..

59 Auch P.M. Spangenberg hält die Frage, ob Medien die Patterns der Wirklichkeit abbilden oder erzeugen, für ein unentscheidbares und überholtes Problem (1994: 3).

60 Ein gutes Beispiel dafür liefert R. Winter 1995.

Medien beeinflussen schließlich Prozesse *sozialer Differenzierung und Entdifferenzierung*. Gerade bei diesem Thema muß man sich vor kulturkritischen Einseitigkeiten hüten. So wird von Kulturkritikern oft moniert, daß wir zu einer sog. McDonaldisierung der Weltkultur kommen, die auf dem Niveau der Inhalte und Formen bleibt, die noch in einem weltweit geschalteten Werbespot zu erreichen sind.[61] Daneben muß man aber ebenso deutlich sehen, daß die Medien auch zu einer hochgradigen Differenzierung von Sinnangeboten führen: Entdifferenzierung und Differenzierung co-evolvieren.[62]

Über Speichersysteme und deren Nutzung beeinflussen Medien das Verhältnis von *Kultur und Gedächtnis*. P.M. Spangenberg etwa hat in seiner „Medientheorie der Gedächtnislosigkeit" dargelegt, daß heute im Vordergrund der medienwissenschaftlichen Diskussion die Erfahrung einer „Neugestaltung des Gedächtnisses durch die *mediale Organisation* der Gesellschaft und durch die Form der dominierenden Medienangebote" steht. (1994: 120) Zentrales Problem ist nicht mehr das drohende Vergessen, sondern die Verarbeitung von stets wachsenden und stets abrufbaren Speicherinhalten. Hinzu kommt, daß Gedächtnis im Digitalzeitalter anders operieren muß als in der Gutenberg-Galaxie, nämlich durch medial simulierte Objekterfahrung, wodurch Raum- und Zeiterfahrungen entscheidend verändert werden (cf. dazu Abschnitt 12).

Medien beeinflussen die Entfaltung von *Öffentlichkeit*[63], und zwar in erster Linie über eine Veränderung der Beobachterverhältnisse in der Öffentlichkeit. Politik etwa, die in einem Maße beobachtbar wird, wie das in unserer Multimedia-Gesellschaft der Fall ist, verzichtet zunehmend auf Themen und konzentriert sich – ebenso wie die Wirtschaft – auf Images, für die PR gemacht wird (cf. dazu K. Merten & J. Westerbarkey 1994).[64]

Medien beeinflussen schließlich die Inszenierung und Thematisierung von *Gefühlen*. So wie man früher aus Büchern lernte, wie man liebte, haßte und starb, lernt man das heute aus den Medien, und nicht nur aus einem einzigen Medium.[65]

Medien, vor allem die audiovisuellen Medien, transformieren die Funktion, die *Images* in Kognition und Kommunikation spielen. So hat etwa J. Schulte-Sasse darauf verwiesen, daß „... die Bildersprache der Telekommunikation die Bildersprache des menschlichen Unbewußten stabilisiert oder gar reorganisiert" und daß „... die Synchronisation oder das Kurzschließen der visuellen Sprache der Telekommunikation mit der visuellen Sprache des menschlichen Unbewußten das Wesen des öffentlichen Diskurses

---

61 So etwa auch – im Anschluß an M. Horkheimers und Th.W. Adornos *Dialektik der Aufklärung* (1944) – W. Welsch 1988.

62 Vgl. dazu R. Winter & R. Eckert 1990. – R. Winter (1995) hat in einer interessanten Studie zu Horrorfilmen Medienaneignung als kulturellen und ästhetischen Prozeß produktiver Zuschauer beschrieben.

63 Cf. dazu jüngst die interessanten Beiträge in R. Maresch (Hg.) 1996.

64 „Das ist die politische Reduktion von Komplexität: Statt die Welt zu beobachten, beobachten Politiker, wie sie von den Massenmedien beobachtet werden. Ein Psychoanalytiker Lacanscher Prägung könnte sagen: Öffentlichkeit ist das Spiegelstadium der Politik." (N. Bolz 1996: 83)

65 Cf. dazu U. Saxer & M. Märki-Koepp 1992, H.F. Alfes 1994, U. Saxer & M. Landolt 1995.

ebenso radikal verändert hat, wie sie unseren Begriff von Subjektivität verändert hat." (1988: 444f.)

Medien favorisieren zunehmend *Kommunikationsqualitäten* (sensu P.M. Spangenberg 1995b) auf Kosten dessen, was man Referenz oder Authentizität nennen kann. Damit spiele ich an auf den Prozeß, daß das Programm des Fernsehens sich immer stärker an den ästhetischen Ansprüchen von Videoclips und Werbespots orientiert als an herkömmlicher Referenz und Semantik. Auch die Nachrichten müssen heute ästhetisch „aufgerüstet" sein, um noch Aufmerksamkeit zu binden.

Medien führen zu einer Kollektivierung genauso wie zu einer Individualisierung ihrer Nutzung. Das Switchen und Zappen ist längst zum Alptraum der Werbeanbieter und Programmgestalter geworden (cf. dazu Kap. III).

Der entscheidende Punkt kultureller Veränderung in und durch die Medien in unserer Gesellschaft scheint mir aber darin zu liegen, daß Medien die *Beobachtungsverhältnisse* intensivieren und steigern. Dadurch wird Kontingenzgewißheit zu einem unveräußerlichen Teil kollektiven Wissens in Form der Erfahrung, daß wir offensichtlich nicht in einer, sondern in vielen Wirklichkeiten leben und alle Ansprüche an *letztgültige* Wahrheiten aufgeben müssen. Kontingenzerfahrung wird heute zur täglichen Erfahrung aller Mediennutzer mit allen daraus resultierenden Konsequenzen.

Alle diese Entwicklungen können nun wiederum innerhalb und außerhalb der Medien beobachtet und kommentiert werden und verstärken die Tendenz zur Selbstorganisation, wodurch Prognosen im sozialen wie im politischen Bereich unmöglich werden – das Scheitern der Medienwirkungsforschung wie das Scheitern der wissenschaftlichen Politikberatung geben dafür deutliches Zeugnis.

*

Drei hochabstrakte Kategorien bieten sich daher an, um Spezifika moderner Mediensysteme zu bestimmen: *Konstruktivität, Selektivität* und *Reflexivität*. Mit dem Grad der Ausbildung dieser Spezifika in Mediensystemen wächst der Grad an Autonomie und Selbstbezüglichkeit des Systems. Dazu einige Anmerkungen.

Je stärker die Arsenale des Berichtenswerten und Darstellbaren anwachsen, desto evidenter wird die notwendig hochgradige Selektivität der Medien. Das Problem liegt sowohl darin, die Glaubwürdigkeit von Informationsangeboten sicherzustellen, als auch darin, die Angemessenheit der getroffenen Selektionen zu garantieren, um die Meinungsführerschaft beim *agenda setting* nicht zu verlieren. Dabei kommt es zu Kontingenzerfahrungen ganz besonderer Art, die mit dem Authentizitätsproblem zusammenhängen. Für das Problem, wie Authentizitätsnormen in den Medien überprüft werden können, hat die Mediengesellschaft – wie P. Klier einleuchtend gezeigt hat – eine einfache Lösung gefunden: Reflexivität. Das Mißtrauen gegen die Medien wird institutionalisiert, und das Publikum berichtet – in den Medien – über sein Mißtrauen gegen die Medien. Reflexivität materialisiert sich, indem die Medien als Medien auf ihre Produkte reagieren. „So stellen die Medien nicht nur Publizität her, sondern sie stellen sie auch dar, und sie stellen zugleich auch dar, daß sie darstellen, und sie stellen dar, wie man sich in ihnen darstellen muß, um von ihnen dargestellt zu werden." (1989: 46) In diesem Prozeß der Selbstreferenz wird das Publikum erzeugt und bezeugt. Klier folgert: „... in ihrer reflexiven Bewegung erzeugen die Medien die Empirie ihrer eigenen Glaubwürdigkeit. Nicht daß sie dadurch glaubwürdiger würden, aber sie machen ihre Glaubwürdigkeit unnegierbar." (1989: 47) Wer heute diese Glaubwürdigkeit bezweifeln will, muß dies in den Medien selbst tun – und macht sie damit wahrheits- und zurechnungsunfähig. Die Kontingenzerfahrung wird komplett: Man muß den Medien nicht glauben, aber man kann nicht verneinen, daß sie verbindlich sind – wären sie es nicht, wir würden es morgen in den Medien erfahren.

Die von Klier beschriebene Strategie des Mißtrauensmanagements ist meines Erachtens ein drastisches Beispiel für die *Selbstbezüglichkeit der Medien* im Mediensystem unserer Gesellschaft, die sich auf zwei Ebenen vollzieht:

- auf der Ebene der Reflexivität der Darstellungsform im jeweiligen Medium: Die Medien beziehen sich (s.o.) auf ihre eigene Darstellung, d.h. sie stellen nicht nur dar, sondern sie stellen zugleich dar, daß sie darstellen;
- auf der Ebene der Interaktion und der gegenseitigen Beobachtung der verschiedenen Medien.

Dazu einige Anmerkungen.[66]

Wie bekannt wächst etwa die Zahl der Zeitschriften, die ausschließlich über Stars, Serien und Programme von Hörfunk und TV berichten. Medien berichten über Ereignisse in den Nachbarmedien. Sie fassen in Form von Chroniken und Digests vergangene Berichte zusammen oder entwickeln Videotexte bzw. Begleitbücher zu Sendungen der Programme. Darüber hinaus lassen sich zunehmend differenzierte Formen der Hinweise auf künftige Medienereignisse im eigenen oder in anderen Medien antreffen. (Cf. dazu Abb. 2 und 3)

Selbstbezügliche Fernsehsendungen tauchen schon seit den 70er Jahren im Programmangebot auf (z.B. „Glashaus-TV intern" und „Betrifft Fernsehen"), zunächst verbunden mit dem hohen gesellschaftskritischen Anspruch, die Zuschauer über die Produktionsweisen und Wirkungsformen des Fernsehens so zu informieren, daß diese selbstbestimmt und kritisch mit den Medien umzugehen lernen. Inzwischen dienen Strategien des Selbstbezugs offensichtlich nur noch dazu, Zuschauer an den Sender und an Sendungen zu binden. Unter dem Diktat der Werbeeinnahmen werben die Medien für ihre eigenen Produkte, sei es in Form von Werbespots im Fernsehen für das Fernsehen („Bei ARD und ZDF sitzen Sie in der ersten Reihe."), im Hörfunk für den Hörfunk, oder im Hörfunk für das Fernsehen („ARD – das will ich sehen"). TV-Sendungen wie „Glückstelefon" thematisieren das eigene Programm, und in „MAZ ab" sowie in der (inzwischen abgesetzten) Show-Reihe „Tele As" fungiert(e) das Fernsehprogramm als Wissensstoff, der bei den Teilnehmern abgefragt wurde. Selbst Nachrichtensendungen setzen auf Werbung („Verzeihung, wissen Sie überhaupt, was los ist?" (ntv), „Es gibt auch gute Nachrichten" (Pro7), „Mißtrauen Sie den Medien" (Vox)).

Prominente des jeweiligen Senders werben für ihre Sendung, indem sie in anderen Sendern und deren Sendeformen auftreten (z.B. bei Gottschalks „Late Night Show" in RTL plus) oder als Gaststar in Medienjournalen fungieren z.B. in „Canale Grande." (Cf. Abb. 4 a, b)

Sendungen wie „WDR Publik" oder „ZDF Fernsehgarten" werden als Informations- und Unterhaltungsorte wieder zur Basis für Sendungen im Programm des Senders. Sie lie-

66 Cf. zum Folgenden u.a. J.K. Bleicher 1994.

(n-tv sucht Deutschlands besten Mediaplaner.)
Beim »Großen Preis« werden Sie reich. Bei »Wetten, daß« werden Sie berühmt. Bei n-tv werden Sie beides.

Abb. 2

Abb. 3
Springer & Jacoby's award winning TV commercial for news magazine Der Spiegel cleverly exploits the magazine's long running love-hate relationship with politicians. It portrays Chancellor Kohl as the leader of a heavy metal band sampling 'Monday morning makes me feel so bad'. Monday, of course, is the day Der Spiegel goes on sale

Abb. 4a–b

fern auch Informationen über eigene Produkte und den eigenen Sender. So berichtet „The making of ..." (Premiere) über die Herstellung von Filmen, die demnächst über den Sender gehen sollen.

Musikvideos (etwa der Titel „Das ist alles nur geklaut" von den *Prinzen*) zitieren und koppeln Videoszenen aus vielen anderen bekannten Spots; Sender nehmen sich aus gesendeten Werbefilmen Beispiele heraus, um sie zu neuen, eigenen Programmformen zusammenzustellen (z.B. Werbefilmnacht in ARTE) oder persiflieren im Programm Werbespots, z.B. im Kinderprogramm die „Flop Show" (ZDF) mit dem „Werbum". Oder das Fernsehen beschäftigt sich (so das Heute Journal vom 8.2.1992) sozusagen hochoffiziell mit der Werbung (in dem Fall mit der Benetton-Kampagne mit dem AIDS-Kranken) – DER SPIEGEL tut es sowieso „immer öfter".

Medien berichten über Medienereignisse wie die Funkausstellung und initiieren Katastrophentourismus, der erst durch die Medieninformation in großem Umfang entsteht und dann wieder zum Thema für Medien wird.

*

Die kurz geschilderten Formen des Selbstbezugs dienen nun nicht nur PR- und Werbemaßnahmen, die wiederum Werbeeinnahmen über Einschaltquoten sichern sollen; sie dienen auch der Produktion von *Programminhalten* sowie deren *Virtualisierung*.

N. Luhmann hat darauf hingewiesen, daß in zunehmendem Maße auch bloße Äußerungen von Meinungen als Nachricht verbreitet werden können: „Ein erheblicher Teil des Materials für Presse, Hörfunk und Fernsehen kommt dadurch zustande, daß Medien sich in sich selbst spiegeln und das wiederum als Ereignis behandeln. Teils werden Leute nach ihren Meinungen gefragt, teils drängen sie sich auf. Immer aber handelt es sich um Ereignisse, die gar nicht stattfinden würden, wenn es die Massenmedien nicht gäbe." (1994: 13)

J.K. Bleicher kommt nach einer Analyse diverser Formen selbstreferentieller bzw. selbstbezüglicher Unterhaltungsangebote im Fernsehen zu dem Schluß, „... daß sich das Unterhaltungsangebot Fernsehen immer weniger mit der außermedialen Wirklichkeit auseinandersetzt, sondern sich zunehmend eine eigene virtuelle Welt schafft, die sich selbst als ausschließliche Quelle der Unterhaltung nutzt."[67] (1994a: 16) Diesen Befund stützt auch ein aktueller Bericht von N. von Festenberg, der beschreibt, wie die Fernseh-Anstalten ihre professionellen Kritiker mißachten und sich ihre Kritik seit neuestem selber machen: „Der Selbstgefälligkeit des Fernsehens gaben soziologisch bewanderte Beobachter einen kritisch gemeinten Namen: Selbstreferentialität. Im banalen Alltag heißt das nur: Das Medium hält den Bildschirm für die einzig maßgebliche aller Welten. So

67 „Im Fernsehen wird die Komplexität des Programms in selbstreferentiellen Sendungen zu einer überschaubaren Abfolge von Programmausschnitten aus den unterschiedlichen Bereichen der Fernsehunterhaltung reduziert, die der unüberschaubaren Fülle des Programmangebots Ordnung verleihen. Die im Medium selbst stattfindende Metakommunikation des Mediums über das Medium, der Verweis auf eigene Programminhalte, grenzt die Fernsehwirklichkeit noch weiter als bislang von der außermedialen Realität ab. Die Fernsehwelt verspricht stete Unterhaltung durch das Propagieren von Stars und Attraktionen. Dem Mangel an Innovationen kommen die Programmverantwortlichen mit immer raffinierteren Aufbereitungen bereits existenter Angebote entgegen. Die zahllosen Selbstverweise lassen die Unterhaltungsmaschinerie weiterlaufen." (Bleicher 1994a: 17)

macht sich die TV-Unterhaltung die Kritik gleich selbst. In „Wetten, daß ...?" spielte Harald Schmidt, der auch schon lustiger war, während der Sendung den Rezensenten derselben als Trottel und entwaffnete so die Schreiberzunft in den Redaktionsstuben."[68]

Aber zynischerweise wird dieser Befund auch durch die viel diskutierte Berichterstattung über den Golfkrieg bestätigt, bei dem mangels Berichten vom Kriegsschauplatz die Medien Nachrichtenrecycling bis zum Überdruß betrieben[69], um das selbst geweckte und bis zur Hysterie gesteigerte Interesse am Golfkrieg programmäßig abdecken zu können.

Sollte sich die Selbstreferentialität des Fernsehens in Zukunft gravierend verstärken, dann würde das weitreichende Probleme aufwerfen, die heute erst hochspekulativ formulierbar sind. Kann etwa signifikante Selbstreferentialität langfristig das Realitätsprinzip des Beobachters erster Ordnung, demgemäß Bilder auf Wirklichkeit referieren, ausschalten – sozusagen eine Entwicklung hin zur Wirklichkeit der Bilder? Würde eine solche Entwicklung dazu führen, daß Selbstreferenz im Mediensystem zum ersten und letzten Referenz-, ja Realitätsbeweis arrivieren könnte?

Man mag vor solchen Perspektiven erschauern. Man kann sie aber auch dahingehend interpretieren, daß damit die Medien endgültig den Mechanismus adaptieren würden, mit dessen Hilfe Individuen wie soziale Systeme Wirklichkeiten konstruieren: Selbstorganisation und Selbstreferenz; und daß damit die Einsicht Allgemeingut würde, daß es keine absoluten Kriterien für „die Realität" gibt, sondern daß sich im komplexen Prozeß des Wettbewerbs und der Interaktion von Wirklichkeitskonstruktionen im Orientierungsrahmen von Kultur(en) eben die Realitätskriterien heranbilden, die *wir* unserer Praxis in Kognition und Kommunikation zugrunde legen (cf. dazu Kap. II).

*

Medien und Kommunikation, so war eingangs gesagt worden, benutzen sich gegenseitig zur Ausdifferenzierung wie zu Selektionsleistungen, wobei die Reflexivität der Kommunikation eine wichtige Rolle spielt.

Wie in Kapitel I geschildert, koppeln Medienangebote Kognition (Bewußtsein) und Kommunikation dadurch, daß einerseits zur Produktion und Kommunikation von Medienangeboten vergleichbares kulturelles (kollektives) Wissen produziert werden muß, daß andererseits kognitive wie kommunikative Systeme Medienangebote nutzen können, um jeweils systemspezifische Operationen in Gang zu setzen (nämlich Gedanken hier, Kommunikationen dort).

Bekanntermaßen führt der Umgang mit jedem einzelnen Medium zu je spezifischen Formen der Wahrnehmung und Sinnproduktion. Je differenter und komplexer Mediensysteme in einer Gesellschaft werden, desto mehr Differenzerfahrungen erlauben sie, indem Medienangebote sowie deren Produktions-, Rezeptions- und Kommunikationsbedingungen ineinander gespiegelt werden können und immer neue und vielfältigere Modi der Mediennutzung im Medienverbund erlauben.

Schon mit der Entwicklung des Printmediums zum ersten Massenmedium, also mit dem Buch und dann vor allem mit Zeitschriften und Zeitungen, setzten Mechanismen

---

68 „Frechheit siegt." In: DER SPIEGEL 4/1994, S. 185.

69 Cf. dazu die Beiträge in M. Löffelholz (Hg.) 1993.

der Beobachtung und Selbstbeobachtung ein. Aus Informationen wurden Nachrichten gemacht, die wiederum Kommentar, Kritik und Replik provozierten. Nachrichten lösten Meinungen und Gegenmeinungen aus, und das alles vollzog sich in wachsender Öffentlichkeit (spätestens seit Mitte des 18. Jahrhunderts, cf. dazu J. Habermas 1990), so daß ein zweiter Interaktionszirkel ausgelöst wurde: Medien beeinflußten interaktive Kommunikation, die wiederum zum Thema von Medienangeboten wurde, und das alles konnte wiederum – medial oder interaktiv – zum Kommunikationsthema werden, bis hin zur wissenschaftlichen Beobachtung.[70]

Je mehr Medien nun im Gesamtmediensystem einer Gesellschaft miteinander konkurrieren, desto mehr beschäftigen sich Medien miteinander und mit sich selbst – schon aus Distinktions- und Identitätsgründen; und der Würgegriff der Werbeabhängigkeit verstärkt diese Tendenz noch.

Man muß heute kein Radikaler Konstruktivist sein, um zu bemerken, daß Medien von Kognition wie Kommunikation zunehmend zur Wirklichkeitskonstruktion benutzt werden. Der Witz aus Mankoffs Cartoon „Daddy, wenn ein Baum im Wald umfällt und die Medien sind nicht dabeigewesen, um darüber zu berichten, ist der Baum dann wirklich umgefallen?" hat längst philosophischen Tiefsinn bekommen. Die noch von treuherzigen Publizisten betriebene Zerlegung „der Realität" in 'Lebenswelt' und 'Medienwelt' oder gar in „primäre, mediale (dokumentarische und fiktionale) sowie wahrgenommene mediale Wirklichkeit" (Chr. Doelker 1989: 65) wirkt heute nur noch unbeholfen. Wir stehen wohl vor der Unabweisbarkeit der Einsicht in die Konstruktivität und Pluralität unserer Wirklichkeiten. P. Klier hat das auf den einleuchtenden Nenner gebracht: „Je mehr ein Medium oder vielmehr dessen Gebrauch zur kulturellen Selbstverständlichkeit geworden ist, desto sinnloser ist es, eine außer- oder vormediale Realität von einer nur durch es erzeugten 'Medienrealität' scheiden zu wollen. Dies schon allein aus dem einfachen Grunde, daß jede Scheidung normalerweise wieder nur durch das Medium selber thematisiert werden kann." (1989: 40) Und wir stehen wohl auch vor der zweiten Einsicht, daß Gesellschaft und Kultur sich seit dem späten 18. Jahrhundert auch deshalb so grundlegend geändert haben, weil sie – rückblickend gesehen – „auf dem Wege" zur Informationsgesellschaft und zur Medienkultur waren (cf. dazu S.J. Schmidt 1989).

Die Entwicklung der bürgerlichen Öffentlichkeit, die Ausdifferenzierung der Gesellschaft in funktionale Teilsysteme mit systemspezifischen Kommunikationsformen, Historismus, reflexives Subjekt, Entfremdung, und wie die Schlagworte mehr lauten, sind ohne die Kommunikationsentwicklung in modernen Mediengesellschaften nicht denkbar; denn sie alle beruhen auf Verschiebungen des blinden Flecks von Beobachtungen, also auf Latenzbeobachtung. Wenn – wie J. Meyrowitz (1987) für das Fernsehzeitalter konstatiert – kaum noch ein gesellschaftlicher oder privater Bereich, kein Naturreservat und keine historische Überzeugung mehr der Beobachtung entzogen werden kann, und diese Beobachtung natürlich sofort wieder zum Gegenstand anderer Beobachtungen in diversen Medien mit je spezifischen Wahrnehmungs-, Referenz- und Authentizitätsbe-

70 Ein interessantes Thema in diesem Bereich ist seit dem 18. Jahrhundert das der Medien-Sucht; angesichts der Lesewutdiskussion des späten 18. Jahrhunderts und der TV-Suchtdiskussion des späten 20. Jahrhunderts bleibt nur ein resignatives *semper idem*.

dingungen gemacht werden kann, dann verweist diese Entwicklung auf einen wichtigen kulturellen Wandel. Beobachtung zweiter Ordnung macht deutlich, daß einerseits immer auch andere Unterscheidungen getroffen werden könnten, daß andererseits alle getroffenen Unterscheidungen systemabhängig sind: Kontingenzerfahrung wird unabweisbar. Und wenn nun die gesteigerten Beobachtungsverhältnisse durch Fernsehen und durch die Vermehrung von Kanälen in ihrer Proliferation auch für den „normalen" Zuschauer (als Beobachter erster Ordnung) beobachtbar werden, dann wird Gemeingut, was sonst klandestines Philosophenwissen war: Wir leben in einem bzw. wir leben ein konstruiertes *Pluriversum*. Konstruiert entlang den Direktiven von Ressourcen, Sozialstrukturen, Sprache und Kultur, also niemals willkürlich; aber alle Natürlichkeiten, Selbstverständlichkeiten und Wahrheiten demaskieren sich als „kultürlich" (wie P. Janich zu sagen pflegt).

Wissenschaftstheoretiker wie W. Stegmüller haben uns seit langem ins Stammbuch geschrieben, daß alle Begründungen für unsere Behauptungen in einem Regreß enden, der nur dadurch unterbrochen wird, daß wir für ein Argument Evidenz reklamieren (1969). Wir glauben daran, weil uns unsere Kultur keine andere Option läßt. Fällt auch dieser Halt, beginnt es uns je nach Temperament zu schwindeln oder wir werden euphorisch, reklamieren als Zukunftstugend nicht Repräsentation, sondern Virtualisierung. Die Netzwerkmetaphorik hat nicht umsonst Konjunktur – Polykontextualität und Virtualität „sind angesagt".

In diesem Argumentationskontext bekommen selbstthematisierende und selbstreferentielle Tendenzen der Medien Profil in Richtung auf eine partielle Autonomisierung, jedenfalls auf operationale Abschließung, wie dies oben exemplarisch für das Unterhaltungsprogramm des Fernsehens beschrieben worden ist. Zugleich aber darf man hier argumentativ nicht überziehen. Es gibt einen starken Beobachter mit Interventionsmacht: die Wirtschaft, die über rasche Rückkopplungen von Sendungen und Sendegattungen an den Zuschauerwillen den Medienmarkt reguliert. So hat nicht etwa staatliche Zensur den Sendetyp „Reality-TV" gebremst, sondern die Werbetreibenden, die ihre Produkte nicht in der Nachbarschaft von blutenden Unglücksopfern und authentisch zurechtgemachten Gewaltverbrechen gesehen wissen wollten, wonach sich Reality-TV andere Bereiche gesucht hat: „Bitte melde dich", „Verzeih mir", „Herzblatt" u.a. drücken auf die Tränendrüse der ZuschauerInnen und beleben die Muster der Kolportageliteratur (cf. dazu J. Grimm 1995).

Fassen wir zusammen: Medien konstruieren Wirklichkeit durch die Art ihrer Beobachtung, wobei die Besonderheiten ihrer Operationsmodi in aller Regel erst dann auffallen, wenn andere Medien dies beobachten. Ihre Beobachtungen verleihen Sachverhalten Bedeutung; denn sie werden mit Anspruch auf Aufmerksamkeit und Verstehen verbreitet. Und sie wissen, daß alles, was sie tun, nicht nur von Beobachtern erster Ordnung beobachtet wird – auf diese zielen ja ihre Medienangebote ab --, sondern auch von anderen Medien, deren Angebote wiederum der multiplen Beobachtung ausgesetzt sind. N. Luhmann hat das jüngst so auf den Begriff gebracht: „Aber man kann vielleicht von einer generellen Eingewöhnung des Modus der Beobachter zweiter Ordnung sprechen. Man dechiffriert alles, was mitgeteilt wird, in Richtung auf den, der es mitteilt. Dabei führt das Nachrichten- und Berichtswesen eher zum Motivverdacht (der aber zumeist keine bestimmbare Form annimmt), das Unterhaltungswesen dagegen eher zur Selbstbeobachtung im Modus zweiter Ordnung, zur Beobachtung des eigenen Beobachtens. Sowohl die Welt als auch die Individualität wird auch dann noch als konkrete Merkmalsgesamtheit wahrgenommen; aber immer so, daß man einen Beobachter hinzudenken muß, der sagt, daß es so ist." (1994: 30)

Luhmann folgert aus seiner Hypothese, daß Realität zugleich die Form des Was wie des Wie annimmt („des was beobachtet wird und des wie es beobachtet wird"), daß die Realität der Massenmedien die Realität der Beobachtungen zweiter Ordnung ist. Indem die moderne Gesellschaft ihre Selbstbeobachtung dem Mediensystem überläßt, läßt sie sich ein auf „eben diese Beobachtungsweise im Modus der Beobachtung von Beobachtern" (1994: 31).

Die Institutionalisierung der Beobachtung zweiter Ordnung im System der Massenmedien wird damit auch zur Grundlage unserer Medienkultur (s.o.). Die Medien präsentieren, was als kulturelles Phänomen beobachtet werden soll, und sie präsentieren, wie diese Beobachtung geschehen kann. Dabei sind die Medien geleitet von kulturellen Evidenzen, wie etwa der Differenzbeobachtung nach ± echt, ± wesentlich, ± verbindlich usw., und eben diese Orientierung, diese blinden Flecken kultureller symbolischer Ordnungen, können wiederum latenzbeobachtend beobachtet werden.

11 Noch einmal: Medien und Realität

Wie die Diskussionen konstruktivistischer Ansätze in der Publizistik zeigen, spielt der Wirklichkeitsbegriff und – bezogen darauf und aufgeladen mit erheblichen ethischen und berufsständischen Implikationen – die Frage der Objektivität von journalistischer Berichterstattung eine zentrale Rolle.[71] Dabei wird – zumindest expressis verbis – zwar behauptet, niemand halte heute mehr an einem naiven Objektivitätsbegriff in realistischer Manier fest. Aber der Konsens der Publizisten, wie ihn etwa G. Bentele formuliert, bleibt referenzsemantisch orientiert, um die journalistische Berichterstattung nach wahr/falsch, richtig/verzerrt beurteilen und damit vor dem befürchteten Vorwurf der Beliebigkeit bewahren zu können. Bentele schreibt: „Innerhalb der konstruktivistischen Sichtweise wird also auf einen Wirklichkeitsbegriff verzichtet, wie er das Fundament journalistischer Arbeit darstellt, einen Wirklichkeitsbegriff, der davon ausgeht, daß Realität weitgehend unabhängig von Journalisten existiert und es journalistische Aufgabe ist, diese Realität adäquat zu erfassen und sie sodann wahrheitsgemäß, möglichst vollständig und verständlich darzustellen." (1993: 159)

Man könnte sich nun eine Replik von konstruktivistischer Seite leicht machen und auf zweierlei verweisen:

- Erstens darauf, daß im (operativen) Konstruktivismus systemtheoretischer Ausrichtung konsequent umgeschaltet wird von ontologischen Differenzen (Subjekt/Objekt, Realität/Repräsentation) auf operative Differenzen (System/Umwelt, Selbst-/Fremdre-

71 Cf. etwa G. Bentele 1993, S. Weischenberg 1995 und die Kontroverse in der Zeitschrift Communicatio Socialis 25 (1992), Heft 2 (mit Beiträgen von H. Boventer, U. Saxer, S. Weischenberg, N. Luhmann).

ferenz). Damit aber wird der ontologische Diskurs über die Adäquanz von Realitätsabbildung ersetzt (nicht wie etwa bei G. Benteles durchaus sympathischem „Rettungsunternehmen Realität" qua Re-Konstruktivismus nur modifiziert) durch einen operationalen Diskurs, der nach Bedingungen und Mechanismen der Wirklichkeitskonstruktion sowie nach der Entstehung, Geltung und Handhabung von „Realitätskriterien" fragt, also „Realitätsannahmen" über eine Beobachtung des Beobachtens prüft, also systemintern testet.

- Zweitens darauf, daß man – mit N. Luhmann – in zwei Formen von „der Realität der Massenmedien" sprechen kann: Die Realität der Massenmedien besteht einmal in ihren eigenen Operationen, zum anderen darin, was für sie und durch sie für andere als Realität erscheint (1995: 8) – und zwar als Resultat von Beobachtungen/Unterscheidung, und das heißt: als Resultat der vom System getroffenen Differenz Selbst-/Fremdreferenz, also als Korrelat der eigenen Operationen. (Die Welt ist alles, was für den Beobachter der Fall ist – und damit zurück zur ersten Bemerkung).

Aber diese Verweise – oft genug gegeben – verfangen nur selten gegen die tiefsitzende Alltagsüberzeugung, daß die Realität doch „da ist" und man beim Reden über sie recht oder unrecht haben kann.

Deshalb möchte ich eine ausführlichere Antwortvariante anbieten, die die Fragestellung noch einmal in den philosophischen Diskurs einbettet.

*

Im philosophischen Diskurs hat sich bis heute ein Typ von Fragen bzw. von Behauptungen gehalten, den man als „systematisch irreführend" bezeichnet („systematically misleading" nennt ihn die analytische Sprachphilosophie). Dazu zählt, an prominenter Stelle, die Behauptung „Die Realität existiert/existiert nicht". Systematisch irreführend war diese Behauptung bzw. die Frage nach der Existenz der Realität nachweislich in der Geschichte der Philosophie – hat sie doch bis heute eine nicht enden wollende Realismus-Debatte ausgelöst. Argumentativ, sozusagen intrinsisch irreführend, ist die Behauptung bzw. die Frage aus zwei Gründen:

- Wer ernsthaft die Frage stellt, ob die Realität existiert, hat sie bereits beantwortet; denn wo sonst als „in der Realität" sollte man (als Mensch) diese Frage stellen!
- Wer nach „der Realität" fragt bzw. ihre Existenz behauptet, operiert mit einem sprachlichen Ausdruck, für den es keinen Referenten gibt („die Realität") – es sei denn, man greift zu semantischen Kunst-Stücken, wie sie Differenztheorien erlauben und formuliert: „Von *Realität* soll die Rede sein, um die Einheit der Differenz von *Erkenntnis und Gegenstand* zu bezeichnen." (N. Luhmann 1988: 42)

Angesichts philosophischer Realismusdebatten kann man sich des Eindrucks eines erheblichen pragmatischen Defizits nicht erwehren. Nehmen wir als Beispiel nur den seit G. Berkeley strapazierten Tisch im Arbeitszimmer der Philosophen, dessen Existenz in den beiden Situationen: Augen zu-Augen auf so vielfach diskutiert worden ist. Wo ist der eben wahrgenommene Tisch, wenn ich die Augen schließe? So kann nur ein Philosoph mit ontologischem Faible fragen – sein Tischler wie seine Putzfrau könnten ihm sofort die richtige Antwort geben; und das nicht nur auf diese sinnlose Frage, sondern auch auf die scheinbar tiefgründige Einsicht, mit der bis heute Konstruktivisten strapaziert werden: Es ist doch unbestreitbar, daß dieser Tisch da vor uns existiert! Nur Philosophen glauben zu wissen, was diese Existenzaussage über die Erfahrung hinaus besagt, die Tischler, Putzfrauen und am Arbeitstisch arbeitende Philosophen mit Tischen gemacht haben und machen.

Warum beginne ich meine (konstruktivistischen) Überlegungen zum Thema „Medien und Realität" gerade mit solchen Trivialitäten?

Zu den Konstanten in der Kritik am (Radikalen) Konstruktivismus gehört die Behauptung, Konstruktivisten leugneten entweder die Realität oder seien heimliche Realisten[72] – auf jeden Fall sei ihr Verhältnis zur Realität gestört und empirische Forschung liege völlig außerhalb der wissenschaftlichen Möglichkeiten von Konstruktivisten. Ein weiterer und gewichtiger Vorwurf lautet, viele Konstruktivisten seien – ganz gegen ihre erkenntnistheoretischen Überzeugungen – geradezu positivistisch empiriehörig, indem sie ihre Position auf empirische Forschungsergebnisse der (Neuro-)Biologen stützten, ohne den Geltungsanspruch dieser Ergebnisse zu prüfen[73].

Was ist gegen solche (unterschiedlich gut begründeten) Einwände vorzubringen? Nun, man kann wie N. Luhmann das Problem sozusagen ex cathedra lösen: „Was immer seine Anhänger sagen mögen: selbstverständlich ist der Konstruktivismus eine realistische Erkenntnistheorie, die empirische Argumente benutzt. [...] das Resultat ist die These der Systemabhängigkeit aller Erkenntnis mit dem Korrelat einer Beobachtung zweiter Ordnung, eine ebenfalls immer empirisch und systemisch gemeinte Beobachtung beobachtender Systeme." (1990: 15)

Aber damit ist zwar ein Topos konstruktivistischen Denkens eingeführt, nämlich der Beobachter, aber nicht geklärt, was denn unter 'empirisch' zu verstehen ist. Man kann die Anfrage an das Empirieverständnis des Konstruktivismus auch in den Kontext der gegenwärtigen Hochkonjunktur von Realismus-Debatten einordnen und dort sozusagen philosophisch entsorgen. So fragt sich P. Janich zu Recht: „Die gegenwärtige, weit verzweigte Realismus-Debatte wirft manche Rätsel auf, deren größtes sein könnte, warum sie überhaupt geführt wird. Bis in alle Verzweigungen hinein gewinnt man den Eindruck, daß hier nur ein neuer Austragungsort für alte Fragen und Kontroversen aus Wissenschaftstheorie und Sprachphilosophie, genauer aus Bedeutungs- und Wahrheitstheorie, gefunden wurde. [...] oder muß man die Behauptung F. von Kutscheras, daß 'wir außerhalb der Philosophie alle Realisten sind', so verstehen, daß es sich bei der Realismusdiskussion nur um die Aufarbeitung einer innerphilosophischen und selbstproduzierten Altlast handelt?" (1995: 459)

Fragen nach Wirklichkeit, Realität, Empirie, Objektivität und Wahrheit sind m.E. typische Fragen von Beobachtern zweiter Ordnung.[74] Sie treten auf, wenn die intuitive

72 So argumentiert z.B., in immer neuen Anläufen, H.J. Wendel (z.B. 1989, 1990). Cf. dazu G. Rusch 1995.

73 P. Janich hat diesen Einwand wie folgt auf den Begriff gebracht: „Statt dessen bleibt der Radikale Konstruktivismus gegenüber den Resultaten von Physik und Biologie philosophisch naiv, indem er schlicht voraussetzt, daß diese Wissenschaften recht haben, ohne dafür Gründe angeben zu können." (1992: 37)

74 Philosophiegeschichtlich interessant erscheint mir, daß die überwiegende Mehrzahl der Philosophen sich primär mit dem ersten Teil der Differenz wirklich/nicht wirklich beschäftigt haben. – Vielleicht macht (auch) dies die Faszination der Anfrage M. Heideggers an das Nichts aus.

Realitätsgewißheit von lebensweltlich handelnden Beobachtern erster Ordnung gestört oder in Frage gestellt wird, bzw. wenn Beobachter zweiter Ordnung die Gründe für die praktische Realitätsgewißheit von Beobachtern erster Ordnung auf deren Genesis und Geltung hin reflektieren.

Diese Reflexion, bzw. der ihr zugeordnete Diskurs, hat sich in der europäischen Philosophie seit den Griechen in einem dualistischen Format vollzogen, dessen Dichotomien die grundlegenden Probleme der europäischen Erkenntnistheorie markieren. So bemerkt etwa J. Mitterer: „Am Anfang der Philosophie stehen nicht Probleme, sondern nicht-problematisierte Voraussetzungen. Diese Voraussetzungen sind dichotomische Unterscheidungen (in der Erkenntnistheorie und Sprachphilosophie etwa die Dichotomien Sprache-Welt, Beschreibung-Objekt, Aussage-Gegenstand, Sein-Bewußtsein, Subjekt-Objekt und andere). Der Versuch, die Beziehung zwischen den Gliedern dieser Dichotomien zu klären, führt zu den philosophischen Problemen (Objektivitätsproblem, Referenzproblem, Identitätsproblem, Außenweltproblem, vor allem aber zum Wahrheitsproblem)." (1992: 11)

Und auch S. Ceccato kommt in seiner Analyse des 2500jährigen Diskurses der europäischen Erkenntnistheorie zu dem Ergebnis, daß dieser Diskurs mit einer folgenschweren undurchschauten Startoperation begonnen hat: Griechische Philosophen wie Empedokles, Leukipp oder später Platon führten das Konzept der Aktivität des Erkennens ein und setzten dabei zwei Komponenten zueinander in Beziehung, die zuvor unhinterfragt zu voneinander unabhängigen Ausgangseinheiten erklärt worden waren: Subjekt und Objekt, Beobachter und Beobachtetes.

„Man hatte dabei", resümiert W. Zitterbarth Ceccatos Argumentation, „... aber vergessen, daß der Unterschied von Subjekt und Objekt, von Beobachter und Beobachtetem ein bereits von uns produzierter ist, daß diese Begriffspaare durch unsere vorgängige Unterscheidungstätigkeit bereits aufeinander bezogen sind, so daß die Beziehungsstiftung durch die neu eingeführte Aktivität des 'Erkennens' ganz überflüssig ist und den falschen Eindruck einer originären, ursprünglichen und nicht weiter hintergehbaren Leistung erweckt." (1991: 74f.)

Damit verweist auch Ceccato auf die fundamentale Rolle von Unterscheidungen ebenso wie darauf, daß Unterscheidungen mit Sicherheit nur dem kognitiven System und seinen Operationen, nicht aber der Umwelt als deren intrinsische Eigenschaften zugeordnet werden können.

Diese Anfangsüberlegungen erlauben bereits die Formulierung einiger Hypothesen zum Thema Wirklichkeit und Erkenntnis, die im Folgenden genauer diskutiert werden sollen.

- Beobachter erster Ordnung gehen als Akteure im täglichen Leben faktisch – und sinnvollerweise – wie metaphysische Realisten[75] zu Werke. Dabei wirkt – wie P. Kruse gezeigt hat – vor allem die *Stabilität* der Wahrnehmungsgegenstände als „... unver-

75 P. Janich kommentiert die Behauptung „Wir sind alle Alltagsrealisten" dahingehend, daß wir „(1) in Handeln und Verhalten Ding- und Ereigniskonstanz berücksichtigen, daß wir (2) affirmative und negative Existenzbehauptungen zur Beurteilung von anderen Behauptungen heranziehen, und daß wir (3) Erklärungs- und Deutungsweisen für die Suche und Konstruktion von Ursachen und Gründen verwenden." (1995: 473)

zichtbares Konnotat der Begriffe Wirklichkeit und Realität. Eine derartig zwingende inhaltliche Resonanz jedoch wirkt weitreichend deproblematisierend, verblaßt zum stillschweigenden Wissen. [...] Die unwillkürliche Stabilitätserwartung gegenüber dem anschaulich Angetroffenen steht in einem wechselseitigen Begründungszusammenhang mit einem weiteren tief im Alltagsempfinden verankerten 'a priori': der Annahme der direkten Erkennbarkeit einer bewußtseinsunabhängigen Realität." (1988: 35)

- Wenn man vom Beobachten und von Unterscheidungen ausgeht, muß man – wie bisher schon mehrfach betont – den scheinbaren Truismus ernstnehmen, daß Beobachter und Beobachtetes, oder allgemeiner gesprochen: daß System(e) und Umwelt(en) nicht unabhängig voneinander bestimmt werden können. Diese gegenseitige Abhängigkeit ist Resultat vielfältiger Alltagserfahrungen. Erst wenn wir in der Wahrnehmung Grenzen ziehen, können wir (nach dem wahrnehmungspsychologischen Figur-Grund-Mechanismus) etwas *als etwas*, also im Unterschied zu etwas anderem wahrnehmen und benennen. Mit der Konstitution einer Grenze konstituieren wir daher stets eine Differenz, die Objekt-wahr-Nehmung und Benennung erst ermöglicht. Will man also etwas über Umwelten sagen, muß man etwas sagen (können) über die Konstitution und Arbeitsweise des Beobachter(system)s. Handelt es sich bei Beobachtersystemen um menschliche Akteure, dann geht es konkret um deren biotische, psychische, soziale und kulturelle Operationsbedingungen und Kontexte sowie um die ganz konkreten Handlungen, mit denen die Umwelt als Umwelt je konkreter Menschen wahrgenommen, gestaltet und gedeutet wird. Auch ohne inhaltliche Aussagen holistischer Philosophien zu übernehmen, kann also auf unterscheidungstheoretischer Grundlage meines Erachtens folgendes Argument konstruiert werden: Subjekt und Objekt, Wirklichkeit und Erkenntnis lassen sich nicht als Identitäten (Wesenheiten), sondern nur als *Differenzen* (= Resultate von Operationen) bestimmen. Wenn Unterscheidungen den konditionierten Operationen des Systems zugeschrieben werden[76], Systeme aber nicht ohne Umwelt bestimmt werden können, dann müssen die Unterscheidungen, die Systeme in Umwelten treffen und die sich durch Wiederholung und Interaktion stabilisieren lassen, als Fremdreferenz interpretiert werden. Umwelt erfahren wir also als Instanz, die unsere Handlungen viabel bzw. nicht-viabel (i.S. E. von Glasersfelds) macht, die uns – in der Formulierung von W. Kamlah – „Widerfahrniswissen"[77] zu gewinnen erlaubt.

Bei diesen Überlegungen müssen einige Präsuppositionen im Auge behalten werden.

Wenn über Stabilität als Konnotat von Objekten bzw. allgemein von Erfahrungswirklichkeit gesprochen wird, dann darf dabei der *Zeitfaktor* nicht übersehen werden. Die Konstruktion von Objektkonstanz (als Resultat neuronaler Eigenwertbildung sensu von Foerster) ist jeweils an zeitlich bestimmte und prinzipiell auch zeitlich begrenzte Operationen kognitiver Systeme gebunden; m.a.W., Stabilität muß genauer in Form zeitrelativer Stabilitäten gedacht, also an das konkrete Operieren der Systeme gebun-

---

76 H. von Foerster hat immer wieder demonstriert, daß Objekte Zeichen für stabiles Eigenverhalten von Organismen sind (= Eigenwerte, cf. z.B. 1993: 279).

77 Von „Widerstandserfahrung" im Zusammenhang mit Realitätskonstruktion spricht häufig übrigens auch N. Luhmann (1995: 71).

den werden. Dabei ist dann genau zu unterscheiden zwischen System-Umwelt-Konstellationen auf den verschiedenen Beobachterebenen.
Der Beobachter erster Ordnung, der bei seinen Beobachtungen notwendigerweise mit der Unterscheidung von Selbst- und Fremdreferenz operiert, muß – wie Luhmann (1995) betont – die Funktionsstelle Fremdreferenz irgendwie besetzen, kann also auf Wirklichkeitsannahmen gar nicht verzichten. Auf dieser Ebene kann zwischen der Wirklichkeit „wie sie ist" und „wie sie beobachtet wird", nicht unterschieden werden. Das ist erst auf der Ebene der Beobachtung zweiter Ordnung möglich, aber auch hier kann die Funktionsstelle Fremdreferenz nicht leer bleiben, und so weiter. Mit anderen Worten: Jedes beobachtende System konstruiert unweigerlich durch bzw. im Vollzug seines Operierens Wirklichkeit, die nach zeitlich und kontextuell unterschiedlichen Kriterien empfunden, geprüft und evaluiert wird.

- Die alte empiristische Frage, ob die Welt oder die menschliche Vernunft Schiedsrichter in allen substantiellen Fragen mit Wahrheitsanspruch ist (oder sein sollte)[78], muß dekonstruiert werden: Weder die Welt noch die Vernunft ist Schiedsrichter, sondern kollektives Wissen oder Soziokultur. Damit schließt diese Argumentation partiell an hermeneutische und dialektische Argumentationen an, insofern diese annehmen, Ausgangspunkt des Erkenntnisprozesses sei nicht ein isoliertes Erkenntnissubjekt oder ein isolierbares Objekt, sondern das historisch-konkrete Wissen, also Hegels „Totalität der Bestimmungen", die als begrifflich-semantische Konstrukte jeder sachlich-inhaltlichen Bestimmung zugrundeliegen, ja sie allererst ermöglichen.[79]

Zu diesen m.E. grundlegenden konstruktivistischen Annahmen gibt es zahlreiche *Parallelen* in anderen Diskurszusammenhängen, von denen wenigstens drei hier kurz erwähnt werden sollen, um mögliche Anschlußstellen konstruktivistischer Empiriediskurse wenigstens anzumerken.

(a) Neopragmatisten wie H. Stachowiak vertreten – wie Konstruktivisten – die Auffassung, daß Menschen Wirklichkeit nicht entdecken, sondern nur schaffen bzw. konstruieren können. Der Wirklichkeitsbegriff erfährt also „... eine aktiv-operative Deutung, und zwar nicht nur in dem vorgreifenden Sinn der nach Zwecken und Zielen erst herzustellenden Wirklichkeit, sondern auch im Sinne der *Re*konstruktion vorhandener und gewesener Wirklichkeit." *Alle* unsere Wirklichkeitserkenntnis ist, so Stachowiak, „... wesentlich Entscheidung und Aktion", und zwar unter konkreten Voraussetzungen und Intentionen sowie „... in der Anbindung an geschichtlich-lebensweltliche Zusammenhänge, die wir nur im Maße der Freiheitsspielräume beeinflussen können, die sie uns belassen." (1973: 14f.)[80]

(b) Eine zweite Parallele findet sich bei L. Fleck. In einem kurzen Aufsatz von 1929 („Zur Krise der 'Wirklichkeit'") formuliert er bereits die wichtigsten Grund-Sätze einer Position, die heute als „kulturalistischer Konstruktivismus" in der Diskussion auftaucht (cf. S.J. Schmidt 1994).

78 Cf. R.M. Burian 1980.

79 Cf. dazu G. Pasternack 1994.

80 Parallelen zum Erlanger Konstruktivismus bzw. zur methodischen Philosophie P. Janichs oder J. Mittelstraß' sind unübersehbar.

Fleck beginnt seine Argumentation mit einem Hinweis auf die Bedeutsamkeit des Geltenden („... daß unsere Kenntnisse viel mehr aus dem Erlernten als aus dem Erkannten bestehen ...") sowie mit der korrespondierenden erkenntnisphysiologischen Beobachtung, daß jede neue Erkenntnistätigkeit vom früheren Erkenntnisstand abhängig ist. Nach Fleck wirken drei eng miteinander verknüpfte Faktorensysteme in allem Erkennen zusammen: „... die Last der Tradition, das Gewicht der Erziehung und die Wirkung der Reihenfolge des Erkennens. Dies sind soziale Momente und deshalb muß jede Erkenntnistheorie mit Sozialem und weiterhin mit Kulturhistorischem in Beziehung gebracht werden, insofern sie nicht in schweren Widerspruch mit der Geschichte der Erkenntnis und der täglichen Erfahrung der Lehrenden und Lernenden geraten will." (1929: 425)

Da wir Menschen nie einer Tabula rasa gleichen und es keinen feststellbaren Beginn des Erkennens gibt, sind wir immer „mittendrin", und man muß sich fragen, wie man überhaupt auf die Idee kommen konnte, die Erkenntnis aus Wahrnehmungen oder Empfindungen als Basiselementen aufbauen zu wollen.

Wenn man das soziale wie das individuelle Moment der Entstehung von Erkenntnis angemessen berücksichtigt, dann kommt man – so Fleck – zu dem Schluß: „Jedes denkende Individuum hat als Mitglied irgendeiner Gesellschaft seine eigene Wirklichkeit, in der und nach der es lebt. Jeder Mensch besitzt sogar viele, zum Teil einander widersprechende Wirklichkeiten: die Wirklichkeit des alltäglichen Lebens, eine berufliche, eine religiöse, eine politische und eine kleine wissenschaftliche Wirklichkeit. [...] Jedem Erkennen, jedem Erkenntnissystem, jedem sozialen Beziehungseingehen entspricht eine eigene Wirklichkeit." (1929: 426)

Fleck betont, daß alles Erkannte sein vom Individuum abhängiges „Leben", seine Eigenschaften, seinen zeitlichen und örtlichen „Stil", kurz sein eigenes „Schicksal" besitzt. Erkenntnisse werden von Menschen gebildet, aber sie bilden umgekehrt auch die Menschen, so daß hier die Frage nach Ursache und Wirkung töricht ist. *„Denn Erkennen ist weder passive Kontemplation, noch Erwerb einzig möglicher Einsicht im fertig Gegebenen. Es ist ein tätiges, lebendiges Beziehungseingehen, ein Umformen und Umgeformtwerden, kurz ein Schaffen.* Weder dem 'Subjekt' noch dem 'Objekt' kommt selbständige Realität zu; jede Existenz beruht auf Wechselwirkung und ist relativ." (1929: 426; Hervorhebung im Original)

(c) Besonders eingehend hat sich bekanntermaßen N. Luhmann mit dem Problem des Beobachtens beschäftigt und dabei deutlich unterschieden zwischen „Realität" und Objektivität des Beobachtens.[81]

Die Realität des Beobachtens ist für Luhmann mit dem Vollzug der Operation gegeben, „... und insofern sind alle beobachtenden Systeme reale Systeme mit entsprechenden Realabhängigkeiten." Aber aus der Realität dieses operativen Vollzugs kann nicht auf die Objektivität seiner Ergebnisse im realistischen erkenntnistheoretischen Sinn geschlossen werden. Auch eine Konvergenz von Beobachtungen erlaubt keinen Rückschluß auf die Realität ihres Gegenstandes, sondern allenfalls darauf, daß erfolgreiche Kommunikation stattgefunden hat. Jede Referenz, so betont Luhmann, ob

81 'Realität' ist in dieser Darstellung selbstredend im Sinne Luhmanns gebraucht.

auf das System oder auf Umwelt, ist ein Konstrukt des Beobachtens. „Die Unterscheidung objektiv/subjektiv [...] kollabiert also und wird durch die Unterscheidung Selbstreferenz/Fremdreferenz ersetzt, die in jedem Fall und in beiden Richtungen ein Strukturmoment des Beobachtens selbst ist." (1990a: 78) Systemrelative Unterscheidungen und Bezeichnungen treten damit an die Stelle der Erwartung, das Beobachten erschließe einen Zugang zu einer außerhalb liegenden Realität. Wer immer beobachtet und auf welcher Beobachterposition auch immer, nimmt teil, gehört zu einem System rekursiver Beobachtungen – exempte Positionen gibt es nicht (1990a: 86) „Im Unterschied zu subjektbezogenen Erkenntnistheorien, die bereits von unzugänglicher Außenwelt gesprochen hatten, aber am Problem der Mehrheit von Subjekten gescheitert sind, stützt sich der operative Konstruktivismus auf die Rekursivität der systemeigenen Operation und, im Zusammenhang damit, auf das Gedächtnis des Systems, das ständig alle Operationen des Systems mit Konsistenzprüfungen begleitet ..." (1995: 69).

*

Ich fasse zusammen: In der bisherigen Auseinandersetzung mit konstruktivistischen Positionen ist vor allem deren anti-realistische Orientierung betont worden. Die Meinungen darüber, wie nun die konstruktivistische Position positiv zu kennzeichnen ist, gehen allerdings radikal auseinander und reichen von „subjektphilosophisch" über „idealistisch" bis zu „solipsistisch".

Wie ich an anderer Stelle ausgeführt habe (Schmidt 1994), versucht man m.E. im konstruktivistischen Diskurs, sowohl die Hypostasierung des Subjekts als auch die des Objekts zum archimedischen Punkt der Erkenntnis zu vermeiden.

Die etwa von G. Pasternack beklagte „Vereinseitigung des Erkenntnissubjekts als Quelle der Konstitutionsleistungen" (1995: 7) übersieht eine zentral wichtige Differenz im konstruktivistischen Subjektbegriff, die man als Differenz zwischen dem empirischen und dem kognitiven Aspekt des Subjektkonzepts bestimmen kann. Das Subjekt als handelnder und kommunizierender Aktant ist der *empirische Ort,* an den alle Kognitionsleistungen gebunden sind. Ohne Gehirne keine Kognition und auch keine Simulation von Kognition. Die vielfältigen Bedingungen, Instrumente und Strategien der Kognition aber sind nicht subjektiv, auch wenn sie von Subjekten stets subjektspezifisch angewandt, empfunden und beurteilt werden müssen. Sie gehören zum kollektiven Wissen einer Gesellschaft in Form von kognitiven Schemata, Sprachen, Common-Sense-Wissen usw.[82], und die Subjekte haben im Laufe ihrer Sozialisation durch Interaktion und Kommunikation gelernt, solches Wissen in hinreichend vergleichbarer Weise kognitiv zu erzeugen. Wie alles Wissen ist auch kollektives Wissen der Aktanten eng „verwoben" mit Handeln und lebensweltlichen Praxen, bestätigt sich durch erfolgreiche Erwartungserwartungen selbst und wird über die Differenz Selbst-/Fremdreferenz entweder auf das Subjekt oder auf die Umwelt bezogen.

Bei all diesen Überlegungen muß – wie bereits erwähnt – ernsthaft die Voraussetzung mitbedacht werden, daß in differenzlogischen Konzepten im Rahmen der Allge-

82 H. Esser (1994) schreibt diesem „geteilten Wissen" die Funktion zu, die höchst riskanten Selektionen psychischer Systeme zu erleichtern.

meinen Systemtheorie[83] die klassische identitätsphilosophische Entgegensetzung von Subjekt und Objekt ersetzt wird durch die Differenz System/Umwelt, und daß die beiden Pole der Differenz nur in Beziehung zueinander bestimmt werden können. Nur ein System, das diese Differenz plausibel „aufmachen" kann, kann sich selbst sinnvoll als System beobachten. Nur in einer Umwelt kann ein System operieren. Und nur wenn ein System hinreichend operativ geschlossen ist, um systemverträgliche Umweltkontakte selbst selegieren und verarbeiten zu können, kann es in einer Umwelt überleben. Das aber heißt: das System ist die „symmetriebrechende Instanz" (sensu B. Meyer 1993: 7). Das System konstruiert seine immer systemspezifischen Umwelten und es konstruiert auch alle Möglichkeiten, diese Konstrukte zu beobachten und auf ihren „Realitätsgehalt" hin zu bewerten. Darum liegen alle Kriterien der Prüfung, Geltungssicherung oder Begründung von Aussagen über „Wirklichkeit" im Bereich des Systems und der systemspezifischen Bewertung seiner Umweltkontakte, wobei – da es hier logischerweise auf kommunikative Inter-Subjektivität ankommt – in die Konstruktion dieser Kriterien all das an kulturellen Wissensbeständen eingeht, was die kommunikative Akzeptanz von Problemlösungen erhöht.

*

Wenn wir von diesem Plateau der Argumentation auf die Leitfrage nach Medien und Realität zurückblicken, dann bietet sich folgendes Fazit an.

Wie jedes andere beobachtende System erzeugen auch die Massenmedien (Print, Rundfunk usw.) Wirklichkeit, indem sie Medienangebote erzeugen und als Rezeptionsanlässe anbieten, die von Mediennutzern zur Wirklichkeitskonstruktion genutzt werden können. Je nach den Wirklichkeitskriterien, die für spezielle Mediensysteme aufgrund ihrer bisherigen (oder unterstellten) Verläßlichkeit/Glaubwürdigkeit sowie für spezielle Medienangebote aufgrund von Gattungszugehörigkeit, Stilistik und Beitragsqualität zu Themen in Diskursen von Mediennutzern angewandt werden, werden unterschiedliche Formen der Fremdreferenz (= „Realitätsgehalt") und ihrer Verbindlichkeit (= „Realitätsgewißheit") angesetzt, die auf einer breiten Skala zwischen den Polen „Bilder der Wirklichkeit" und „Wirklichkeit der Bilder" angesiedelt sind. Dabei spielt das Gedächtnis (s.u.) eine wichtige Rolle. Dabei kommen beim Mediennutzer angesichts der Fülle der genutzten Medienangebote nur selten Zweifel an der „Objektivität" auf – wie sollte man auch den „Wahrheitsgehalt" jedes Angebots überprüfen? Man verläßt sich auf seine erprobten gesellschaftlich sanktionierten Wirklichkeitskriterien und vertraut im übrigen darauf, daß die Medien sich gegenseitig kontrollieren, Widerstand gegen sich selbst erzeugen, der dann qua Manipulationsverdacht unter Wirklichkeitsaspekten beurteilt werden kann. Ähnliches gilt – wie S. Weischenberg (1995a) gezeigt hat – auch für Aktanten im Funktionssystem Journalismus, die ihre Informationsangebote nach denjenigen systemrelevanten Maßstäben erstellen und distribuieren, die im Journalismussystem (jeweils) als „wahrheitsverbürgend" gelten. Nicht Verzerrung, Täuschung und Objektivität sind daher die interessanten Fragen mit Blick auf die medienvermittelte Kommunikation der Gegenwart; sondern Entwicklungen in Richtung auf mehrwertige Wirklichkeitseinschätzungen (wirklich/fiktiv/indifferent/ästhetisch) sowie in Richtung auf

83 Cf. dazu die zusammenfassende Darstellung bei G. Ropohl (1978) und die Weiterentwicklung bei G. Schlosser 1993.

den Wegfall der Konsenspflicht für massenmediale Wirklichkeitsangebote. Diesen Aspekt betont N. Luhmann, wenn er annimmt, „... daß die Massenmedien zwar die Realität, aber eine nicht konsenspflichtige Realität erzeugen. [...] Weil Realität ohnehin nicht mehr konsenspflichtig ist." (1995: 71 u. 73)

12 Exkurs: „Gedächtnispolitik"

An verschiedenen Stellen in der bisherigen Diskussion ist von Gedächtnis die Rede gewesen und von seiner bedeutsamen Rolle für Kognition, Kommunikation und Kultur. Die Konjunktur des Gedächtnisthemas ist seit den 80er Jahren ungebrochen[84], und in dem Maße, wie sich immer mehr Disziplinen mit Aspekten der (Massen-)Medien auseinandersetzen, tritt auch das Thema Medien und Gedächtnis in den Vordergrund des Interesses.[85]

Dafür ist sicher nicht nur – wie oft geäußert wird – das Jahrtausendende verantwortlich, das den Blick der Zeitgenossen zurücklenkt. Hinzu kommen unbestreitbar auch politische Gründe, etwa das Aussterben der Generation, die den Zweiten Weltkrieg und die Greuel des Nazi-Regimes noch als Zeitzeugen erlebt haben. Wenn der letzte Zeitzeuge gestorben sein wird, dann werden die folgenden Generationen ausschließlich auf Speichermedien angewiesen sein, um Vergangenheit(en) zu (re-)konstruieren – in ihren jeweiligen Gegenwarten und gemäß ihren Bedürfnissen und Interessen. Damit aber wird die Frage der *Mediennutzung zu Erinnerungszwecken* vordringlich, und zwar in der wissenschaftlichen und künstlerischen ebenso wie in der politischen Diskussion. In einem kurzen Diskurs sollen wenigstens einige Aspekte dieses brisanten Themenkomplexes unter dem Stichwort „Gedächtnispolitik" angesprochen werden.

*

Der Gedächtnisdiskurs seit der Antike ebenso wie unser „Alltagsverstand" modellieren Gedächtnis als einen Speicher und Erinnern als Zugriff auf diesen Speicher. Auch die moderne Metaphorik vom Gedächtnis als Archiv, Engramm, Museum oder Datenbank führt diese Modellvorstellung ungebrochen weiter und schafft einen scheinbar unlösbaren Zusammenhang zwischen der Vergangenheit, der Repräsentation dieser Vergangenheit im Gedächtnis, und Erinnern als (wie auch immer verläßlichem) Rückgang in die Vergangenheit.

Solche Speichermodelle des Gedächtnisses sind von den modernen Neurowissenschaften grundsätzlich in Frage gestellt worden. Schon H.R. Maturana konstatierte in den 70er Jahren, daß es ein Gedächtnis als einen Speicher von Repräsentationen der Umwelt, die für verschiedene Gelegenheiten abgerufen werden können, als neurophysiologische Funktion nicht gibt. Und G. Roth interpretierte in seinem 1994 erschienenen Buch „Das Gehirn und seine Wirklichkeit" die neuesten Forschungen dahingehend, daß

---

84 Cf. u.a. die Sammelbände herausgegeben von A. Assmann & D. Hardt 1991, J. Assmann & T. Hölscher 1988, D. Hardt 1991, S.J. Schmidt 1991, H.U. Reck 1993, F. Klix & H. Hagendorf 1986.

85 Cf. etwa die Beiträge in H.U. Reck (Hg.) 1994.

man zum einen ganz verschiedene Gedächtnisarten annehmen muß (ein deklaratives oder explizites Gedächtnis, ein prozedurales oder implizites Gedächtnis, und ein Gedächtnis kategorialen Wissens), und daß zum anderen diese Gedächtnisarten ganz verschiedenen Gehirnarealen (von Hippocampus bis zu den sensorischen, motorischen und assoziativen Teilen des Neocortex) zuzuordnen sind.

Im Vordergrund des Forschungsinteresses der Neurowissenschaftler stehen heute also nicht Gedächtnismodelle des Speicherns und Wiederauffindens, sondern die Erforschung der funktionalen Plastizität des Gehirns, seiner epigenetischen Selbstorganisation im Laufe der Gehirnentwicklung, sowie der Distributivität von Verarbeitungsarealen und -zentren des Gehirns. Neuere Gedächtnismodelle gehen davon aus, daß durch Erlebnisse und Erfahrung im Nervensystem Erregungsmuster als dauerhaft angelegte neuronale Strukturen gebahnt werden, die dann später in Erinnerungsprozessen aktiviert werden (können) und andere Muster hemmen oder ausschließen. Solche für die Verhaltenssynthese relevanten Strukturen haben mit Vergangenheit nur insofern zu tun, als sie zu einem Zeitpunkt vor der jeweils ablaufenden Verhaltenssynthese entstanden sind.

Erinnern – so legen die heute verfügbaren Forschungsergebnisse nahe – als eine stets in der Gegenwart ablaufende kognitive Operation holt nicht etwa Vergangenes wie Funde aus dem Schatzhaus oder der Brunnenkammer des Gedächtnisses herauf, sondern arbeitet als ein besonderer Typ von Wahrnehmen, nämlich als ein Wiedererkennen ohne Anschauungsobjekt (so G. Rusch 1987). Indem im Nervensystem eine historisch entstandene neuronale Konnektivität aus aktuell gegebenem Anlaß aktiviert wird, produzieren *wir* im Bewußtsein erinnernd Vergangenheit*en*. Diese Sinnproduktion hat wenig zu tun mit Informationsabruf aus Datenspeichern, aber sie hat sehr viel gemein mit gestaltendem, Kohärenz stiftenden *Erzählen*. Denn da Erinnern offenbar nicht von „der Vergangenheit“ determiniert wird, sondern Vergangenheiten allererst durch Modi des Erinnerns Kontur und Kohärenz gewinnen, spielen die Modalitäten erzählenden Erinnerns individuell wie sozial eine entscheidende Rolle. Lebende Systeme operieren immer in der Gegenwart. Zeit wird erst durch Gedächtnis konstituiert. Erinnern entwirft Jetzt-Vergangenheiten durch das Erzählen von Geschichten, in deren Konstruktion unsere jeweils aktuellen, politisch und kulturell bestimmten Vorstellungen von der Beschaffenheit „der Vergangenheit“ ebenso eingehen wie unsere Emotionen, Interessen, Bedürfnisse, Wünsche, Begierden und Ängste sowie – falls vorhanden – sog. Belege, Daten oder Quellen. Wenn aber – wofür vieles spricht – die Konzepte der/für Vergangenheit, die Operationen des Erinnerns und die Schemata kohärenten Erzählens komplementär sind, dann entsteht ein sich selbst stützender Zusammenhang, der für Individuen wie für Erinnerungs- und Erzählgemeinschaften überzeugend wirkt: Sie alle erliegen der „kultürlichen Natürlichkeit“ ihrer Konstrukte von Gegenwart und Vergangenheit, also der Suggestion kollektiv geteilten Wissens, das sich herausbildet und bestätigt durch interaktive Erfahrungen und gemeinsame Sozialisation, durch geteilte Meinungen und gemeinsame Erfahrungen im Umgang mit (Massen-) Medien und Erzählmustern.

*

Wenn Erinnern als Konstruktion von Vergangenheiten konzipiert wird, dann macht es wenig Sinn, mit Bewertungskategorien wie ‘Objektivität’ oder ‘Wahrheit’ zu operieren. Plausibler erscheint es, Erinnern unter einer Kategorie wie *Gedächtnispolitik* zu beobachten, also stets zu fragen, zu welchem Zweck und in welchem soziokulturellen Kontext Erinnerungen angestellt werden.

Diese Empfehlung wird durch die bedeutungstheoretischen Argumentationen zu Beginn dieses Kapitels gestützt: Die bis heute weitverbreitete Auffassung, Informationen bzw. Bedeutungen seien in Medienangeboten i.w.S. (Texten, Dokumenten, Filmen usf.) enthalten und würden hermeneutisch aus ihnen wieder entnommen, ist theoretisch wie empirisch nicht haltbar. Vielmehr gilt als plausibel, daß Individuen (kognitive Systeme) Medienangeboten Bedeutungen allererst zuordnen im Rahmen und mit den Mitteln ihres kulturellen Wissens und ihrer produktiven Mediennutzungsstrategien (cf. dazu Abschnitt 4). Medienangebote sind also ebensowenig wie „das Gedächtnis" Bedeutungscontainer, sondern vielmehr (unbewußt oder strategisch eingesetzte) kulturell normierte *Anlässe für* subjektgebundene produktive *Bedeutungskonstruktionen* (wie z.B. Erinnerungen). Auch die sogenannten Beweisstücke (Objekte, Daten, Dokumente), die für die Beurteilung der Richtigkeit von Dokumenten präsentiert werden, sind Gegenstände *zur* Erinnerung, nicht Gegenstände *der* Erinnerung.[86] „Gespeichertes ist noch lange nicht Erinnertes", möchte man dem Totalitätsanspruch der Datenenzyklopädisten entgegnen.

*

Die Frage nach der *Funktion* von Erinner(unge)n erlaubt u.a. folgende Antwort. Durch Erinnerungs- und Erzählfamilien (i.S. Wittgensteins) wird individuelle wie soziale Identität aufgebaut, entstehen Sinnzusammenhänge, die von Individuen wie von der Gesellschaft zur Begründung, Bewertung und Rechtfertigung gegenwärtigen Verhaltens und Erlebens eingesetzt werden. Erinnerungen legitimieren den Status quo wie seine Veränderungen. Darum kennzeichnet gerade die Funktion öffentlichen sozialen Erinnerns in besonderer Weise eine Kultur; denn im öffentlichen Erinnern materialisiert sich die gesellschaftlich relevante Semantik von Zeitmodalitäten (zwischen Zeit und Ewigkeit) und ihre Verbindung zu herrschenden Wertsystemen z.B. in Denk-Malen, Riten und Feiern.

Gerade an diesem Thema aber scheiden sich die Geister. Gibt es, so wird (zu Recht) zunehmend gefragt, heute überhaupt noch verpflichtende und konsensfähige Formen kollektiven öffentlichen Erinnerns? Gibt es noch eine verbindliche gesellschaftliche Gedächtnispolitik, oder ist die Konstruktion von Vergangenheiten bereits individualisiert bis hin zum Selbstwiderspruch der sogenannten „individuellen Mythologien"?[87]

*

Dieses Problem verschärft sich besonders durch zwei Entwicklungen: Zum einen durch die Pluralisierung und Kommerzialisierung medienvermittelter Kommunikation, zum anderen durch die fortschreitende Digitalisierung der Kommunikationstechnologien.

Erinnern ist notwendig bestimmt durch die Differenz Erinnern/Vergessen. Für 'Vergessen' können drei Lesarten angeboten werden: Neuronale Muster der Erregungsausbreitung können biologisch so abgeschwächt werden, daß sie kognitiv nicht mehr funktionieren. 'Vergessen' heißt dann biologisch, daß eine kognitive Operation nicht mehr

86 Das wird besonders anschaulich in künstlerischen Arbeiten der letzten Zeit zum Thema Erinnern/Vergessen, etwa bei Karsten Bott (Abb. 5) oder bei On Kawaras Identitätskonstruktion durch das tägliche Datum (Abb. 6).

87 Cf. St. Schmidt-Wulffen 1986/87.

Abb. 5

ON KAWARA, Oct. 25, 1982, 1982 Courtesy Museum für moderne Kunst, Frankfurt a. M.

ON KAWARA, 17 Jul. 1985, 1985. Courtesy Museum für moderne Kunst, Frankfurt a. M.

Abb. 6

vollzogen werden kann. Psychologisch kann Vergessen beschrieben werden als ausgebliebenes (von anderen erwartetes) Erinnern, weil dem/der Erinnernden hinreichende Erinnerungsanlässe fehlen. Und von strategischem Vergessen als gewolltem Nicht-Erinnern kann gesprochen werden, wenn Einbußen im Identitätspoker befürchtet werden.

Durch die funktionale Differenzierung moderner Gesellschaft und die damit einhergehende Ausbildung massenmedialer Systeme sowie deren Reflexivwerden sind in allen gesellschaftlichen Funktionssystemen Medienarchive entstanden, in denen eine ständig wachsende Menge potentiell nutzbarer Erinnerungsanlässe gesammelt wird.[88] Das Wachstum solcher Archive verschärft unausweichlich die Erfahrung der hochgradigen Selektivität der Nutzung sowie die Einsicht in die Abhängigkeit der jeweiligen Nutzung von Bedürfnissen, Motivationen, Interessen und vor allem auch von Zeitbudgets, besonders dann, wenn für diese Nutzung Aufmerksamkeitsbudgets in öffentlicher Kommunikation beansprucht werden. Wachsende Archive aber verdeutlichen unübersehbar, daß Erinnern eine politische Operation ist. Die sozialen Funktionssysteme haben sich im Laufe der Zeit ihre spezifischen Kategorien und Strategien des Erinnerns und Vergessens am Leitfaden systemspezifischer Kompetenzen, Werte und Interessen geschaffen, eine Gedächtnispolitik, die auch den letzten Anschein von Natürlichkeit oder Evidenz verloren hat: Erinnern und Vergessen beziehen sich auf die Gegenwart, und erst vermittelt darüber auf „Vergangenheit". Die „Vorherrschaft der Gegenwart über die übrige Zeit" (U. Beck) gehört zu unserer Conditio Humana, ob Überlieferungsanlässe nun oral oder auf CD-ROM zur Nutzung angeboten werden.

Gedächtnispolitik operiert heute primär im System moderner Medien, die sich längst reflexiv als beobachtende und beobachtete Beobachter aufeinander beziehen. Aber angesichts der Vervielfachung von Themen und Präsentationsformen, die in immer schnellerem Wechsel in immer mehr Medienträgern angeboten werden, sinkt der sinnvolle Anspruch jedes einzelnen Medienangebotes, als Wahrnehmungs- oder gar als Erinnerungsanlaß genutzt zu werden. Die Bildkaskaden der audiovisuellen Medien – falls sie überhaupt archiviert werden – erheben kaum (noch) Anspruch auf aktives Erinnern. Zur Gedächtnispolitik kommerzialisierter Kommunikation gehört es ja gerade, daß die Bilder auf vergessensintensive Serialität[89] angelegt sind, nicht auf bewertendes Erinnern. Erinnern, das einen Riß im Informationskontinuum voraussetzt, wird unwahrscheinlich und störend.

Reflexive Mediensysteme als beobachtete Beobachter zweiter Ordnung führen – wie bereits mehrfach betont – notwendig zu Kontingenzerfahrungen: Alles könnte auch anders gesehen und bewertet werden; und man hätte auch anders und anderes selegieren und inszenieren können – und so fort. Die Einsicht in die Kontingenz aller Sinnkonstruktionen wie in den Pluralismus von Sinnmustern und ihre Verwertung am Markt der Lebens(stil)entwürfe macht zugleich auch die Kontingenz von Erinnerungen beobachtbar, erfahrbar und erleidbar. Kontingent erscheinen sowohl die Selektionen von Erinnerungsanlässen als auch die Modi ihrer Nutzung zur aktuellen Konstruktion von Vergangenheiten angesichts exponentiell anwachsender Medienangebote.

88 So speichert allein die Bücherei des US-Kongresses gut hundert Millionen Dokumente.

89 Cf. dazu K. Hickethier 1991.

Während analoge Speicher- und Übertragungsmedien, die in Analogie zu Bewußtseinsfähigkeiten entworfen worden sind, noch als zeitstabile und ortsfeste Materialitäten der Kommunikation angesehen werden konnten, sind die immensen Ströme digitalisierter Texte, Töne und Bilder immateriell. Mediale Kopplung, so konstatiert P.M. Spangenberg in verschiedenen Publikationen, vollzieht sich in einem Bereich simulierter Objekterfahrung ohne mediale Ersatzobjekte und verweist das Bewußtsein auf sich selbst als einzigen Ort der Erfahrung zurück. Waren bisher audiovisuelle Medien und Printmedien deutlich voneinander geschieden, so hebt das World Wide Web (WWW) diese Trennung auf und bestimmt die Beziehungen der Medien zueinander neu. Wie etwa M. Sandbothe betont, kann die für Datennetze typische Verflechtung von Bild, Ton, Sprache und Schrift als ein einziges dynamisches Zeichengeflecht betrachtet werden, handelt es sich etwa beim World Wide Web insgesamt um einen einzigen großen Hypertext, in dem permanent Wissen transformiert wird. Wissen wird zur kommunikationstechnisch überall verfügbaren Ressource ohne erkennbaren Ausgangs- und Zielpunkt, die von jedem User unter variablen Identitätsmasken zum individuellen Gebrauch genutzt werden kann. „Der Netznavigator oder Cybernaut", so Sandbothe, „hat gelernt, sich in der rhizomatischen Flut von Hyperlinks zurechtzufinden. Er weiß, daß es keinen Ursprungstext, kein 'eigentliches' Dokument gibt, auf das alle anderen Dokumente zu beziehen wären. Er hat durchschaut, daß es auf dem Netz in erster Linie darum geht, aus den vielfältigen und verstreuten Textbausteinen kleine Maschinen, kreative Textgestalten, sinnhafte Bilder zu formen. Die Seinsweise dieser Maschinen, Gestalten und Bilder, die vorher so nicht existiert haben und in Zukunft nicht weiterexistieren werden, ist vom Typus des Übergangs." (1996)

Wenn sich in der Welt der Datennetze die traditionellen Konzepte von personaler Identität, Raum und Zeit verändern; wenn *User* als virtuelle Identitäten in virtuellen Diskursräumen flottieren (surfen), dann ist auch mit einer formativen Wirkung der Medien auf Wissensinhalte, Wissensrezeptionen, Lernen, Erinnern und Vergessen zu rechnen. Konnten traditionelle Bilder noch eine Unmittelbarkeit der Wahrnehmung suggerieren, so fällt bei digital erzeugten visuellen Oberflächen das Vertrauen in das Sehen als Vergewisserung in sich zusammen, zumal Kontextbeglaubigungen entfallen. Jeder muß selbst prüfen (oder gleich darauf verzichten), ob aus Datenbanken bezogene Datenströme kognitiv in ernsthafte und systemrelevante Informationen transformiert werden können/sollen.

In dynamisierten Wissens- und Diskussionsräumen der Informationsnetze verlieren nicht nur Basiskategorien wie 'wirklich' und 'virtuell', 'natürlich' und 'künstlich' oder 'authentisch' und 'simuliert' ihren normativen Charakter. Auch die Kategorien 'aktuell' und 'historisch', 'Erfahrung' und 'Erinnerung' outen sich als beobachterrelative Reflexionsbegriffe. Transitorisches Erinnern als epistemischer Perspektivwechsel auf Zeit – vielleicht ist das eine Möglichkeit der Vergangenheitskonstruktion im WWW. Jedenfalls müssen auf der Türschwelle zwischen Realität und Hyperrealität, Oikos und Cyberspace die ernsten Spielregeln individueller wie sozialer Gedächtnispolitik wohl neu gefaßt werden; denn alles Wahrnehmen und Bewerten setzt notwendig Gedächtnis voraus. Wie diese neuen Spielregeln aussehen werden, das hängt allein von uns ab – und vielleicht wird uns gerade deshalb so bang beim Nachdenken darüber.

13 Medienforschung und Anwendungsorientierung

Vielleicht mag es als müßig erscheinen, über die Anwendungsorientierung von Medienforschung nachzudenken. Hat Medienforschung „den Medienbetrieb" denn nicht ständig im Blick und erzielt mit ihren Analysen und Bewertungen z.T. erhebliche Wirkungen?

Das Beispiel der Medienwirkungsforschung, mit dem dieses Kapitel begonnen hat, wie auch die im vorausgegangenen Abschnitt beobachtete Gedächtnisproblematik zeigt deutlich die Abhängigkeit der Praxis jeder anwendungsorientierten Medienforschung von ihren theoretischen Prämissen und Implikaten.

Aus diesem Grunde scheint es mir geradezu unvermeidlich, über das Problem Anwendungsorientierung unter den hier bisher skizzierten konstruktivistischen Prämissen noch einmal explizit nachzudenken. Dabei beginne ich mit einer Diskussion des *Wissensbegriffs,* da m.E. alle Bestimmungen des Anwendungsbegriffs entscheidend von der dabei vorausgesetzten Konzeptualisierung des Wissensbegriffs abhängen, und da auch in der Journalismusforschung selbst Journalismus als spezifische Form der Wissensproduktion konzipiert wird (cf. S. Weischenberg 1992). Was wollen wir also 'Wissen' nennen?[90]

Alltagsintuition und philosophische Tradition(en) kommen überein in der Annahme, daß Wissen an *Erfahrung* gebunden ist, wobei Erfahrung aber nicht auf die sinnliche Erfahrung der äußeren Sinne beschränkt werden darf. Vielmehr ist Erfahrung rückzubinden an erinnerungsbestimmte Arbeit, an Tätigkeiten oder Operationen, vor allem an Operationen des Unterscheidens und Benennens.

So verstehen etwa H. Hauptmeier & G. Rusch Erfahrung als einen „... Prozeß, in dem sinnliche, konzeptuelle und motorische Komponenten zusammenspielen, so daß neue ontische Elemente und Operationen, neues ontologisches und operationales Wissen und dadurch neue Wahrnehmungs- und Verhaltensmöglichkeiten entstehen können." (1984: 7f.) Erfahrung betrifft nach dieser Auffassung den gesamten Kognitionsprozeß einschließlich seiner Bedingungen.

Nach G. Rusch (1987) wird die konstruktivistische Variante des Empiriebegriffs zum einen bestimmt durch die Umorientierung von 'empirisch' auf 'Wissen' statt auf 'Realität', zum anderen durch die Unterscheidung zwischen ontologischem und empirischem, und das heißt bei Rusch: operationalem Wissen.

Unter ontologischem Wissen versteht er dabei das „Weltwissen", das wir in unseren Konzepten von Objekten, Zuständen, Ereignissen, Folgen von Ereignissen usw. nach zeitlichen, räumlichen, konditionalen oder kausalen Aspekten organisiert haben. Wenn

90 B. Badura (in: Badura, Hg., 1976: 10) führt folgende *„Textbuchunterscheidungen* sozialwissenschaftlichen *Wissens*" ein: *begriffliches Wissen* (Grundbegriffe, technisches Vokabular), *theoretisches Wissen* (Annahmen, Theorien, Behauptungen zu bestimmten Problembereichen), *wissenschaftstheoretisches Grundlagenwissen* („ein methodisches Wissen darüber, wie Begriffe eingeführt, terminologisch festgelegt, miteinander verbunden, darüber wie Behauptungen begründet, verteidigt und angegriffen werden können, ein Wissen dafür, was >Wahrheit<, was >Erklärung< [...] bedeutet, was akzeptable und was nicht akzeptable Regeln wissenschaftlichen Arbeitens und Kommunizierens sind"), *Faktenwissen, technisch-formales Wissen* (z.B. Statistik), *Rezeptwissen* (direkt anwendungsbezogenes Wissen.)

wir nun – systematisch oder unsystematisch – erproben, welche Folgen, Resultate und Konsequenzen die Konstruktion dieser Objekte und Ereignisse im Prozeß unserer Kognitionen und bezogen auf uns zeitigt, dann entsteht *empirisches Wissen*. Empirisches Wissen ist operationales, an Tätigkeiten oder Handlungen gebundenes Wissen. Es wird dadurch ausgedrückt, daß wir die Arten und Weisen beschreiben, in denen unsere Tätigkeiten uns selbst, unsere Denk- und Handlungsmöglichkeiten betreffen: „In diesem Sinne ist empirisches Wissen Erfahrungswissen. Indem wir in den Begriffen unserer Kognition erleben, was uns während und infolge unserer Tätigkeiten widerfährt, machen wir Erfahrungen. Und nur diese Erfahrungen machen unser empirisches Wissen aus.“ (1987: 242).[91]

Es liegt in der Logik dieser Argumentation, daß Empirizität an erfahrende Systeme und deren kognitive Konstruktivität gebunden wird und nicht an „die objektiven Gegebenheiten“ in „der Realität“. Auch empirisches Wissen ist (nur?) Wissen von der Welt, so wie wir sie erfahren und so, wie wir dieses Wissen formulieren. Die Erfahrung, daß empirisches Wissen intersubjektivierbar ist, deutet nicht auf Kognitions-Unabhängigkeit hin, sondern auf den Grad kognitiver Parallelität, der einerseits aus der Art des Erwerbs solchen Wissens herrührt, andererseits aus der Erfahrung, daß solches Wissen von entsprechend sozialisierten Personen methodisch überprüft werden kann. Empirisches Wissen ist Wissen, das wir mit anderen teilen, die ähnliche Erfahrungen zu machen bereit und in der Lage sind. Der „... Realitätsbezug des Wissens liegt somit in seiner eigenen Operativität – und nicht in ermittelbaren Garantien für einen Realitätsbezug der Thematik des Wissens“, wie N. Luhmann betont (1990: 147).

Diese Auffassung läßt sich meines Erachtens auch so (um)formulieren: Empirisches Wissen bezieht sich auf die Möglichkeiten und Grenzen, die unterschiedlich konstituierte Umwelt(en) unseren aus kognitiven Operationen gewonnenen Erfahrungen setzen. Oder nochmals umformuliert: Umwelt(en) als das, was vom System als Fremdreferenz konstruiert wird, relativiert, wie B. Meyer (1993) feststellt, die interne Selbstreferentialität und operationale Geschlossenheit des Bewußtseins. Meyer folgend bestimme ich dabei operationale Geschlossenheit als Fähigkeit des Systems, symmetrierende Wirkungen nur von innen zuzulassen. „Sofern an den Grenzen solcher Systeme Symmetriebrechungen auftreten, können Einwirkungen nur selegieren, nicht aber symmetrieren.“ (1993: 139)[92] Wie bisher bereits mehrfach betont: ‘operationale Geschlossenheit’ verweist darauf, daß Symmetriebrechung an (kognitive) Systeme gebunden ist, nicht an die Umwelt, ohne daß damit Kausalität qua „Ermöglichungsverhältnis“ ausgeschlossen (1993: 69), mit anderen Worten, ohne daß dadurch die Rolle der Umwelt im Prozeß der Symmetriebrechung vernachlässigt würde.

---

91 Zum Stand der Empiriediskussion im konstruktivistischen Diskurs cf. oben Abschnitt 11 sowie ausführlich S.J. Schmidt 1995.

92 Der Vorteil dieser allgemein-systemtheoretischen Bestimmung liegt meines Erachtens darin, daß er neben Symmetriebrechungen einfache Wechselwirkungen mit der Umwelt berücksichtigen kann, die lineare (quantitative) Einwirkungen kurzer Reichweite und Dauer darstellen (1993: 222). – Symmetriebrechung bezeichnet hier die Differenz zwischen Umweltreiz und deren kognitiver Repräsentation, die eben nicht als einfache Abbildung, sondern als systeminterne Konstruktion passiert.

Empirisches Wissen, so mein Vorschlag, kann bestimmt werden als mit anderen kommunikativ geteiltes (kollektives) Wissen, das an Beobachter in soziokulturellen Kontexten gebunden wird, nicht an „die Realität“. Empirisches Wissen als Erfahrung systemspezifischer Operationsmöglichkeiten in Umwelten bezieht sich auf die Möglichkeiten und Grenzen, die unterschiedlich konstituierte Umwelten unseren aus verschiedenen Typen von Operationen gewonnenen Erfahrungen setzen.

Wird empirisches Wissen theorien- und methodengeleitet (explizit), also im Rahmen reflexiver Beobachtungen zweiter Ordnung gewonnen, dann bezeichne ich dieses Wissen als wissenschaftliches (wissenschaftlich gewonnenes) empirisches Wissen.[93] – Dazu noch einige kurze Erläuterungen.

Grundsätzlich formulieren Konstruktivisten die Frage nach der Wirklichkeit von einer ontologischen in eine kognitionstheoretische Frage um. Kriterien für Wirklichkeit müssen kognitionsrelativ bestimmt werden. Wie P. Kruse gezeigt hat, ist das zentrale Kriterium für Wirklichkeit Stabilität: „Denkresultate werden von uns unter anderem immer dann als wirklichkeitsbezogen eingestuft, wenn sie gezielte Vorhersagen ermöglichen, das heißt eine stabile Handlungsgrundlage bilden, wenn sie reproduzierbar, das heißt logisch stabil, und vermittelbar, das heißt sozial stabil sind. Das gilt für jede wissenschaftliche Theorie.“[94]

Während realistische Erkenntnistheoretiker davon ausgehen, daß die Stabilität des Seins die Stabilität der Wahrnehmung bedingt und diese jene bestätigt, kommt Kruse – in Anlehnung an Ergebnisse der Gestaltpsychologie wie der Theorie dissipativer Strukturen – gerade zum umgekehrten Ergebnis. Stabilität, so Kruse, ist Ergebnis selbstorganisierter Ordnungsbildung, die ständig aktiv aufrechterhalten werden muß, da die grundlegende Funktionsweise kognitiver Systeme Instabilität ist. Damit wird eine Einsicht neu bestätigt, die H. von Foerster mit seinem Theorem der Eigenwertbildung formuliert hatte. Kognition ist für von Foerster Errechnen von Errechnungen, und das Objekt der Wahrnehmung wird damit theoretisch faßbar als Symbol für Eigenverhalten, das immer dann stabil wird, wenn die rekursive Anwendung kognitiver Operationen auf kognitive Operationen keine Zustandsveränderung mehr herbeiführt.[95]

Wissenschaftliche Erkenntnisproduktion vollzieht sich primär auf der Ebene von Kommunikation im Rahmen des Sozialsystems Wissenschaft. Kommunikativ gehen Wissenschaftler nicht mit stabilen Realitäten um, sondern mit kommunikativ stabilisierten Beschreibungen oder Unterscheidungen in der Erfahrungswirklichkeit einer Gesellschaft.

93 Ähnlich heißt es bei N. Luhmann: „Da eine Ebene zweiter Ordnung nur möglich, da das Beobachten auf dieser Ebene nur haltbar ist, wenn es weiterhin ein Beobachten erster Ordnung gibt, und da dies alles sich in ein und demselben System abspielen muß, kann man die Aufgabe der Methodologie auch in der Verwaltung der Differenz von zweiter und erster Ordnung sehen. Diese Unterscheidung konstituiert aber die Autonomie des Wissenschaftssystems.“ (1990: 414)

94 P. Kruse 1988: 35. – Zur Ausdifferenzierung von Wirklichkeitskriterien cf. M. Stadler & P. Kruse 1990.

95 Cf. H. von Foerster 1992.

'Empirisch forschen' kann dementsprechend bestimmt werden als Herstellung logischer, pragmatischer und sozialer Stabilitäten (sensu Kruse), mit denen Wissenschaftler wie mit unabhängigen Gegenständen kommunikativ umgehen. (Insofern ist Wissen der sozialen Dimension zuzuordnen.) Alles was zu dieser Stabilitätskonstruktion argumentativ erfolgreich herangezogen werden kann, fungiert – je nach Kriterium und Kontext – als Datum oder Beleg. Die Erzeugung von Daten nach theoretisch-methodologisch kontrollierten Verfahren ist aber genau das, was H. von Foerster als Trivialisierung beschrieben hat[96], nämlich eine Form der Konstruktion von stabilen Unterscheidungen unter zum Teil extrem komplexitätsreduzierten Bedingungen (etwa in Laborversuchen). Konsequenterweise muß also 'empirisch' von der traditionellen Referenz auf „die Realität" und den Beobachter erster Ordnung umgestellt werden auf Kognition und methodisch kontrollierte Beobachtung zweiter Ordnung. Die aus empirischer Forschung resultierende kommunikative Akzeptanz von „Daten" trägt genau so lange, wie sich ihre Auswirkungen auf die wissenschaftliche Kommunikation stabil halten lassen; sie endet, wenn sie einer neuen Beobachtung zweiter Ordnung nicht (mehr) standhält. Wie M. Stadler und P. Kruse mit Nachdruck betonen, können empirische Untersuchungen „... im Denken eines Konstruktivisten eher Hinweise als Beweise erzeugen; Hinweise nämlich auf eine in sich stimmige, konsistente Sichtweise von nach bestimmten Regeln erzeugten Daten, die beim Hinzukommen weiterer Daten oder Überlegungen durch jede andere Sichtweise abgelöst werden kann, die einen höheren Grad an Konsistenz aufweist."[97]

Wissenschaftliches Denken ist also aus zwei Gründen zu einem theoretischen Pluralismus verpflichtet. Zum einen, um alle Möglichkeiten von Problemlösungen ausschöpfen zu können – Vielheit wird hier im Konflikt fruchtbar[98]; und zum anderen, um Einzigkeits- und Alleinvertretungsansprüche auflösen zu können. In diesem Sinne ist sie ein „Gegenmittel gegen die Allheilmittel" (K. Acham). „Der Wille zur Wahrheit als das Bestreben, nicht täuschen zu wollen, auch sich selbst nicht, bildet dabei das ethische Fundament jeder rationalen Argumentation."[99] – Imre Lakatos hatte diese Haltung in den sechziger Jahren „intellectual honesty" genannt. –

Wissenschaft liefert Modelle von und für Wirklichkeit auf eine spezifische Weise, die so kein anderes Sozialsystem imitieren kann (und warum sollte es auch?). Die Kontingenz ihrer Problemlösungen ist unübersehbar, ihre Wahrheitsgewißheit verblaßt oder ganz geschwunden. Aber noch ist ihre Unentbehrlichkeit unbestreitbar, eine Alternative nicht in Sicht.

*

---

96 Cf. H. von Foerster 1992: 206f.

97 M. Stadler & P. Kruse 1990: 147.

98 Das betont aus postmoderner Perspektive auch Wolfgang Welsch: „... erst auf der Ebene des Widerstreits von Konzeptionen tritt jene Pluralität hervor, die gravierend und fruchtbar ist, und die Subjekte wären gehalten, bis in diese Dimension des Widerstreits sich argumentierend zurückzuarbeiten". Welsch bindet denn auch Pluralität an die „Praxis der Artikulation und Zuschärfung" (1988: 322).

99 K. Acham 1990: 59.

Kehren wir nach diesem kurzen Versuch einer konstruktivistischen Konzeption des Empiriebegriffs zurück zur Diskussion des Wissens-Begriffs.

In der bisherigen Konzeptualisierung von Wissen sind grundsätzlich zwei Modellierungen voneinander zu unterscheiden:

- Wissen als kognitiv (im Gedächtnis) und kommunikativ (in Archiven) sedimentierbarer und augmentierbarer *Vorrat* an Kenntnissen. Dieses Modell ist orientiert an informationstechnischen Lösungen von Speicherproblemen und wird vor allem von neueren Gedächtnistheorien in Frage gestellt (cf. S.J. Schmidt, Hg., 1991).
- Wissen als aktuelle *Operation* auf der Grundlage einer vorangegangenen Geschichte von Operationen. Diese Operation muß jeweils in kognitiven oder kommunikativen Prozessen vollzogen werden, um (gedächtnisbasiert) Beiträge zur Lösung von Problemen i.w.S. zu liefern (= Problemlösungsmodell).

Wie im vorangegangenen Diskurs deutlich geworden sein dürfte, votiere ich eindeutig für das zweite Modell und stütze mich dabei u.a. auf N. Luhmann, der Wissen als Kondensieren von Beobachtungen beschreibt. Wissen kann s.E. „... nicht nach Art eines zeitbeständigen Vorrats begriffen werden, sondern nur nach der Art einer komplexen Prüfoperation." (1990: 129)

Wissen muß nach dieser Vorstellung immer neu hergestellt werden[100], wobei für seine kommunikative Erzeugung kennzeichnend ist, „... daß die Wahrheit des Wissens <unmarkiert> mitkommuniziert wird." (1990: 134)

*

Im Rahmen einer operativen Konzeption von Erfahrung und Wissen treten notwendigerweise die konkreten Bedingungen der Wissensproduktion agierender Systeme in den Vordergrund des Interesses. Bei menschlichen Aktanten sind dabei – wie in den Abschnitten 2–6 angeführt – biotische, psychische, soziale und kulturelle Bedingungen explizit zu berücksichtigen, statt sie – wie in traditionellen Konzeptionen von Wissen und Wissenschaft – auszublenden und Wissen durch die Bindung an einen objektiven Wahrheitsbegriff als personen- und kontextfrei zu hypostasieren.

Wissenschaftstheorien und wissenschaftliche Objekttheorien, die heute das Beobachterproblem nicht ernst nehmen, haben im gegenwärtigen wissenschaftsphilosophischen Diskurs nur noch geringe Plausibilität. Schon in der analytischen Wissenschaftstheorie wurde genau unterschieden zwischen Theorien, Theorienformulierungen und Theorieanwendungen (cf. H. Hauptmeier 1986). Im Hinblick auf die Formulierung von Wissen in Form von Texten, Theorien usw. muß also deutlich betont werden, daß Texte und Theorien von Aktanten kognitiv und kommunikativ zur Wissenschaftsproduktion *genutzt* werden müssen, wobei das Resultat dieser Nutzung nur system- und kontextspezifisch ausfallen kann.

*

Viele Autoren neigen heute dazu, Wissenschaften als soziale Systeme zu konzipieren, deren Mitglieder systemspezifisches Wissen produzieren. Nach den oben angestellten Überlegungen läßt sich diese Annahme so erläutern: Mitglieder in/von Wissenschaftssy-

100 Texte, Daten, Dokumente u.ä. enthalten oder transportieren kein Wissen. Sie müssen erst kognitiv und kommunikativ zur Produktion von Wissen unter den je aktuellen Operationsbedingungen der aktiven Systeme genutzt werden. (Cf. P.M. Hejl 1991)

stemen erzeugen Probleme, die zumindest von relevanten Gruppen von Mitgliedern als wichtig angesehen werden. Die dabei zum Tragen kommenden Kriterien haben sich im Verlauf der bisherigen systeminternen Kommunikation sowie der Interaktion mit anderen Sozialsystemen als verbindlich herausgebildet (= kultürliche Wichtigkeit von Problemen). Für diese Probleme werden dann Problemlösungsverfahren gesucht bzw. entwickelt und angewendet, wobei die unterschiedlichsten Erfahrungen gemacht werden (können). In die Problemstellung ebenso wie in die Problemlösung und die anschließende Vertextung und Kommunikation erzielter Problemlösungen gehen die unterschiedlichsten Ergebnisse früheren Erfahrungmachens ein. Die Unterschiede liegen in der Erfahrungsdimension, in der Systematik des Erfahrungmachens, im Problemtyp, in der Reichweite der Erfahrung, in der Einschätzung der operativen Relevanz usw. bis hin zur Einschätzung des Erfahrungsprozesses und der gewonnenen Ergebnisse für das eigene Leben.

In einer Wissenschaft produziertes und nach den Erwartungen und Normen des Systems versprachlichtes Wissen kann prinzipiell innerhalb dieser Wissenschaft wie in allen anderen sozialen Systemen dazu benutzt werden, jeweils systemspezifisches Wissen zur Lösung von Problemen zu erzeugen. Dabei ist, wie N. Luhmann betont, „wissenschaftliches Wissen eine Konstruktion des Verwenders." (1990: 638)

Hinter dieser Hypothese stehen die im Vorangehenden entwickelten Konzepte von Individuum und Gesellschaft, die vor allem die Annahmen betonen, daß beide Systeme also weitgehend selbstbestimmt und nur unter ganz spezifischen Bedingungen „von außen" steuerbar sind (cf. P.M. Hejl 1995, S.J. Schmidt 1994).[101]

Diese Annahmen haben m.E. wichtige Auswirkungen auf mögliche Präzisierungen des Anwendungsbegriffs. Auf einige will ich kurz hinweisen:

- Die Anwendung von Theorien ist nach den bisherigen Überlegungen eine empirisch konditionierte systemspezifische *Transformation von Wissen* (= versprachlichte Erfahrungen mit Problemlösungen) von Aktant A *in Wissen* (= systemspezifische Produktion von Wissen qua Problemlösung) von Aktant B in konkreten soziokulturellen Kontexten, wobei wohl nur in Ausnahmefällen beide Ausprägungen von Wissen identisch sein dürften.
- Die Anwendung von Wissen qua Wissenstransformation kann disziplinär, interdisziplinär oder intersystemisch, d.h. in der Umwelt des Wissenschaftssystems erfolgen, wobei z.T. sehr unterschiedliche Bedingungen gelten können. Dabei ist wieder die Beobachterproblematik hinreichend zu berücksichtigen; denn Wissenstransformation wird – schon wegen der unvermeidlichen Selektivität – notwendig ebenso bestimmt von Bedürfnissen, Wünschen, Zielen und Emotionen wie von Reputations- und Machtaspekten des jeweils operierenden Systems.
- Interessen- und Machtfragen beeinflussen daher (bekanntermaßen) das Verhältnis von Wissenschaftssystemen und ihren Umwelten, besonders wenn diese als „Praxisfelder" (sensu W. Krohn & G. Küppers 1989) auftreten.

---

101 Dieses Modell stimmt weitgehend überein mit dem „epistemologischen Subjektmodell" von N. Groeben, wo dem Subjekt prinzipiell die Möglichkeit der Rationalität, Reflexivität, Kognitivität und Konstruktivität zugesprochen wird (B. Treiber & N. Groeben 1981: 118; cf. auch N. Groeben & B. Scheele 1977).

Die den Wissenschaften von Krohn & Küppers zugeschriebene „Definitionsgewalt" bei der Konzeptualisierung der Gegenstände der Praxisfelder wird nur dann realisiert werden können, wenn die in den Praxisfeldern Agierenden das aus eigenen Interessen selbst anstreben bzw. akzeptieren. M.E. läuft die Interaktion zwischen Wissenschaftssystemen und Praxisfeldern keineswegs immer und überall in Richtung auf eine „... Rekonstruktion sozialer Handlungsfelder nach den Idealen wissenschaftlich definierter Normen", wie die Autoren anzunehmen scheinen (1989: 109). Dies dürfte wohl nur dann und dort der Fall sein, wo Wissenschaften bzw. wissenschaftliches Wissen noch hoch reputiert sind und ihre „Indienstnahme" soziale Distinktionsgewinne (kulturelles Kapital sensu Bourdieu) verspricht – ohne daß der eigene Aufwand zu hoch wird (cf. etwa das Thema „Verwissenschaftlichung" des Schulunterrichts, wissenschaftliche Politikberatung, Werbung und Wirkungsforschung u.ä.m.).

Mit diesen Überlegungen wird die traditionelle reinliche Scheidung zwischen Theorie/Wissen vs Anwendung/Funktionalisierung ebenso (und aus vergleichbaren Gründen) verlassen wie etwa die Unterscheidung zwischen Theorie und Empirie. Die Vorstellung, Anwendung von Wissen geschehe außerhalb und unabhängig von der wissensproduzierenden Sphäre, „in der Praxis", „im Alltag" oder in „anwendenden Wissenschaften" operiert nach unplausiblen Differenzen des Typs rein vs praktisch, theoretisch vs technisch, Grundlage vs Praxis.

Meines Erachtens zielt *jede* wissenschaftliche Operation darauf ab, Probleme zu lösen, deren Lösung auch andere interessiert und Anschlußkommunikationen provoziert. Wissenschaftler wollen Wissen produzieren, was andere wiederum zur Wissensproduktion nutzen (= anwenden) können. Insofern ist jede wissenschaftliche Problemlösung im allgemeinsten Sinne anwendungsorientiert. Die traditionelle Rede von der Anwendung muß also entsprechend differenziert werden:

- Wissensproduktion (qua Problemlösung) zum Zwecke der Wissensproduktion unter den gleichen Systembedingungen (= innerdisziplinäre Wissenstransformation)
- Wissensproduktion, die Dokumentationen von Wissensproduktionen unter anderen Systembedingungen ausnutzt (= interdisziplinäre und intersystemische Wissenstransformation)
- Wissensproduktion im Hinblick auf Probleme in Umwelten, vorgenommen aus disziplininternen Interessen oder aus allgemeine(re)n gesellschaftlichen Interessen (= Selbst-Finalisierung)
- Wissensproduktion im Auftrag von Umwelten (= Fremd-Finalisierung)
- Wissensproduktion aus Anlaß gezielter Beobachtung unterschiedlicher Typen von Wissensproduktion im Hinblick auf verwendbare Erfahrungen, die damit in unterschiedlichen Systemen, Umwelten, Praxisfeldern o.ä. gemacht werden (können).

Die „Anwendungsdignität" von Wissen/Problemlösungen, also die Bewertung ihrer Transformation in Problemlösungen in anderen Bereichen/Systemen/Feldern, bemißt sich nach dem Stellenwert, der Problemen und Problemlösungen in diesen Bereichen usw. nach gesellschaftlichem Konsens zugeschrieben wird (wobei die Medienberichterstattung heute eine wichtige Rolle spielt). Daß dabei überlebens- und machtrelevante Problembereiche dominieren, ist bekannt, ebenso, daß empirisch plausibles und technisch umsetzbares Wissen in der Regel höher eingeschätzt wird als spekulatives Wissen.

*

Generell ist bei Anwendungsüberlegungen zu berücksichtigen, daß „... die Systeme, die an Wissenschaftsanwendung interessiert sind, ihrerseits die Position eines Beobachters zweiter Ordnung einnehmen müssen, das heißt: lernen müssen, zu beobachten, was die Wissenschaft (und dann: die einzelnen Disziplinen, Fächer, Forschungsrichtungen, Problemstellungen) an Realitätskonstruktionen ermöglichen *und was nicht.*“ (N. Luhmann 1990: 646; Hervorhebung im Original)

Damit komme ich an den Ausgangspunkt meiner Überlegungen zu einer systemorientierten Medien- und Kommunikationswissenschaft zurück. Wie alle anderen Wissenschaften operiert auch sie autologisch, d.h. auch sie beobachtet die Bedingungen und die Systemspezifik des Beobachtens. Damit werden ihre Ergebnisse nicht etwa objektiv, wohl aber – temporär und mit guten Argumenten – kommunikativ anschlußfähig und stabilisierbar; denn die methodisch erarbeiteten Problemlösungen müssen sich nach dem Kriterium der Anschlußfähigkeit und der ausgelösten Folgekommunikation bewähren, nicht nach den emphatischen Kriterien der Wahrheit.

Wissenschaft wird von Beobachtern für Beobachter gemacht. Über den Erfolg ihrer Bemühungen entscheidet – kontingent – die Kultur, nicht – ontologisch – die Natur.

*

Blicken wir auf der Grundlage solcher Überlegungen zu Wissen, Anwendung und Wissenschaft auf die Medien- und Kommunikationswissenschaften, so lassen sich folgende Beobachtungen anstellen.

- Wie S. Weischenberg (1992) schildert, wird das Verhältnis zwischen Journalistik und Journalismusforschung durchgängig nach dem Modell von Wissenschaft und Anwendung bzw. Theorie und Praxis beschrieben – und damit von vornherein mit der unlösbaren Hypothek der sog. Übertragung (Transfer) belastet, die Praktiker immer als Entschuldigung dafür ins Feld führen, sich nicht mit wissenschaftlich gewonnenem Wissen auseinandersetzen zu müssen.

  Anders stellt sich die Situation dar, wenn man fragt, welches wissenschaftliche Wissen sich dafür eignet, Probleme und Problemlösungen (samt deren Voraussetzungen und Folgen) im Journalismussystem zu präzisieren, zu modifizieren, kritisch zu reflektieren usw.

  Einige Aspekte dieses Zusammenhangs sind in den bisherigen Überlegungen bereits angesprochen worden; so z.B. das Verhältnis zwischen der Wirklichkeitsauffassung der Journalisten, ihrem Verständnis von 'Nachricht' und der Formulierung ihres Berufsziels und Berufsethos (s.o. Abschnitt 11).
- Ein seit langem besonders signifikantes Feld der Wissensnutzung in verschiedenen gesellschaftlichen Bereichen kann mit dem Schlagwort 'Medienwirkung' überschrieben werden. Wissen, Meinungen und Vor-Urteile über Medien, Kognition, Kommunikation, Werte, gesellschaftliche und individuelle Entwicklungsziele gehen hier auf allen Ebenen (von den Medienwissenschaften und der Pädagogik bis hin zur Politik und zum familiären Alltag) eine schwer entwirrbare Verbindung ein und haben die Medienwissenschaften immer wieder zur Selbstfinalisierung, die Politik zur Fremdfinalisierung motiviert.
- Multiple Wissensnutzung mit fließenden Übergängen zwischen den Nutzersystemen läßt sich auch im Bereich der Kommunikationsforschung beobachten, wo ebenfalls Alltagstheorien und elaborierte wissenschaftliche Theorien sich gegenseitig durch-

dringen, was besonders deutlich an den jeweils verwendeten Leitmetaphern ablesbar ist (cf. K. Krippendorff 1990, 1993). Gerade in diesem Bereich liegt die „Anwendungsdignität" wissenschaftlich gewonnenen Wissens auf der Hand: Wer sich klar macht, daß es unplausibel ist, Kommunikation als Informationsaustausch zu verstehen, wird damit eine flexiblere und enttäuschungsresistentere Einstellung zu Kommunikationsprozessen gewinnen – auch als (Kommunikations-)Wissenschaftler, und überdies die ethischen Implikate der Einstellung zur Kommunikation deutlicher beobachten (cf. K. Krippendorff 1989, 1989/90).
Auch in diesem Bereich sind die Auswirkungen auf das (Selbst-)Verständnis journalistischer Arbeit evident; so schließt etwa ein konstruktivistisches Verständnis von Kommunikation die Auffassung von „Journalismus als Transportunternehmen" (S. Weischenberg 1995a: 111) aus, da die Medienangebote nicht als Informationscontainer konzipiert werden.

- Gerade die sehr allgemeine Frage, was mit Grundlagenwissen (etwa kognitionstheoretischem Wissen) in den Kommunikations- und Medienwissenschaften angefangen werden kann, erlaubt eine sehr konkrete Antwort: Wie bei der Mediennutzung[102] auch, läßt sich die Frage der Wissensnutzung nur empirisch beantworten. Wer welches Wissen wozu anwendet, läßt sich „dem Wissen selbst" nicht ansehen.[103] Und die Wissenschaftsgeschichte bietet viele Beispiele dafür, daß Innovationen sich der Nutzung bisher nicht für problemlösungsrelevant gehaltenem Wissen verdanken, wie z.B. die Nutzung neurobiologischen Wissens in der Kommunikationstheorie.

Vielleicht müssen wir gerade im Hinblick auf die Wissensproblematik in Zukunft umdenken. So hat etwa eine Gruppe amerikanischer Wissenschaftler in einer „Magna Charta für das Zeitalter des Wissens" darauf verwiesen, daß der immaterielle Charakter des Cyberspace der Netzwerke die Ökonomie der Massenproduktion des Industriezeitalters auf den Kopf stellt: „Sie treiben die Kosten der Vielfalt – der Produktvielfalt und der persönlichen Vielfalt – auf diese Weise gegen Null und 'entmassen' unsere Kultur. [...] Im Unterschied zum Massenwissen [des Industriezeitalters, sjs], das als öffentliches Gut für jeden nützlich war, weil die Informationsbedürfnisse der meisten Menschen standardisiert waren, ist das benutzerorientierte Wissen der 'dritten Welt' [der Informationstechnologien, sjs] seinem Wesen nach ein privates Gut."[104] Auch in den Wissenschaften? – Wir werden es erleben.

---

102 Wie die Mediengeschichte zeigt, legen medientechnische Innovationen keineswegs die Nutzerprogramme fest. (Cf. dazu mit vielen Belegen F. Dröge & G.G. Kopper 1991.)

103 Darum macht U. Saxers Unterscheidung zwischen „grundlagentheoretischem" und „angewandtem Wissen" in der Medienwissenschaft genau besehen wenig Sinn (1995).

104 „Cyberspace and the American Dream: A Magna Charta for the Knowlege Age", zit. nach FAZ vom 26.7.1995, S. 30.

14 Systematisierung: Kanonisierung als Fallbeispiel

Das bisher in diesem Kapitel vorgetragene Plädoyer für eine Systemorientierung der Medienforschung soll im letzten Abschnitt dieses Kapitels an einem Fallbeispiel etwas näher illustriert werden, und zwar am Kanonisierungsproblem. Kanonisierung ist aus den folgenden Gründen als Beispiel gewählt worden:

- Medienforschung kann bei diesem Thema anschließen an entsprechende Forschungen der Medienforschungsdisziplin Literaturwissenschaft[105], die ohne Probleme auf andere Medienbereiche übertragbar sind.
- Kanonisierung ist ein exemplarischer Fall dafür, daß eine bloß an Medienangeboten orientierte Medienanalyse zu kurz greift.
- das Thema Kanonisierung hat seit Jahren Konjunktur, weil es offenbar besonders deutlich demonstriert, daß unsere Kultur dramatisch an Kohärenz und Überzeugungskraft verloren hat.

Meine Überlegungen konzentrieren sich zunächst exemplarisch auf das Beispiel des Mediensystems *Literatur* und gehen dann auf Mediensysteme im allgemeinen über.

Ich beginne mit drei Hypothesen:

(a) Unter 'Kanonisierung' wird ein bestimmter Typ sozialer Operationen in Literatursystemen verstanden. Dieser Typ kann bestimmt werden als Textverarbeitungsprozeß (im Sinne der empirischen Literaturwissenschaft[106]) auf der Grundlage impliziter oder expliziter Konzeptionen von 'Kultur', 'Gesellschaft' und 'Literatur'.

(b) Durch erfolgreiche Kanonisierung erhält ein literarischer Text (bzw. ein literarisches Phänomen im weitesten Sinne) eine hinreichend lang behauptete Position in einem Wert- bzw. Distinktionssystem als Bestandteil kollektiven kulturellen Wissens. Dieses Wertsystem enthält in aller Regel nicht nur ästhetische, sondern auch soziale, politische, religiöse und andere Werte. In funktional differenzierten Gesellschaften verbindet Kanonisierung das Literatursystem (bzw. Literatursysteme) deshalb auf spezifische Weise mit anderen Sozialsystemen.

(c) Die Grundstruktur von Kanonisierung kann – in Gregory Batesons berühmter Formel – bestimmt werden als Unterschied, der einen Unterschied macht. Kanonisierung ist Differenzsetzung, Differenzbearbeitung und Differenzbewertung, wobei Differenzen zwischen Texten, Gattungen, Autoren, Oeuvres usw. zur Debatte stehen. Die jeweils positiv prämierte Seite der Unterscheidung mindert den Wert der anderen oder schließt sie ganz aus. Daher impliziert Kanonisierung immer auch Zensur und Vergessen (cf. dazu S.J. Schmidt 1987).

Die Hypothesen (a) und (c) rufen in Erinnerung, daß die Beobachtung von Kanonisierungsphänomenen im weitesten Sinne stets darauf achten sollte, wer die entscheidenden Handlungs- und Kommunikationsinstanzen in Kommunikationsprozessen sind, im Rahmen welcher Konzeptionen von 'Kultur', 'Gesellschaft' und 'Literatur' (bzw. jeweils thematischer anderer Medien) sie operieren, und welche Interessen sie mit ihren Kanonisierungsbemühungen verfolgen. Das wird leichter nachzuvollziehen sein bei ex-

105 Zu einer Konzeption von Literaturwissenschaft als Medienwissenschaft cf. S.J. Schmidt 1993.

106 Cf. S.J. Schmidt 1991.

pliziten Kanonisierungsprozessen, die über Argumentationen oder über deklarative Akte (wie etwa die Pantheonisierung durch Parlamentsbeschluß in Paris) laufen als bei lang andauernden Prozessen impliziter Kanonisierung (Beispiel: Homer) oder inoffizieller Kanonisierung (Beispiel: Abstimmung über Trivialliteratur an der Kasse).

Hypothese (b) verweist darauf, daß Kanonisierung nie nur ein innerliterarischer Prozeß ist. Aktanten in anderen Sozialsystemen betrachten das Literatursystem und seine Subsysteme bevorzugt mit Hilfe des Beobachtungsinstrumentes Kanon, um ihrerseits Entscheidungen hinsichtlich der Interaktion mit dem Literatursystem zu treffen, etwa in Belangen der Curriculumbildung im Erziehungssystem, der Funktionalisierung von Literatur zu Zwecken nationaler Identitätsbildung im Politiksystem, oder zur Kalkulation von Preisen und Programmschwerpunkten eines Verlags im Wirtschaftssystem.

In Hypothese (c) sind bereits einige der Phänomene genannt, die zum Gegenstand von Kanonisierungsprozessen gemacht werden können. Ohne Anspruch auf Vollständigkeit wären hier zu nennen:

- Einzelwerke (z.B. sogenannte „Literaturen in einem Buch“ wie etwa C. Einsteins *Bebuquin*)
- Autoren und Autorinnen (im Sinne von Leitfiguren, kulturell bedeutenden Persönlichkeiten)
- Autorengruppen, Schulen, Richtungen
- Epochen (*die* Klassik, *die* Romantik)
- Gattungen
- thematische oder stilistische Leistungen, die als Vollendungen früher unternommener Problemlösungen betrachtet werden (etwa Goethes *Wilhelm Meister* als *der* Bildungsroman schlechthin).

Kanonisierung, so darf man wohl allgemein unterstellen, ist unlösbar verbunden mit den Kategorien ‘Dauer’ und ‘Wert’. Entsprechend muß das Augenmerk gelegt werden auf die Zeit- und die Sozialdimension. Der dritte Aspekt, der in Frage kommt, betrifft dann die Sachdimension. Wie so oft sind diese drei Dimensionen nicht sauber voneinander zu trennen. Daher wird auch im Folgenden mit Überschneidungen zu rechnen sein.

Aspekte von Zeit spielen in Kanonisierungsprozessen eine große Rolle. Zunächst ist zu unterscheiden zwischen Kanonisierungsbemühungen, erfolgreichen bzw. erfolgten Kanonisierungen und den „Verweildauern“ von Kanongegenständen in Kanones.

Kanonbemühungen expliziter Art können bestimmt werden als Versuche, in der literarischen Kommunikation dauerhafte Zustimmungsbereitschaft dafür zu erzeugen, daß ein Kanonisierungsgegenstand im Vergleich zu anderen Anspruch auf dauerhafte Aufmerksamkeit und das heißt folgenreiche Anschlußkommunikationen erheben kann. Ein kanonisierter Autor, ein Werk usw. gelten idealiter als „zeitlos gültig“, auch wenn eingerechnet wird, daß ihnen nicht ununterbrochen und mit gleicher Intensität Aufmerksamkeit geschenkt wird. M.a.W.: Erfolgreiche Kanonisierung setzt die Unterstellung unbegrenzter Verweilmöglichkeit im Kanon voraus. Unterstellte Zeitlosigkeit wird potenziert durch die Unterstellung von Ortlosigkeit, wobei diese Unterstellung entweder mit Bezug auf einen vorgeblich objektiven Kanon (normativer Literaturbegriff) oder mit Bezug auf das Konzept ‘Weltliteratur’ operiert. Der erste Fall wird durch die lange Geschichte selten in Frage gestellter Normativität der griechischen und lateinischen Klassiker belegt; der zweite läßt sich mit Hinweis auf Shakespeare oder Goethe illustrieren.

In der Sachdimension wird diese Dauer-Kanonisierung begründet mit einer Dekontextualisierungsstrategie: Der Kanongegenstand wird zum Prototyp von Problemlösungen erklärt, der Bestand hat, seit und solange es Literatur gab und geben wird.

Kanonisierungsprozesse können unterschiedlich lange Zeit in Anspruch nehmen. So haben etwa Kleist und Hölderlin lange auf ihre offizielle Kanonisierung warten müssen, während Peter Handkes (selbstinszenierter) Kanonisierungscoup rasch zum Erfolg führte – was noch nichts über seine Verweildauer im Kanon aussagt.

Im Normalfall verlaufen Kanonisierungsprozesse längerfristig, da sie an sukzessive Selektionsprozesse gebunden sind.[107] Aus der Fülle an literarischen Angeboten werden zunächst diejenigen herausgefiltert, die überhaupt in irgendeiner Form publiziert werden. Seitdem diese Funktion nicht mehr an Verlags- bzw. Zeitschriftenlektorate allein gebunden ist, sondern Selbst- und Autorenverlage (unterstützt von technischen Neuerungen bis hin zum Deskpublishing) alternative Publikationsformen eröffnen, hat das Angebot noch erheblich zugenommen. Aber Publikation ist nur ein erster Schritt zur Eröffnung von Kanonisierungsbemühungen literarischer Angebote im Literatursystem. Erst wenn diese Angebote kontinuierlich von (im Literatursystem) relevanten Kommunikatoren aufgegriffen werden und sich die Anschlußkommunikation von ephemeren Publikationsorten wie Tageszeitungen über Fachzeitschriften bis hin zu zeitresistenten Publikationsorten wie wissenschaftlichen Abhandlungen, Literaturgeschichten, Lexika und Schulbüchern durchhalten, kann ein Kanonisierungsprozeß zu einem erfolgreichen Abschluß kommen.

Dieser Abschluß läßt sich wieder über Hierarchisierung, also über die Zuschreibung von Distinktionswerten bestimmen: Ein Kanonisierungsgegenstand wird auf einem bestimmten Niveau in Relation zu bereits etablierten Kanonisierungsgegenständen einrangiert. So kann etwa ein zu kanonisierender Autor danach eingestuft werden, ob er

- zu den „minor authors" oder zu den „major authors" gerechnet wird
- nur in nationalen oder auch in internationalen Kanones aufscheint
- mit dem Gesamtoeuvre oder nur mit exemplarischen Einzelwerken bewertet wird
- als Vertreter einer Richtung, Schule usw. oder als „Originalgenie" eingestuft wird
- nur als „Literat", oder als „Dichter", oder darüber hinaus auch als „Kulturmonument" gilt, usw.

Zeitliche Aspekte spielen natürlich auch eine Rolle bei der *Kanon-Dynamik*. Kanones werden in ihren Hierarchisierungen – allmählich oder plötzlich – verändert. Dabei lassen sich verschiedene Möglichkeiten beobachten. Neben eindeutigen Veränderungen durch Aufnahme oder Ausstoßen von Kanonisierungsgegenständen (Kanonisierung vs. Dekanonisierung) gibt es relative Höher- und Tiefereinstufungen, die sozial und historisch revidierbar sind (Rekanonisierung, Perikanonisierung).

Neben dem zeitlichen Aspekt aber sind bei der Kanonisierungsdynamik soziale und sachliche Aspekte besonders wichtig. Während in stratifikatorischen Gesellschaften der literarische Kanon durch Tradition legitimiert war, ist er in funktional differenzierten Gesellschaften auf Diskurse und selbstorganisierende Prozesse der Selektion und Bestätigung angewiesen. Mit der Ausdifferenzierung des Sozialsystems Literatur seit Ende

107 Cf. dazu die Studie von C.J. van Rees 1986.

des 18. Jahrhunderts[108] kommt es auch zu einer Ausdifferenzierung – und parallel dazu zu Entdifferenzierungen – von Kanones für literarische Subsysteme (wie z.B. Kinder- und Jugendliteratur, Frauenliteratur, experimentelle Literatur). Daneben bildet sich im 19. Jahrhundert – in engem Zusammenhang mit der Suche nach nationaler Identität – ein offizieller Kanon der deutschen Literatur sozusagen als allgemeinverbindlicher Kanon heraus, der sich im Kernbestand an den Leitfiguren und Leitwerken der deutschen Klassik und Romantik orientiert, und in den die Spitzenreiter der Subkanones hineinwachsen können, wenn ihre literarischen Problemlösungen als „mehr als partikular" eingeschätzt werden. Dadurch werden Kanon-Migrationen ebenso möglich wie Doppel- bzw. Mehrfachmitgliedschaften in verschiedenen Kanones (Daniel Defoes *Robinson Crusoe* wäre hier ein gutes Beispiel).

Neben diesem offiziellen allgemeinen Kanon, der durch Erziehung, öffentliche Kulturpolitik und Literaturwissenschaft institutionalisiert worden ist, gibt es gruppenspezifische und auch ganz persönliche Kanones, für die sich im übrigen auch innerhalb der Sozialwissenschaften ein zunehmendes Interesse feststellen läßt. So schließen etwa aktuelle kultursoziologische Beschreibungen unterschiedlicher (alltags-)ästhetischer Erlebnismuster die gruppenspezifische Bedeutung literarischer Handlungen zumindest implizit mit ein und erlauben somit nicht nur eine Identifizierung von, sondern auch eine Erklärung für das Vorhandensein von Gruppen- und Milieukanones. Folgt man zum Beispiel dem jüngsten Systematisierungsversuch sog. 'alltagsästhetischer Schemata' (im Sinne kollektiver Erlebnismuster) von G. Schulze (1992), so läßt sich neben dem immer wieder zitierten 'Hochkultur-' und dem komplementär dazu angelegten 'Trivialschema' seit den 60er Jahren auch ein sog. 'Spannungsschema' identifizieren, in dem sich vor allem Dynamik und 'Action' manifestieren. Die unterschiedliche Attraktivität der entsprechenden kulturellen bzw. alltagsästhetischen Einzelangebote (hier: literarischer Texte) für bestimmte soziale Gruppen (hier: Leser) zeigt sich beispielsweise anhand der Tatsache, daß Lehrer und Schüler außerhalb der Schule nur selten die kanonisierten Curriculumautoren des 'Hochkulturschemas' rezipieren.[109] Selbst eine – lange Zeit von der Literaturdidaktik empfohlene – Einbeziehung der Lesestoffe von Jugendlichen (meist 'Trivial-' und 'Spannungsschema') in den Deutschunterricht führte bekanntlich nicht zu einer Verringerung des Abstandes zwischen den beiden Kanones. Vielmehr wurden die bis dahin von den Schülern privat rezipierten und nun zum Gegenstand des Unterrichts avancierten Texte von diesen Schritt für Schritt dekanonisiert und machten damit Platz für andere (alltags-)ästhetische Angebote. Nichtsdestoweniger gilt nur der offizielle Literaturkanon in der öffentlichen Kommunikation als authentisch und autoritativ. In beiden Hinsichten beerbt damit der offizielle Kanon den Kanon heiliger Schriften. (Die fatale Erbschaft, die das Literatursystem von Religion und Theologie übernommen hat, scheint auch hier durch.)

Daneben ist der offizielle Kanon kaum zu trennen von politischer Macht und sozialen Interessen – die lange Verbannung von Frauen aus dem offiziellen Kanon spricht

108 Cf. dazu S.J. Schmidt 1989.

109 Cf. dazu E. Nündel & W. Schlotthaus 1978.

dafür ebenso wie die Versuche totalitärer politischer Regime, den literarischen Kanon ihrer Gesellschaft umzuschreiben.

Stabilisiert wird der offizielle Kanon durch ganz verschiedenartige Operationen, die oft beschrieben worden sind, so zum Beispiel durch kontinuierliche Interpretationen kanonisierter Werke, deren Übersetzung, das Zitieren von „Kernstellen“, Anthologisierungen, Verfilmungen usw. Kanonstabilisierend wirken aber auch Operationen, die die Kenntnis des Kanons voraussetzen, wie Parodie und Satire oder die vielfältigen Spielarten der Intertextualität. Der wichtigste Stabilisierungsmechanismus aber ist sicher die Aufnahme eines Kanongegenstands in (Schul-)Curricula, die insinuieren, es nur mit Gegenständen höchster Relevanzstufe zu tun zu haben, deren Kenntnis zum „eisernen Bestand“ sozio-kultureller Qualifikation gehört. Im Schulbuch „enden“ dann in aller Regel auch Autoren und Autorinnen samt ihren Werken.

*

In funktional differenzierten Gesellschaften mit entwickelten Mediensystemen bestehen enge Beziehungen zwischen Kanones und *Medien*, wobei die spezifischen Interaktionen zwischen den verschiedenen Medien (Print, Hörfunk, audiovisuelle Medien) im Gesamtmediensystem einer Gesellschaft berücksichtigt werden müssen. Präsenz in möglichst vielen Medien kann Kanonisierung nachhaltig befördern (wie das Beispiel Günter Grass belegt), (Re-)Kanonisierung durch Medienverbundaktionen (Buch, Film, Fernsehen, Cassette usw.) wird sowohl für Klassiker wie für Kanon-Newcomer erprobt. Kanonisierungsversuche wie z.B. Nobelpreisverleihungen laufen heute bezeichnenderweise als Medienverbundereignisse auf Weltniveau ab. Dabei nutzen solche Kanonisierungsversuche die spezifische Reflexivität der Medien aus. Wenn ein Autor oder eine Autorin im Fernsehen erscheint, dann weiß Zuschauer A, daß Zuschauer B weiß, was A weiß, und daß A sogar weiß, daß B weiß usw. Meldungen und Meinungen verstärken sich in den Medien gegenseitig (wenn X im Fernsehen erscheint, dann muß er/sie wichtig sein.). Die Medienstars des „Literarischen Quartetts“ z.B. nutzen dabei ihre Medienpopularität für den Versuch, Autoren und Autorinnen zu kanonisieren – und um dabei selbst von geglückten Kanonisierungsbemühungen zu profitieren, usw.

Immer häufiger ist in den letzten Jahren der Verdacht lautgeworden, Verlage könnten durch geeignete Manöver (PR-Kampagnen, Verpflichtung von Star-Kritikern usw.) ein Buch oder einen Autor willkürlich durchsetzen, Kanonisierung sei also manipulierbar und deshalb willkürlich. Wäre diese Verschwörungsthese stichhaltig, gäbe es wohl nur noch kanonisierte Autorinnen und Autoren – aber keinen Kanon mehr. Ein Beobachter zweiter Ordnung, der Kanondynamiken über längere Zeiträume beobachtet, wird natürlich Varianz beobachten, die als Kontingenz interpretierbar ist. Für den Beobachter erster Ordnung dagegen sind die Unterscheidungen, die er trifft, keineswegs kontingent: Er handelt, wie er handelt, nach seinem jeweiligen Kenntnis- und Motivationsstand, nach den Erwartungen und Werten, die literarische Sozialisation jeweils vermittelt und die literarische Kommunikation stabilisiert. Erst für den Beobachter zweiter Ordnung stellt sich die Frage, ob die Dauerpräsenz bestimmter Autoren in nationalen wie internationalen Kanones auf sachliche Gründe zurückgeführt werden kann, die der allgemeinen Kontingenzerwartung an menschliche Wertungen entzogen sind. Um diese Frage nicht zu einer metaphysischen Spekulation verkommen zu lassen, möchte ich bescheidener fragen: Gibt es elementare *Voraussetzungen für Kanonisierung* in offiziellen Langzeitkanones?

Jede Antwort auf diese Frage rührt an grundsätzliche literaturtheoretische bzw. allgemein: an medientheoretische Überzeugungen, und man muß sich schon auf eine hinreichende Abstraktionshöhe begeben, um etwa Bedingungen von/für Literarizität zu beobachten, die sich nicht sofort als normative Literaturkonzepte zu erkennen geben.

Eine dieser Bedingungen, die wohlgemerkt nur für Literatur in funktional differenzierten Gesellschaften postuliert wird, möchte ich unter dem Titel „Entpragmatisierung als Voraussetzung für Dekontextualisierung" kurz erläutern. Für den Bereich der bildenden Kunst der Moderne ist diese Bedingung gelegentlich auch auf den respektlosen Nenner „Nutzlosigkeit" gebracht und etwa am Beispiel eines Feuerlöschers diskutiert worden: Am erwarteten Ort an der Garagenwand hängend, ist er fraglos ein Feuerlöscher; auf einen Sockel gestellt oder an die Museumswand gehängt und mit Autornamen, Titel und Katalognummer versehen, kann dieses Objekt vom „Verkunstungsmechanismus" des Museums so weit profitieren, daß es für innovationserprobte Betrachter selbst zum Kunstwerk wird. (Im Brandfall mag es allerdings zu Irritationen kommen.)

Für Texte in Literatursystemen wird diese Bedingung in der Regel entlang der Unterscheidung Fiktion/Dokumentation im Rahmen der sozialstrukturellen Differenz Literatursystem/Journalismussystem diskutiert[110] und an der Überzufälligkeit der Formgebung sowie an der Polyvalenz von Lesarten festgemacht. Chancen auf Anerkennung als literarisch haben offenbar in unserem Literatursystem nur solche Phänomene, die nicht restlos mit einem bestimmten Referenzbereich bzw. mit einem pragmatischen Handlungskontext verrechnet werden können. Aufstellungen von Fußballmannschaften, Telefonbücher oder Polizeiberichte über die Erschießung eines wild gewordenen Bullen können nur dann (aber dann wie lange?) kommunikativ literarisiert werden, wenn sie – wie der Feuerlöscher oder Duchamps objets trouvés (Flaschentrockner, Kleiderhaken, Schneeschaufel usw.) – aus ihren pragmatischen Gebrauchskontexten gelöst und in Rezeptionsperspektiven eingerückt werden können, die auf formale Gestaltqualitäten oder Innovationen als Distinktionswerte künstlerischer Kommunikation abheben. Die Testfrage bei der Einordnung solcher Grenzphänomene in die Kategorie 'literarisch' scheint offenbar zu lauten: Erlaubt ein Text eine Rezeption mit erfolgreichem Gestalt-Switch? Das heißt, erlaubt er einmal eine Wahrnehmung als Telefonbuch, zum anderen eine Wahrnehmung als experimenteller literarischer Text? Für die Masse literarischer Phänomene stellt sich diese Frage erst gar nicht. Sie geben sich über erprobte Indikatoren gleich als literarisch zu erkennen, da sie für keinen klar umgrenzten pragmatischen Handlungszusammenhang wie Backen, Bauen oder Flugzeugfliegen zu gebrauchen sind – also eben in diesem Sinne nutzlos sind. Es geht in aller Regel also gar nicht um die Frage literarisch/nichtliterarisch, sondern es geht um die Einschätzung wichtige/unwichtige Literatur.

Solche Erkennungsindikatoren werden im Laufe der literarischen Sozialisation über Prototypen bei jedem eingeübt, der sich überhaupt mit literarischen Phänomenen beschäftigt. Sie werden in literarischer Kommunikation und in literaturbezogenen Hand-

110 Cf. dazu S. Weischenberg 1994.

lungen bestätigt und erlangen in einer Art selbstreferentiellen feed-back-Verfahrens für den einzelnen Aktanten kanonische Unbefragtheit. Salopp gesagt: Roman ist nur drin, wo 'Roman' draufsteht, und er steht in Buchhandlungen und Bibliotheken da, wo Romane zu stehen haben. Und nur weil das so ist, können experimentierende Literaten mit diesen Erwartungserwartungen spielen, Etikettenschwindel betreiben und etwa Romane, die keine sind aber so heißen, oder so heißen und keine sind, auf dem Fischmarkt verhökern (dann aber möglichst mit Pressepräsenz).

Nutzlosigkeit, unübliche formale „Verschnürung" (K. Eibl) oder Referenzindifferenz dürfen nun aber nicht mit Sinn- oder Funktionslosigkeit verwechselt werden. Die Differenz liegt darin, daß ein Kochbuch die Art seiner Verwendung gleichsam indexikalisch mittransportiert, während ein Gedicht zwar seinen Anspruch auf Gelesenwerden über kulturelle Indikatoren signalisiert, seine Funktion für kognitive Prozesse von Rezipienten und Verarbeitern aber weitestgehend dem lesenden Individuum überläßt (weil überlassen muß).

Fragt man nun, wie solche Entpragmatisierung erreicht werden kann, dann stößt man auf eine historisch ausdifferenzierte Argumentation, die einer „inhaltlichen" und einer „formalen" Dimension zugeordnet werden kann.

In der „inhaltlichen" Dimension sorgt für Entpragmatisierung der „human factor". Anders gewendet: Indem und solange literarische Texte Themen bearbeiten, die auf die elementaren Dichotomien gesellschaftlicher Wirklichkeitskonstruktion wie Wirklichkeit und Illusion, Liebe und Haß, Leben und Tod, Scheitern und Gewinnen, arm und reich, schön und häßlich, Wahrheit und Lüge, Glück und Unglück verrechnet werden können, ermöglichen sie die Übertragbarkeit (oder zumindest die Anschließbarkeit) solcher Bearbeitungen auf die jeweiligen biographischen Kontexte von Rezipienten. Die Allgemeinheit wie Allgemeingültigkeit solcher Dichotomien in unserer Kultur befördert ihre zeitliche und räumliche Dekontextualisierung – nicht umsonst ist die Formel vom „allgemein Menschlichen" eine Konstante in der Diskussion über Literatur. Und im Falle internationaler Rezeption sorgt diese Themenspezifik dafür, daß je kulturspezifische Bearbeitungen solcher Dichotomien in einer bestimmten Gesellschaft wiederum Distinktionswerte aufzubauen erlauben: Andere Gesellschaften, so bemerkt man dann, gehen ganz ähnlich oder ganz verschieden mit diesen Problemen um, wie wir (es gewohnt sind).

Natürlich unterscheiden sich die jeweiligen sozio-historischen Instantiierungen solcher Dichotomien ebenso wie ihre literarische Bearbeitung voneinander. Aber eben diese Differenzen erlauben wiederum die Bildung von Distinktionswerten, die die Folie abgeben, vor der eigene Bearbeitungen ihre Identität durch Differenz aufbauen können.

In der „formalen" Dimension setzt Entpragmatisierung offenbar hinreichende Komplexität der Textformation voraus, wobei diese Komplexität – vergleichbar semantischer Polyvalenz – erkennbare bzw. verwendbare Funktionsvarianz aufweisen muß. Auch hier wird man kaum genaue Ober- und Untergrenzen bestimmen können; die Suche von Informationstheoretikern wie M. Bense oder A. Moles nach „dem" ästhetischen Maß ist jedenfalls erfolglos verlaufen – und zwar notwendigerweise, da Komplexität von Rezipienten am Leitfaden des Textmaterials hergestellt werden muß, und da dieser Konstruktionsprozeß höchst voraussetzungsreich und sozio-kulturell wie historisch variabel abläuft.

Auch hierbei bietet experimentelle Literatur wieder reiches Anschauungsmaterial. Extremangebote an Komplexität im Textmaterial wie Heinz Gappmayrs Weiß-Buch, bestehend aus leeren Seiten (Reduktionsstufe) oder Hypertrophierungen wie Hans G. Helms *Fa: m'Ahniesgwow* erlauben zwar wahrnehmungspsychologische Prognosen der Art, daß nur für Experimente bereits eingenommene und trainierte Rezipienten Schwundformen durch eigene Kognitionsleistungen kompensieren oder hypertrophe Relationierungsüberschüsse semantisch bilanzieren werden (können). Wie solche Ko-Operationen aber ästhetisch bewertet, also auf Kanon-Reife hin eingestuft werden, bleibt angesichts der geringen Zahl derart qualifizierter Rezipienten fraglich. Für Kanonisierung in Subkanones mögen dann gute Chancen bestehen; der Weg in den offiziellen Kanon dürfte für solche Werke weit sein.

Kanonverdächtiger als solche Experimente, in denen das Literatursystem extrem auf Selbstreferenz setzt, sind jedenfalls bis heute allemal solche literarischen Phänomene, die eine Optimierung subjektiver Rezeption auf einem mittleren Niveau erlauben. Dazu scheinen nach wie vor Narrativität und vorgegebene (also nicht allein vom Rezipienten zu leistende) Kohärenzangebote über beobachtbare Textformationen erforderlich zu sein. Die Hoffnung vieler Literaten in den 60er Jahren, Literatur könne so innovativ werden wie die Bildende Kunst, weil die audiovisuellen Medien den täglichen Bedarf an Erzählungen weitestgehend abdecken würden, hat sich aus zwei Gründen nicht erfüllt: Wer mit Sprache arbeitet, statt Sprache zu benutzen, und wer Erzählbedarf – wo immer – nicht erfüllt, den bestraft das Publikum, das offenbar mehrheitlich (da entsprechend sozialisiert) Rezipient bleiben und nicht Ko-Produzent werden mag.

Experimentell arbeitende Autoren sind gleichwohl kanonisiert worden, von St. Mallarmé, A. Stramm, C. Einstein, J. Joyce und G. Stein bis hin zu H. Heißenbüttel, E. Jandl und F. Mayröcker. An deren Kanonisierungsprozessen wie -schicksalen kann man beobachten, an welchen kulturellen Indikatoren man Kanones beobachten kann. Allgemein kann man wohl die Regel aufstellen, daß ein Kanonisierungsgegenstand solange Kanon-Bewohner bleibt, solange er in der literarischen und/oder literaturwissenschaftlichen Kommunikation eine relevante Rolle spielt, das heißt solange er thematisiert, verarbeitet und bewertet wird, und solange er in Speichermedien zugänglich gehalten und in der literarischen Sozialisation kontinuierlich aktualisiert wird. Anders gewendet: Ein Autor oder eine Autorin sind Kanon-Bewohner, solange ihre Namen, ihre Werke (zumindest deren Titel) und geflügelte Worte von ihnen zum kollektiven kulturellen Wissen entweder eines möglichst großen Teils der Bevölkerung oder einer hinreichend einflußreichen Gruppe von Meinungsführern gehören. Dazu ist die tatsächliche Lektüre ihrer Werke nur marginal erforderlich: Man weiß, daß man weiß, daß Klopstock und Schiller Klassiker sind. (Würden Klassiker gelesen, hätte Plentzdorf seinen Goethe-Coup kaum landen können.) Andererseits sorgen Kanones dafür, daß literarische Phänomene vorgehalten werden: Man weiß, wo man nachzusehen hat, wenn einen Literatur interessieren sollte, aus welchen Gründen auch immer.

*

Damit kommen wir zum nächsten Thema: Welche *Funktionen* erfüllen Kanonisierungsprozesse und Kanones? Auch beim Nachdenken über die Funktion von Kanonisierung und Kanones empfiehlt es sich wieder, entsprechende Differenzierungen einzuführen.

So liegt es u.E. nahe, nach Handlungsebenen und Handlungsrollen in Literatursystemen zu differenzieren (cf. S.J. Schmidt 1991).

Literatur-Produzenten dienen Kanones als Orientierung in der Lern- oder Ausbildungsphase ebenso wie während der literarischen Produktionsphase. In der Regel werden kanonisierte Autoren und Werke als Problemlösungsvorbilder dienen bzw. als Folie benutzt, vor der man eigene abweichende Problemlösungen identifiziert und für andere Aktanten erkennbar und bewertbar macht. Geliebte und gehaßte Kanongegenstände dürften hier primär im Dienst individueller Identitätskonstruktion stehen. In historischen Phasen normativer Literaturbegriffe lautet dabei die Maxime: Werde dem großen Vorbild so ähnlich wie möglich (Ämulationsprinzip). In funktional differenzierten Gesellschaften lautet die Maxime: Werde erkennbar anders als deine Vorbilder, um du selbst zu werden (Innovationsprinzip).

Literatur-Vermittlern dienen Kanones zur Beobachtung und Regulierung des Marktes in vielfältigen Hinsichten. Die Rekrutierung von Autoren und Manuskripten, die Bestimmung von Auflagenhöhe und Ausstattung, Preis und PR stehen in Relation zum jeweils aktuellen öffentlichen Kanonwert eines Autors bzw. Werkes. „Ein neuer Grass" wird anders kalkuliert als „ein neuer Geerken" – wobei hier zugleich deutlich wird, daß der Rang Geerkens im Kanon experimenteller Dichter und im allgemeinen Kanon des Literatursystems so extrem unterschiedlich ist wie Grass' Platz im allgemeinen bzw. im experimentellen Kanon.

Literatur-Rezipienten liefert der Kanon eine (Vor-)Auswahl aus dem immer unüberschaubarer werdenden Angebot an literarischen Texten. Kanones informieren darüber, was soziale und historische Selektionsprozesse überlebt hat und wie es bewertet wird. Kanonwissen als Teil kollektiven kulturellen Wissens eröffnet Distinktionschancen über den Aufbau an symbolischem Kapital (Motto: *Wir* kennen (lesen?) Kanonisiertes!) Dabei kann auch hier sowohl die Teilhabe an Kanonisiertem als auch die – entsprechend mitgeteilte – Verweigerung an solcher Teilhabe Distinktionswerte schaffen, die das Identitätsmanagement erleichtern.

Literatur-Verarbeitern wie Kritikern oder Literaturwissenschaftlern dienen Kanones als Set von Erwartungserwartungen, auf die man sich in der literarischen Kommunikation als kollektives Wissen beziehen kann. Vor dieser Folie wird Neues beobachtbar und argumentierbar. Erwartetes Kanonwissen reduziert Komplexität im Sinne von Argumentations- und Legitimationsaufwand. Kanones verpflichten scheinbar zu immer neuen Interpretationen, in denen die eigenen Konzepte von 'Kultur', 'Gesellschaft' und 'Literatur' entfaltet und bestätigt werden (können). Eigene Kanonisierungsbemühungen verheißen darüber hinaus Selbstpromotion. Und auch ein geglückter weil folgenreicher Versuch der Umhierarchisierung eines Autors oder einer Autorin verheißt dem Literatur-Verarbeiter eigene Profilierung: Man entgeht dem Vergessen, indem man Autorinnen und Autoren der Vergessenheit entreißt.

P. Vorderer hat in einem Kommentar zu diesem Kapitel[111] darauf verwiesen, daß die Funktionen, die Kanones erfüllen (können), keineswegs nur sachbezogen, sondern häufig auch symbolisch bzw. selbst-referentiell sind. Dies läßt sich anhand der Hand-

111 Cf. S.J. Schmidt & P. Vorderer 1995.

lungsebene Rezeption noch einmal detaillierter nachzeichnen: Freilich strukturiert die Kenntnis von Kanones das literarische Wissen der Leser und dient somit zumindest potentiell auch der Befriedigung vorhandener Leseinteressen. Denn mit Hilfe dieses Wissens läßt sich das Enttäuschungsrisiko reduzieren, mit dem Leser vor jeder Lektüre bzw. vor jedem Kauf konfrontiert sind. Zentraler sind aber sicher die selbst-referentiellen Funktionen, die sich aus dem symbolischen Gehalt literarischer Handlungen ergeben. Dabei benennt der Begriff der Distinktion samt damit einhergehenden theoretischen Annahmen nur eine von mehreren Möglichkeiten, die überdies auch noch im Hinblick auf die unterschiedlichen sozialen Gruppen innerhalb der bundesrepublikanischen Gesellschaft zu konkretisieren sind: Legt man den oben bereits erwähnten kultursoziologischen Systematisierungsversuch G. Schulzes zugrunde, der die Zusammenhänge zwischen den von ihm identifizierten sozialen Milieus mit den schon zitierten alltagsästhetischen Erlebnismustern ('Schemata') auch empirisch nachweist, so lassen sich die entsprechenden Bezugspunkte der Distinktionsbemühungen milieuspezifisch differenzieren. Schulze geht von fünf – nach Alter und Schulbildung unterschiedenen – Milieus aus: 'Niveau-', Harmonie-', Integrations-', 'Selbstverwirklichungs-' und 'Unterhaltungsmilieu', welche die genannten 'Schemata' ('Hochkultur-', 'Trivial-' und 'Spannungsschema') gruppenspezifisch nutzen. Die entsprechenden Unterschiede beziehen sich dabei nicht nur auf die innerhalb der verschiedenen Schemata dominanten Genußformen ('Kontemplation', 'Gemütlichkeit', 'Action') und 'Lebensphilosophien' ('Perfektion', 'Harmonie', 'Narzißmus'), sondern eben auch auf die jeweiligen Distinktionen. Während sich die auf das 'Hochkulturschema' beziehenden Milieus (vor allem das 'Niveau-', aber auch das 'Integrations-' und das 'Selbstverwirklichungsmilieu') 'antibarbarisch' zu distinguieren suchen, sind im Falle des 'Trivialschemas' (das vom 'Integrations-' und 'Harmoniemilieu' erlebt wird) und des 'Spannungsschemas' ('Selbstverwirklichungs-' und 'Unterhaltungsmilieu') ein 'antiexzentrischer' bzw. 'antikonventioneller' Impetus festzustellen. Bezieht man diese Differenzierungen auf die Handlungsrolle Rezeption innerhalb des Literatursystems, so wird deutlich, daß sich der orientierungsgebende Distinktionsgewinn in den verschiedenen sozialen Großgruppen ganz unterschiedlich manifestieren kann: Ein Leser aus dem 'Niveaumilieu' zum Beispiel distinguiert sich vor allem von der Rezeption trivialer Texte (und von denen, die solche Texte lesen), während ein Rezipient aus dem 'Harmoniemilieu' mit der Lektüre eines Boulevardblattes gerade seine 'antiexzentrische' Haltung symbolisieren kann.

Als gemeinsame – über alle Milieus und Schemata hinweg erkennbare – Funktion derartiger Distinguierungsprozesse läßt sich hingegen in sozialpsychologischer Perspektive eine nach 'außen' wie nach 'innen' gerichtete identitätsstiftende Wirkung erkennen. So geht zum Beispiel die vom symbolischen Interaktionismus beeinflußte Impression-Management-Theorie[112] davon aus, daß Personen bemüht sind, auf die sie umgebende soziale Umwelt einen positiven bzw. konsistenten Eindruck zu machen und diesen Eindruck auch zu kontrollieren. Ob die dabei eingesetzten Strategien bewußt oder habitualisiert sind, ist nur von sekundärer Bedeutung. Entscheidend ist, daß der Versuch

112 H.D. Mummendey & H.-G. Bolten: „Die Impression-Management-Theorie". In: D. Frey & M. Irle (eds.), Theorien der Sozialpsychologie. Band III: Motivations- und Informationsverarbeitungstheorien. Bern: Huber 1985.

des „impression management" bei fast jeder sozialen Verhaltensweise eine Rolle spielt. Die Beispiele liegen auf der Hand: Mit der Kenntnis, der Lektüre oder dem Besitz von – zu ganz bestimmten Kanones gehörender – Literatur läßt sich auch im Zeitalter der audiovisuellen Medien noch immer Eindruck machen.

Neben diesen selbstdarstellenden Funktionen gibt es aber auch die Möglichkeit der „Selbstsymbolisierung" durch Lektüre (Kenntnis, Besitz usw.) kanonisierter Texte. Die entsprechende Theorie der symbolischen Selbstergänzung[113] geht davon aus, daß Personen, die sich selbstbezogene Ziele gesetzt haben, versuchen, einen Mangel an relevanten Symbolen durch das Zurschaustellen alternativer Symbole auszugleichen. Derartige Selbstsymbolisierungen sind durch Selbstbeschreibungen, soziale Beeinflussungsversuche oder die Präsentation dinghafter Symbole möglich. Wer also ein Kenner der Szene sein will (selbstbezogenes Ziel), als solcher aber nicht über die entsprechenden Voraussetzungen wie etwa über das hierfür relevante Wissen verfügt (Mangel an Symbolen), kann dies beispielsweise durch den Besitz bestimmter Bücher, durch die Erzählung eigener Leseerfahrungen oder auch durch den Versuch kompensieren, andere zur Lektüre spezifischer Texte zu bewegen. Im Gegensatz zur Impression-Management-Theorie und damit verwandten Theorien der Selbstdarstellung geht es hierbei aber nicht um die Wünsche, Eigenschaften oder Erwartungen anderer, die – auch auf Kosten eigener Bedürfnisse – verstanden und befolgt werden; im Falle selbstsymbolisierender Handlungen sind die Interaktionspartner vielmehr nur insofern von Interesse, als die zur Schau gestellten Symbole (hier zum Beispiel die Bücher) von einem Publikum immer erst zur Kenntnis genommen werden müssen, um aus diesen eine soziale Tatsache zu machen. Das Ziel dieser selbstsymbolisierenden Handlungen ist stets das eigene Selbst – die entsprechenden Handlungen haben Kompensationsfunktion im Hinblick auf die eigene Selbstdefinition. All dies ist nur möglich, soweit es sozial gültige, d.h. weitgehend anerkannte Differenzen und Differenzbewertungen, also Kanones gibt.

*

Über die skizzierten Funktionen für Aktanten in Handlungsrollen hinaus beeinflussen Kanones die literarische Kommunikation einer Gesellschaft insgesamt. Kanones als dauerhafte Wert- bzw. Distinktionssysteme, die nicht unter Dauerproblematisierung stehen (dürfen!), bilden gewissermaßen den blinden Fleck vieler Beobachter im Literatursystem. Über literarische Sozialisation (z.B. Schulcurricula) akkulturiert befördern sie die Konstruktion von Identität und Tradition und können geradezu als Gradmesser für die Kohärenz bzw. für die Flexibilität und Kreativität der Kultur einer Gesellschaft angesehen werden. Wird der allgemeine Kanon eines Literatursystems ernsthaft in Frage gestellt, deutet sich kultureller Wandel an. Wird Kanonkritik entweder politisch sanktioniert oder andererseits – bis hin zur völligen Kanonablehnung – (auch literarisch) folgenlos, vollzieht sich einschneidender sozialer Wandel.

Um Wertungsprozesse in Literatursystemen beobachtbar und kommunizierbar zu machen, brauchen Literatursysteme Kanonisierung und Kanones.

---

113 R.A. Wicklund & P.M. Gollwitzer: „Symbolische Selbstergänzung". In: D. Frey & M. Irle (eds.), Theorien der Sozialpsychologie. Band III: Motivations- und Informationsverarbeitungstheorien. Bern: Huber 1985.

Kanonbildung hat zu Beginn des 19. Jahrhunderts zur nationalen Identitätsbildung dienen müssen. Die Deutschen, politisch uneins, brauchten wenigstens eine kulturelle Identität, die unter anderem an *dem* Kanon *der deutschen Literatur* ablesbar werden und auf Dauer ablesbar sein sollte. Die damals einsetzende Langzeitkanonisierung der deutschen Klassik um den Nukleus Klopstock, Wieland, Lessing, Goethe, Schiller herum ist bis heute erfolgreich geblieben und bildet noch immer den Kern des allgemeinen offiziellen Kanons. Dieser enthält nach wie vor diejenigen Gegenstände, über deren Kanon-Berechtigung der breiteste Konsens unter Fachleuten wie unter gebildeten Laien besteht. Je weiter wir in die literarische Moderne kommen, desto mehr unterscheidet sich dieser allgemeine Kanon von den neu entstehenden Subkanones und verliert, so ist zu vermuten, seine Funktion für nationale Identitätsprozesse ebenso wie für individuelle Identitätsbricolage. Zwar kann die Verleihung des Nobelpreises an Heinrich Böll noch kurzfristig Wir-Gefühle bei einer breiten Bevölkerungsmehrheit erwecken – aber es ist anzunehmen, daß Steffi Graf und Boris Becker in dieser Hinsicht erfolgreicher (gewesen) sind (cf. Abb. 7).

*

Wie aber erklärt sich jenseits abrupter, z.B. politisch oder ökonomisch „gesteuerter" oder zumindest beeinflußter Veränderungen die schrittweise, fast alltägliche Kanonmodifikation und -weiterentwicklung? Um die beschriebenen Funktionen erfüllen zu können, müssen Kanones beides gewährleisten: Stabilität bzw. Verläßlichkeit einerseits und Flexibilität bzw. Veränderungsspielraum andererseits. Kanones müssen erweitert, revidiert und ergänzt werden können, ohne dabei allzu große Sprünge zur Regel werden zu lassen. Vieles deutet darauf hin, daß sich diese begrenzte Offenheit daraus ergibt, daß alle am Literatursystem Beteiligten in eben dieser doppelten Weise auf Kanones einwirken bzw. so am meisten von ihnen profitieren: Literatur-Produzenten, denen sie als Hintergrundfolie für ihre eigene Entwicklung dienen, werden das Innovationsprinzip immer nur soweit befolgen, wie sie dabei von den Literatur-Vermittlern, -Rezipienten und -Verarbeitern noch wahrnehmbar, d.h. vor allem (sozial) verstehbar sind. Dies führt – zumindest in der Regel – zu einer eher moderaten Abweichung vom Bestehenden, weil der entsprechende Kanon somit von dieser Seite zwar immer wieder mit innovativen Angeboten konfrontiert, dabei aber selten grundsätzlich in Frage gestellt wird. Literatur-Vermittler, welche die Kanones unter anderem zur Regulierung des Marktes benötigen, sind schon aus ökonomischen Gründen an permanenter Erneuerung interessiert, die allerdings wiederum nur so weit gehen sollte, daß der bestehende Kanon dabei nicht zu weitgehend zur Disposition gestellt wird, da sonst der Kunde überfordert würde. Für Literatur-Rezipienten und -Verarbeiter eröffnen solche maßvollen Erweiterungen Spielräume, ohne dabei die sachbezogenen oder selbst-referentiellen Funktionen einzubüßen. Wie generell bei der Rezeption und Bewertung ästhetischer Phänomene liegt auch hier das Optimum zwischen völliger Bekanntheit und absoluter Neuheit. Das heißt: Die Leser suchen Innovation, weil vollständige Prognostizierbarkeit langweilig ist; aber sie suchen Innovation nur in einem Ausmaß, das sie selber nicht ernsthaft verunsichert.

Freilich setzen Kanones, sollen sie nicht mechanisch wie eine Fußballtabelle funktionieren, als Distinktionssysteme auch Distinktionsleistungen voraus, mit anderen Worten, sie erfordern literarische und historische Bildung. Wie steht es aber damit in einer

Titel: „Kult um den Sport"
Verlag: Gruner + Jahr
Zeitschrift: Stern-Magazin
Art Director: Wolfgang Behnken
Illustrator: Hans Holbein
Grafiker: Kunhild Haberkorn

Abb. 7

Gesellschaft, der ihre Kritiker zunehmend Verdummung, Vermassung, Nivellierung und Verrohung durch die audiovisuellen Massenmedien attestieren? Ist der uns bekannte Kanon ein Produkt von Gesellschaften, die nur über Schrift- und Printmedien verfügten? Und wie funktionieren Printmedien-Kanones unter den Bedingungen massenhafter Audio-Visualität im Kontext der sogenannten Neuen Medien?

*

Im Bereich der *audiovisuellen Medien* gestalten sich Kanonisierungsprozesse der Medien selbst einigermaßen komplex. So mußte zum Beispiel das Fernsehen lange um seinen Platz im Kanon der Medien kämpfen, ehe es bei der Kanonisierung von Literatur mitwirken konnte. Noch immer gilt eine Arbeit vielen Experten schon deshalb als untauglich für den hochliterarischen Kanon, weil sie vom oder für das Fernsehen produziert wurde. Importe aus dem Filmbereich, die im Fernsehen lediglich ausgestrahlt werden, haben da viel eher eine Chance und führen vielleicht noch am ehesten zu einer generellen Aufwertung dieses Mediums.

Innerhalb der Fernsehanbieter zeichnen sich die Kanongrenzen relativ deutlich zwischen den Kanälen ab (in den USA: public versus private TV, in der Bundesrepublik: dritte gegenüber den ersten beiden Programmen und seit der Deregulierung: öffentlichrechtliche gegenüber privaten Anbietern). Dies hat nicht zuletzt mit der klassischen, gerade auch in der Bundesrepublik gepflegten Dichotomie populärer bzw. unterhaltender versus informativer bzw. anspruchsvoller Medienangebote zu tun. Private Anbieter, die aufgrund ihrer unmittelbareren Abhängigkeit von den Zuschauereinschaltquoten mehr Unterhaltung für große Teilpublika senden (bzw. generell ihre Angebote unterhaltender anbieten), haben es hierbei erkennbar schwerer.

Damit zusammenhängend haben die audiovisuellen Medien – nach dem Vorbild von Film und Rundfunk – erst sehr spät begonnen, die Grundlagen für Kanonisierungsprozesse durch die Einrichtung von Archiven und Datenbanken zu legen. Vor allem dem Fernsehen ist oft der Vorwurf gemacht worden, es habe „kein Gedächtnis" entwickelt. Der Zugang zu den Archiven ist aber nach wie vor schwierig und kostenaufwendig, rechtliche Probleme erschweren ihn noch weiter. Und vor der Entwicklung des Video kamen noch technische Probleme der Wiederholbarkeit und „Lesbarkeit" von Fernsehsendungen dazu. Gleichwohl brauchte und braucht auch das Fernsehen offensichtlich Kanonisierung, einerseits zur Komplexitätsreduktion, andererseits zur Traditionsbildung; und eben deshalb braucht das Fernsehen Fernsehkritiker und Medienwissenschaftler.[114]

Der Film war hier zunächst – begünstigt durch die Wiederholbarkeit seiner Angebote – vorbildhaft gewesen, und zwar über die Ausbildung des Star-Systems, über Filmpreise und Filmfestivals sowie prominente Filmkritiker, die Distinktions- und damit Aufmerksamkeitswerte verteilten. Im Vordergrund standen also Personen und erst über sie (eventuell) Werke.

Das ist nur auf den ersten Blick eine neue Entwicklung. Wie H.-J. Lüsebrink (1995) betont, stützte sich auch die (auf einen Printkanon bezogene) Kanonisierung Voltaires oder Rousseaus Ende des 18. Jahrhunderts mehr auf deren Biographie als auf ihr

114 Zur Fernsehkritik cf. K. Hickethier 1994.

Oeuvre: Kulturelle Muster lassen sich durch Personalisierung eben einprägsamer absichern und zugleich vermitteln. Kanonisierte Autorinnen und Autoren sind auch allemal (auto-)biographie-reif.

Wahrscheinlich muß man hier genauer zwischen naiver und expertenhafter Rezeption unterscheiden. Autorinnen und Autoren können per Fernsehen einem noch so breiten Zuschauerkreis bekannt sein; erst wenn die Experten ihre Texte unter Bedingungen des Literatursystems als kanonfähig behandeln (rezensieren, interpretieren usw.), kommen Kanonisierungsprozesse in Gang. Erst wenn die Vorselektion durch Literatur-Vermittler und Literatur-Verarbeiter erfolgt ist, kann das Lesepublikum durch sein Votum mitwirken an Kanonisierungsprozessen – entscheiden kann es sie nie.

Im Falle des Fernsehens gilt schon fast der negative Fall: Die Akzeptanz von Angeboten eines für das Fernsehen produzierenden Autors durch ein breites Fernsehpublikum scheint hier sogar die Gefahr der Dekanonisierung dieses Autors zu vergrößern. Dies hat vermutlich mit impliziten Theorien bei den Literatur-Vermittlern und -Verarbeitern zu tun, die davon auszugehen scheinen, daß derjenige, der für das Fernsehen arbeitet, für andere (kanonisierte) Medien keine ausreichende Qualifikation aufbringt.

Während zu Film-Zeiten Stars ausschließlich Leitfiguren im Filmsystem waren, arbeiteten nach Einführung des Fernsehens viele Film-Stars als „Systempendler" zwischen Film und Fernsehen, Hörfunk, Printmedien und der Werbung. Medienverbundstars wie Götz George entwickelten sich und modifizierten das alte Star-System des Films: aus den Stars sind heute Werbeträger und Idole geworden.[115] Der Kanonisierungseffekt aber blieb und operierte über den bekannten Kriterien 'Dauer' und 'Wert'. Die Frage, ob Film- und Fernseh-Kanones mit kürzeren „Halbwertzeiten" als die Printkanones auskommen werden, läßt sich heute noch nicht entscheiden.

Während literarische Kanonisierung aber traditionell vertikal, also über wiederholte zeitliche Selektionsentscheidungen erfolgte, ist beim Fernsehen eine neue Kanonisierungsmöglichkeit hinzugekommen: horizontale Kanonisierung über das zeitgleiche Erreichen eines Weltpublikums durch Satellitenübertragung. Meldung und Meinung unterstützen sich auch hier in besonderer Weise: Wer oder was weltweit gezeigt wird, muß Welt-Geltung haben – wobei hier die Abgrenzung zwischen Kanon und Mode (in/out) sehr schwierig wird.

Kanonisierung läuft auch in den audiovisuellen Medien über Auszeichnungen und die Präsenz bestimmter Medienangebote in den zunehmend institutionalisierten Ausbildungsprozessen der „Medienwerker". Gelernt wird an Problemlösungen, die „über den Tag hinaus" als exemplarisch gelten. Und wie im Printsystem auch wird Kanonisierung unterstützt durch die sich allmählich entfaltenden Medienwissenschaften. Dabei werden aber hier nicht in erster Linie Personen, sondern Werke kanonisiert – vor allem seitdem die Autorkategorie im Fernsehen problematisch geworden ist. (Doch auch beim Fernsehen verheißt die Arbeit am Kanon Berufsgarantien für Kanon-Worker!)

Die Videotechnik schließlich erlaubt die Anwendung analytischer und hermeneutischer Verfahren auch beim flüchtigen Medium Fernsehen. Per Video lassen sich Fernseh-Medienangebote „durchblättern" und Text-Bild-Relationen analytisch nach allen

115 Cf. dazu W. Faulstich 1991.

Regeln der Kunst deuten. Datenbanken und Computer machen auch umfangreiche Materialien verfügbar und vergleichbar, erlauben also, Unterschiede zu beobachten, zu benennen und zu bewerten.

Forschungsgebiete wie Fernsehgeschichte und Fernsehästhetik sind – wie der sfb 240 (Bildschirmmedien) an der Universität-Gesamthochschule Siegen belegt – inzwischen aus öffentlichen Mitteln förderungswürdig geworden; das Fernsehen ist damit auf dem Wege, endgültig als Instrument und Bestandteil von Kultur akzeptiert – und kanonisiert – zu werden. Die Kanonisierungsmechanismen für audiovisuelle Medienangebote ähneln strukturell denen der Printkanonisierung; die Zeitverhältnisse dagegen werden sich langfristig wohl unterscheiden. Wie für andere Medien gilt offenbar auch für das Fernsehen: Wer sich Identität leisten will, muß sich Gedächtnis leisten. Wer sich Gedächtnis leistet, braucht Distinktion und Vergessen. Wer sich das alles leistet, braucht Kanonisierung – sollen die Bilderfluten nicht spurlos verrauschen.

*

Damit kommen wir zu einem letzten Aspekt der Kanonisierungsthematik: Kanon und Pluralisierung. Wie oben dargelegt, ist Kanonisierung als differenzbildende und komplexitätsreduzierende Operation in allen Bereichen der Mediennutzung ebenso unumgänglich wie im Hinblick auf das Ranking der Produktions- und Verbreitungsmedien. Je mehr Produktions- und Verbreitungsmedien aber zur Produktion und Nutzung von Medienangeboten eingesetzt werden, desto unüberschaubarer werden die Kanonisierungsprozesse und deren Resultate, zumal beide potentiell stets weltweit operieren. Damit verlieren Kanones gesamtgesellschaftliche Bindungskraft, dienen aber in ausgeprägterem Maße als Literaturkanones dem Identitätsmanagement von Akteuren in Szenen und Milieus.

Kanones, so war oben argumentiert worden, sind wichtige Bestandteile des Kulturprogramms, also des kollektiven Wissens einer Gesellschaft. Die beschriebene Kanonpluralisierung ist ein Teil der Ausdifferenzierung des Kulturprogramms in Subprogramme, die zu der Frage führt, ob man heute noch von „der" Kultur einer Gesellschaft sprechen kann. Meine Vermutung geht dahin, daß die Ausdifferenzierung des Mediensystems im 20. Jahrhundert zur Unbeobachtbarkeit der Gesellschaft insgesamt, zur Unbeobachtbarkeit des Kulturprogramms insgesamt und folgerichtig auch zur Unbeobachtbarkeit der Gesamtheit der Kanonisierungsprozesse und Kanones innerhalb unserer Gesellschaft geführt hat.[116]

Pluralität ist endgültig zur Grundverfassung und zum Ausgangspunkt unserer Wirklichkeitskonstruktionen geworden, die sich weder auf Abschlußgedanken noch auf absolute Wahrheiten und Werte einigen kann – womit weder Wahrheiten noch Werte außer Funktion oder Wertschätzung gekommen sind.

116 Zu entsprechenden Entwicklungen im Musikbereich cf. Kap. II, Abschnitt 4.

Kap. II Die Welt der „Neuen Medien"[1]: Virtuelle Realitäten[2]

1 Wirklichkeiten im Plural

Die Wirklichkeit der Medien ist die Wirklichkeit der Medienkulturgesellschaften. Wie sagte schon Karl Marx: Technik und Produktionsverhältnisse schaffen nicht nur einen Gegenstand für das Subjekt, sondern auch ein Subjekt für den Gegenstand. Jede medientechnologische Veränderung hat in der Geschichte zu einer unumkehrbaren Veränderung der Kommunikation wie des Wirklichkeitsverständnisses geführt, von der Schrift bis zum Computer. Die Tele-Maschinen (von der Telegrafie bis zur Television) haben den Raum und die Zeit aufgelöst, die Digitalisierung und der computergestützte Medienverbund sind offenbar dabei, auch die letzten Bastionen traditioneller Wirklichkeitsvorstellungen zu schleifen: Der digitale Raum ist der Raum der endlosen Permutationen und Metamorphosen. Peter Weibel, der Technoprophet, hat die Entwicklung auf folgenden Nenner gebracht:

„Die dritte und aktuelle Phase der Kommunikationstechnologie, die zwischen Menschen und Menschen und zwischen Mensch und Maschine stattfindet, ist durch den digitalen Code gekennzeichnet, der über die Dinge gleitet und sie in Zahlen transformiert.

---

1 Im medientheoretischen Diskurs gibt es immer wieder erhebliche terminologische Differenzen. Einen beherzigenswerten Vorschlag zu Definitionsversuchen hat kürzlich H. Schanze (1995) vorgelegt; zwei Aspekte möchte ich hier kurz anführen.

- „'Multimedia' meint ein Doppeltes: Zum einen die Vereinigung der drei für die Entwicklung der kulturellen Kommunikation entscheidenden Wahrnehmungsformen Text, Bild und Ton. (= Multimedia als perfektionierte Audiovision plus perfektionierter Telekommunikation.)
- Der Computer im Netz, das 'Digitalmedium', bietet eine Plattform für verschiedene Medien, einschließlich deren partieller Integration (= Multimedia-Plattform).

Schanze betont: „Was das evolutionäre Potential des 'Digitalmediums' angeht, die 'Multimedia'-Plattform also, so besteht deren Innovation vor allem in der Kombination von Eigenschaften 'Alter Medien'. Entsprechend der Bandbreite zwischen Broadcasting und Narrowcasting lassen sie sich auf einer Skala der Interaktivität anordnen." (a.a.O.: 400) – „Insofern sind die heute in Rede stehenden 'Neuen Medien' [wie z.B. Digital Video oder Audi Broadcasting, Video on Demand, sjs] letztlich nur noch zu unterscheiden durch den Grad der Interaktivität." (1995: 398)

2 Wichtige Sammelbände bzw. Monografien sind zu diesem Thema in den letzten Jahren publiziert worden; so u.a.: M. Waffender (Hg.) 1991; H. Rheingold 1994; F. Rötzer & P. Weibel (Hg.) 1993; K. Steinmüller (Hg.) 1993; G. Rempeters 1994; St. Igelhaut, F. Rötzer & E. Schweeger (Hg.) 1995; M. Faßler & W.R. Halbach (Hg.) 1994.

Nach Eisenbahn und Telefon, zwei Prototypen der ersten und zweiten Phase, etabliert sich nun also der Computer als neue telematische Maschine, und das natürlich nicht nur im Sinne von Minitel oder BTX. Der binäre Code verwandelt den Realraum in einen virtuellen Raum ohne Riß zwischen Realität und Fiktion. Im digitalen Raum findet die ultimative Auflösung des Körpers statt, die mit Datenhandschuhen, Datenanzügen und der Eroberung der virtuellen Realität gerade beginnt. Für die telematischen Reisen brauchen wir unseren Platz vor dem Bildschirm nicht mehr zu verlassen. Man sitzt vor ihm, die Datenfiguration ersetzt die Welt und die Zeichen bzw. die Welt kommt zu uns. Die Welt wird transparent." (1990: 24) (Abb. 8)

Abb. 8

Im „Kursbuch Neue Medien" (hg. von St. Bollmann 1995) sieht F. Rötzer mit dem *Interaktionsprinzip*[3] der neuen das Ende herkömmlicher Massenmedien nahen; G. Schub von Bossiazky skizziert die Entwicklung vom vernetzten zum virtuellen Unternehmen; E. Eichhorn geht der virtuellen Realität als Medientechnologie der Zukunft nach, und D. Trandisch grübelt anhand der Themen „Von virtuellen Vibrationen, digitalem Dating und Computer-Koitus" über das Problem nach, wie man per Mausklick zum Orgasmus kommt. (Abb. 9)

3 Über den – eher ernüchternden – Status der deutschen Pilotprojekte zum interaktiven Fernsehen cf. den Bericht von A. Felsenberg et al. 1995.

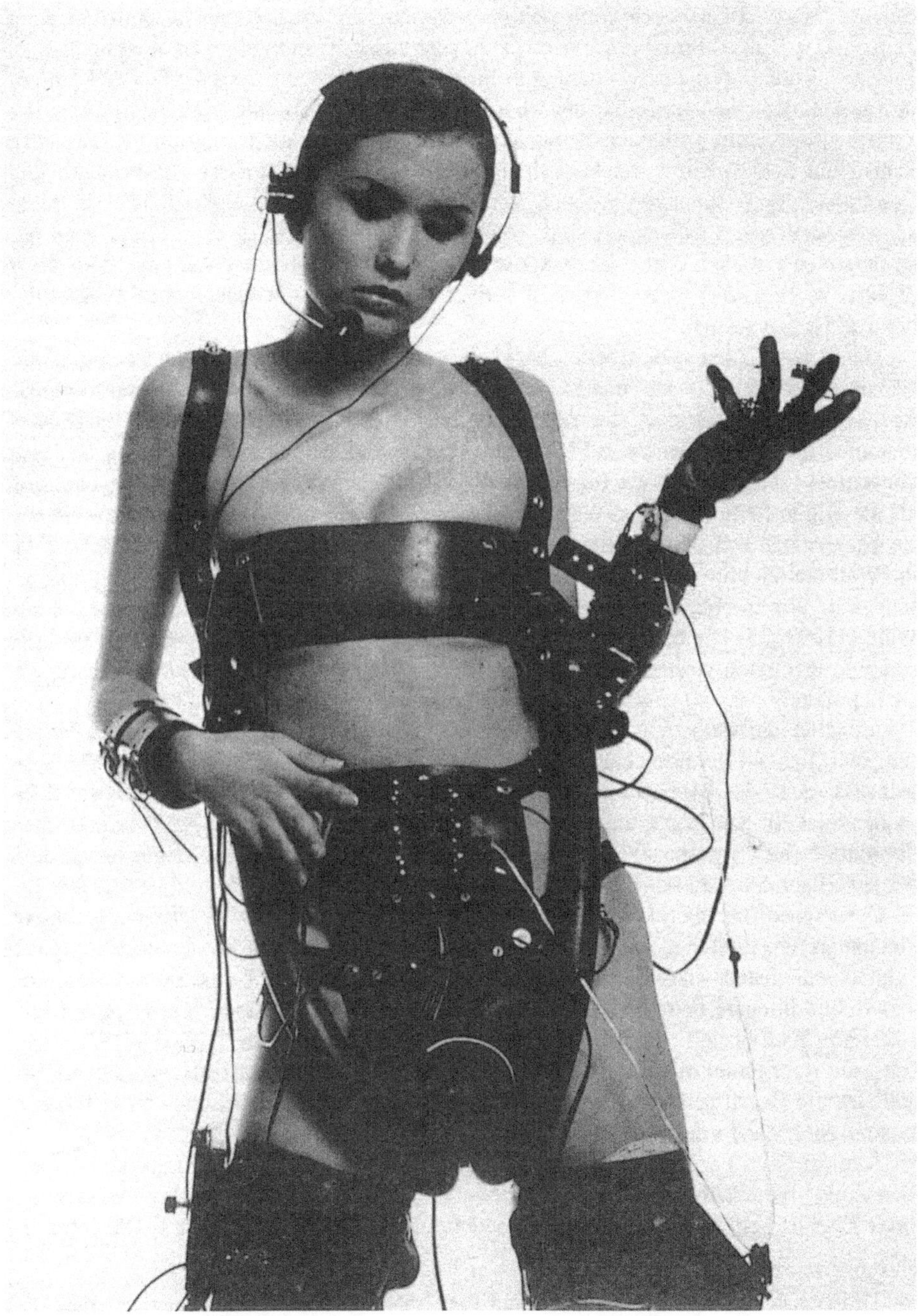

Abb. 9

Auch am Ende des 20. Jahrhunderts ist, wie schon in dramatischer Weise an seinem Beginn, 'Wirklichkeit' noch immer Europas dämonischer Begriff, wie es Gottfried Benn in den 20er Jahren formulierte. Wie bekannt ist unser Verständnis von Wirklichkeit in diesem Jahrhundert mehrfach radikal in Frage gestellt worden: So u.a. von der Relativitätstheorie, der Quantenphysik, der Chaostheorie, der Kybernetik zweiter Ordnung, der Systemtheorie, dem Radikalen Konstruktivismus und der Endophysik Otto E. Rösslers. Schritt um Schritt wurde die Einsicht unumgehbar, daß alle unsere Erfahrungen und Kenntnisse der Wirklichkeit beobachterrelativ sind, und daß alle Operationen des Beobachters empirisch konditioniert sind, von den biologischen bis zu den kulturellen Constraints menschlicher Wirklichkeitskonstruktionen. Der Beobachter steht der Welt nicht objektiv beobachtend gegenüber; er ist aktiver Teil der Welt, beobachtender Beobachter, der Tat-Sachen schafft.

Damit wird – seit den Arbeiten H. Maturanas und F. Varelas, H. von Foersters und E. von Glasersfelds – ein, wie P. Weibel knapp resümiert, „... radikaler Paradigmenwechsel vom externen zum internen Beobachter eingeleitet" (1993: 21), der ganz ähnlich auch im Diskurs der Endo-Physik O.E. Roesslers formuliert werden kann. Die dort konstatierte „Objektivität als Beobachter-Invarianz" konzipiert „die objektive Realität" als die „Endo-Seite einer Exo-Welt" und beschreibt, „wie ein System aussieht, wenn der Beobachter als Teil dieses Systems operiert". Wie Weibel unermüdlich wiederholt, ist die Welt ein „Schnittstellen-Problem": „Die Grenzen der Welt sind die Grenzen unseres Interface. Wir interagieren nicht mit der Welt, sondern nur mit der Schnittstelle zur Welt." (1993: 37) Die besten Modelle der bloß beobachter-objektiven Welt aber sind die computererzeugten virtuellen Räume, die Weibel dezidiert als Spezialfall der Endophysik betrachtet.

Je weiter die virtuellen Welten an die Erscheinungsformen der alltäglichen Erfahrungswirklichkeit heranreichen, desto eindringlicher wird die Einsicht in die Wirklichkeitserzeugung des Beobachters in bezug auf alle „Welten". 'Wirklichkeit', so die Konsequenz, ist ein Konstrukt, und in der Erfahrungswirklichkeit wie in der kybernetischen Simulation (im Cyberspace) ist der menschliche Beobachter ein notwendiger Bestandteil des jeweiligen Systems.

Cyberspace[4] als interaktive Simulation führt – wie immer man diskursiv mit diesem Phänomen umgehen mag – eine folgenreiche Differenz ein, deren Weiterbearbeitung die unterschiedlichsten wissenschaftlichen Disziplinen ebenso wie Kunst und Philosophie inzwischen intensiv betreiben, nämlich die (in sich extrem differenzierungsbedürftige) Differenz 'real/virtuell'. In Verbindung mit der ehrwürdig vagen Kategorie 'Wirklichkeit', die traditionell mit der Differenz 'Wirklichkeit/Fiktion' bearbeitet worden ist, ergibt sich ein Begriffscluster, dessen Erhellung erhebliche philosophische und technische Anstrengungen erfordert.

Zumindest im Fazit sind sich Cyberfreaks und konstruktivistische Kognitionstheoretiker einig: *Wirklichkeit ist in den Plural zu versetzen!* So heißt es bei W. Bricken: "... unser ZNS ist kein Symbolverarbeiter, sondern ein Wirklichkeitsgenerator. Die eigentli-

4 Deutet sich, so fragt K. Steinmüller, mit Cyberspace eine prinzipielle Umorientierung des Entwicklungsweges der Menschheit an: vom Außen zum Innen, vom Realen zum Fiktiven? (1993: 130)

che Computerrevolution steht noch aus; sie wird die Computer zu dem machen, was sie sind: Generatoren von Wirklichkeit. Cyberspace, virtuelle Realität, verkörpert das eigentliche Wesen des Computers, seine Fähigkeit, die unterschiedlichsten Realitäten zu erschaffen. Wir haben die starre, eng begrenzte Verarbeitung eindimensionaler Symbolketten erlebt. Nullen und Einsen. In der Desktopmetapher haben wir das flache, körnige Bild der Pixel-Verarbeitung gesehen. Icons und Mouseklicks. Nun stehen uns Computeraktivitäten aus 'Fleisch und Blut' ins Haus: die sinnliche Umgebung von Situationsverarbeitung im Cyberspace. Eingebundensein in unbegrenzte Wirklichkeiten."[5]

Und N. Bolz formuliert forsch: "Unter Computerbedingungen heißt eine Sache verstehen: sie mit errechneten Bildern simulieren können. Aus dieser Perspektive – die im übrigen identisch ist mit der des Radikalen Konstruktivismus – erweist sich dann auch die sogenannte natürliche Realität als Datenkonfiguration, als Spezialfall der medienspezifischen Grundoperationen mit *computable numbers*." (1993: 901)[6]

*

In Kap. I habe ich ausführlich darzustellen versucht, daß Aktanten kognitiv und kommunikativ Wirklichkeiten erzeugen, daß aber diese Wirklichkeitskonstruktionen keineswegs willkürlich erfolgen oder in solipsistischer Abgeschlossenheit ablaufen. Wirklichkeitskonstruktion ist allemal ein hochgradig soziokulturell konditioniertes Geschehen, bei dem biotische, psychische, soziale und kulturelle Bedingungen in einer bei weitem noch nicht durchschauten Weise zusammenwirken. Ungeachtet aller Konstruktivität, die ja überdies erst dem Beobachter zweiter Ordnung einsichtig wird, gibt es für den Beobachter erster Ordnung gesellschaftlich verbindliche und aus Interaktionserfahrungen gewonnene Wirklichkeitskriterien, die ihn im Alltagsleben aus guten Gründen wie einen erkenntnistheoretischen Realisten handeln lassen (cf. Kap. I, Abschnitt 11).

2 Virtuelle Realitäten

Bereitet schon eine einigermaßen erträgliche Positionsbestimmung von 'Erfahrungswirklichkeit' große Probleme, so sieht man sich bezüglich einer akzeptablen Bestimmung von 'Cyber-Space' und 'virtuellen Realitäten' mit einem äußerst heterogenen Diskursgemenge konfrontiert.

Da ist zunächst das von W. Gibson in Anlehnung an die Kybernetik geprägte Wort 'Cyberspace'. Dieses computergestützte Medium ist eine Art von interaktiver Simulation, die dem Betrachter den Eindruck vermittelt, sich in einer dreidimensionalen Umgebung zu befinden, mit der er direkt interagieren kann. Für dieses Ziel, das „Erreichen der Realität durch Illusion" (F. Brooks) hatte M. Krueger (1965/1982) den Begriff 'artificial reality' vorgeschlagen: „Die virtuelle Welt", so P. Weibel, „verändert sich mit dem

5 Zitiert nach S. Jensen 1994: 67.

6 Dagegen betont F. Kittler durchaus, daß sich die kognitiven Fähigkeiten von psychischen Systemen und Rechnern in bezug auf Gestalterkennung und Algorithmenverarbeitung signifikant unterscheiden (cf. etwa Kittler 1990).

Beobachter als Teil des Systems in Echtzeit, sowohl autonom wie reaktiv. Es ist beobachterzentriert.“ (1993: 25)

Die Technik der virtuellen Räume/Welten/Szenarien beruht auf der Digitalisierung aller Medien, wodurch Text und Bild, Grafik, Video oder Sound manipuliert, transformiert, verbunden und interaktiv gestaltet werden können. Ziel dieser Technik ist also zum einen die Integration möglichst vieler digitalisierbarer Medien (Multimedia), zum anderen ein Interface des Menschen mit dem Computer, das – so die Zielprojektion – „... dem objektorientierten Verhalten in einer nicht-computerisierten Umwelt analog ist.“ (F. Rötzer 1993: 81)

Während S. Zielinski mit dem Konzept ‘expanded reality’ ontologische Implikationen des Begriffs ‘virtual reality’ eher umgeht, vermuten P. Schroeder oder E. Kiefer, daß Computerspaces oder Virtual Realities „... keineswegs Erweiterungen unserer Lebenswelt sind, sondern eher mögliche Parallelwelten, die in gewisser Weise nur im Computer »existieren«.“ (Schroeder 1993: 209)

E. Kiefer prognostiziert, daß es zwischen „... der realen Realität und den virtuellen Realitäten [oder Parallelwelten] zu einer Relativierung und partiellen Einebnung ihrer Grenzen kommen [wird], in die schließlich auch die privaten »virtuellen Realitäten«, die wir in unserem Geist erzeugen können, miteinbezogen werden.“ (1993: 245). Die technische Zukunft virtueller Realitäten sieht Kiefer in einer hochgradigen Vernetzung der KI- und VR-Technologien, und das heißt für ihn: in einer Integration von Wissenschaft, Technik, Kunst und Philosophie. Dadurch wird es, so seine Prognose, zu einer direkten Kopplung zwischen VR-Systemen und menschlichen kognitiven Systemen kommen, so etwa durch ins periphere Nervensystem implementierte Chips, oder durch eine Kopplung beider Systeme über das Corpus callosum, das die beiden Hälften des Neo-Cortex miteinander verbindet (cf. dazu K. Steinmüller 1993).

Diese Prognose ist sicher angesichts der heute verfügbaren Interface-Technologien utopisch, aber angesichts der Forschungen von KI bis zur Neurochip-Technologie kann man kaum von einer leeren Utopie sprechen. Zwar gibt es gegenwärtig noch keine sogenannten „total surround environments“, in die der Mensch mit allen Sinnen integriert werden kann; und auch die Integration von mehr als zwei Benutzern in solche Environments scheitert noch an begrenzten Rechnerkapazitäten.

Aber die philosophischen Probleme, die schon das „Projekt Virtualität“ stellt, sind faszinierend. Auf einige will ich kurz verweisen.

(a) Um menschliche Erfahrungswirklichkeiten bis hin zur Unterscheidbarkeit simulieren zu können, muß man sehr genau herausfinden, wie im sensori-neuronalen Zusammenwirken die menschlichen Repräsentationen von Wirklichkeit konstruiert werden. Insofern setzt die technische Konstruktion von VR eine „naturalisierte Erkenntnistheorie“[7] (Kognitionstheorie) voraus, die eine technische Operationalisierung ihrer Erkenntnisse erlaubt; und andererseits wird jeder funktionierende virtuelle Raum zum bis dato besten Modell der beobachter-relativen Erfahrungswirklichkeit. Wenn man virtuelle Welten von innen wie von außen beobachten kann, dann eröffnet sich eine interessante Konstellation. Die künstlich hergestellte (simulierte)

7 Cf. dazu u.a. J. Fedrowitz et al. (Hg.) 1994.

VR wird aus Wissen über die Erfahrungswirklichkeiten gemacht. Während bislang Wissen nur in der Erfahrungswirklichkeit erwartet werden konnte, eröffnen Cyberspaces nun ebenfalls Wissensgewinn, der in beiden Welten verwendet werden kann – wenn man die kategorial unterschiedlichen Modi von Raum und Zeit in beiden Umwelten austarieren kann. Dabei spielt das Problem entry/reentry sicherlich eine bedeutsame Rolle, also die Frage, inwieweit man seinen „wirklichen" Körper in virtuelle Welten mitnehmen kann oder nicht. Unter diesem Aspekt ist es kein Zufall, daß die Themen Körper und Sinnlichkeit im VR-Diskurs neue Konjunktur gewonnen haben, bis hin zur Techno-Ästhetik. Denn das Virtuelle verknüpft, wie Ph. Quéau betont, in neuer Weise Bild und Körper, Bewegung und Gedächtnis, Gestisches und Visuelles und hebt damit die Standpunkt- und Perspektivgebundenheit unserer Wahrnehmung auf: „Der Bildschirm des Virtuellen jedoch kennt nur einen künstlichen, beweglichen, zersprungenen, paradoxalen Horizont." Während Wahrnehmung in unserer Erfahrungswirklichkeit nach dem Prinzip arbeitet, Erfahrungen von Augenblick zu Augenblick miteinander zu koordinieren, schafft virtuelle Wahrnehmung diese Koordination ab. Objekte können in jedem Augenblick von einem anderen Standpunkt und in einem anderen Horizont beobachtet werden, wobei diese Beobachtungen beliebig miteinander verbunden werden können. „Die virtuelle Szene ist eine Verflechtung, ein Beziehungsknoten." (1995: 65)

(b) Die Frage der Betretbarkeit und der Authentizität virtueller Räume ist ihrerseits verquickt mit der Frage, wann/warum/wie lange wir die elektronisch erzeugte Welt der Bilder, Töne und Bewegungen für „wirklich" halten und damit interagieren. Diese Frage stellt sich nicht erst im Zusammenhang mit Cyberspaces, sie ist sozusagen AV-Medien-notorisch.

Elektronisch erzeugte Bilder sind bekanntermaßen keine Abbilder, auch wenn sie mit fotografischen Abbildern identisch zu sein scheinen. Da jedes Pixel einzeln berechenbar und manipulierbar ist, können Bilder beliebig manipuliert werden. Damit werden auch Funkbilder und Fotos technisch so veränderbar, daß man, wie N. Bolz betont, von einer „spurlosen Fälschung" sprechen kann (1993: 900). Das Problem der Authentizität und Referenz von Bildern, die aus elektronischer Bildver-/-bearbeitung hervorgehen, muß entsprechend umformuliert werden und dafür bietet sich wieder eine altehrwürdige Kategorie an: 'Vertrauen'. Reliabilität und Authentizität von elektronisch erzeugten und übermittelten Bildern müssen zunehmend über Indizien bewertet werden (Quelle, Kontext, Programmplatz, Inszenierungsdetails, Gattungskonventionen, Kompatibilität mit Informationen in anderen Medien usw.), da ihr referentieller Status technisch prekär geworden ist.[8] Entsprechend verändern sich die Rezeptionsgewohnheiten der AV-Mediensozialisierten. An die Stelle der traditionellen wahr/falsch-Dichotomie treten neue Kategoriensets – schließlich kann man auf die Wirklichkeit der raum- und zeitrelativen Bilder nun auch mit rein ästhetischen Einstellungen antworten, also Referenzindifferenz praktizieren.[9]

---

8 Dies ist meines Erachtens die gravierende Alternative zur referenzsemantischen Dominanz aller Semiose im Print-Zeitalter.

9 Cf. die systematische Darstellung dieser Entwicklung in S.J. Schmidt 1994.

Europas dämonische Kategorie 'Wirklichkeit' wird damit zwar nicht einfach außer Kraft gesetzt – andernfalls könnten die Beobachter erster Ordnung nicht mehr in ihrer Lebenwelt operieren; aber das Unterscheidungsset, mit dem wir kulturell operieren, wird damit erheblich angereichert. Neben die traditionellen Unterscheidungen Wahrheit/Lüge, Sein/Schein, Realität/Fiktion, Wirklichkeit/Utopie und Realität/Simulation tritt nun die Unterscheidung Realität/Virtualität/Hyperrealität, womit alle anderen Unterscheidungen neu kontextualisiert werden und entsprechend semantisch uminterpretiert werden müssen. Unsere Kultur, verstanden als Programm der gesellschaftlichen Thematisierung relevanter Unterscheidungen (in Form handlungsanleitender Semantiken), ist nachweislich komplexer geworden (cf. Kap. I, Abschnitt 8).

(c) Die Pluralisierung bzw. Parallelisierung von „Welten", oder, wie man wohl vorsichtiger sagen sollte: von Szenarien, in denen und mit denen Erfahrungen gemacht und Resultate von Forschungen dargestellt werden können, kann nicht nur zu einem Pluralismus der Formen des Erkenntnisgewinnens und -überprüfens führen. Vielmehr wird sie uns auch dazu veranlassen, die verschiedenen Verfahren und Resultate des „world making" miteinander zu vergleichen, zu bewerten und zu modifizieren; unsere temporären Selektionen von Erfahrungszenarien für bestimmte Zwecke zu begründen; die Interfaces zu allen „Welten" möglicher Erfahrungen zu optimieren, usw. Ein selbstverständlich gewordener Zugang zu Parallelwelten dürfte langfristig wohl auch die Diskussion über deren jeweiligen Status ent-ontologisieren, was die Differenz zwischen Wirklichkeit und Cyberspaces nicht etwa aufhebt, sondern unaufgeregt zu beobachten erlaubt. Es geht dann, wie P. Schröder formuliert hat, nicht um eine Verdopplung der Realität, sondern darum, „... wieviel Komplexität wir mit der vorgegebenen Technologie erreichen und interaktiv aufrechterhalten können." (1993: 206)

Ob wir, wie V. Flusser emphatisch gefordert hat, einmal in einer Pluralität von Welten leben werden, „... von denen es von keiner einen Sinn haben wird zu sagen, sie sei wirklich oder sie sei fiktiv, von keiner wird man sagen können, sie sei eine natürliche Gebenheit [oder] sie sei ein mediales Kunstwerk" (1993: 70), sei dahingestellt.

Cyberspace, der den „Eintritt des Beobachters in den Bildraum" (Bolz 1993: 898)[10] ermöglicht, gestattet gleichsam einen sinnlichen Nachvollzug der Einsichten, die

10 P.M. Spangenberg hat in einem Kommentar zur Erstfassung dieses Kapitels angemerkt: „Die Erfahrung eines entgrenzten Raumes, in dem man sich frei bewegen kann, erscheint mir als wichtigste Eigenschaft für das Erlebnis einer simulierten 'wirklichen Wirklichkeit'. In Rollen und Computerspielen wird demgegenüber 'Fiktionalität' – so meine ich – durch einen klar umgrenzten Spielraum (sic) angezeigt. Adventure-Spiele finden in einer geschichtslosen Zeit auf imaginären Inseln, in Höhlen oder Schlössern statt.
Hiermit unterscheiden sich diese Spielfiktionen (auch jene, die Zeitreisen simulieren, die immer an bestimmte Orte führen, deren historische Komplexität schwach bestimmt bleibt) von literarischen Fiktionen, in denen Zeit (selbst in trivialen Texten wie den Fantasy-Romanen von Tolkien, die eine mehrdimensionale Zeitorganisation aufweisen) – vielleicht aufgrund der Liniarität des Mediums – eine größere Rolle spielt. – Vielleicht ist es überzogen, doch sehe ich hier Anschlußpunkte zu jener modernen Faszination gegenüber dem Raum, die Foucault konstatiert.

sich der Beobachter zweiter Ordnung kognitiv-reflexiv erarbeiten muß: die Einsicht in die gesellschaftliche Konstruiertheit von Erlebniswirklichkeiten *und* der Kategorien zur Bewertung dort gültiger Realitätskriterien und Mediennutzungsstrategien. Die sinnliche Erfahrung, „in anderen, möglichen Welten wirklich zu sein" (1993: 898), im Verein mit dem Bewußtsein des Crossings von der Erfahrungswirklichkeit zum Cyberspace, wird zum konkreten Erlebnis der Kontingenz (nicht etwa der Willkürlichkeit) alles Wirklichen.

Dieses Kontingenzerlebnis verweist „kultürlich" zurück auf die Konstruktionsbedingungen jeder Wirklichkeit. Und diese Konstruktionsbedingungen sind immer empirisch-gesellschaftlicher Art, aufruhend sozusagen auf dem Stand unseres biologischen Equipments als Gattungswesen.

Insofern sind Cyberspaces immer auch Resultat wie Dokument unseres Wissens, unserer Wertsysteme, unserer Bedürfnisse und Ziele. Bekanntermaßen steht neben technischen Problemen, die die Cyber-Entwicklung aufwirft, die zentrale Frage, was wir mit dieser Technologie anfangen und zu welchem Nutzen wir uns ihrer bedienen können.

Die Frage nach neuen Interaktionsverhältnissen zwischen Mensch und Maschine ist, im Blick auf die künftige Entwicklung und auf unsere Verantwortung für diese Entwicklung, die einer der Väter des Radikalen Konstruktivismus, H. von Foerster, immer wieder eingeklagt hat (1993), eine so wichtige Frage, daß sie nicht mit essayistischen Parolen postmoderner Techno-Essayistik vernebelt werden darf.[11] Dazu einige Anmerkungen und Beispiele.

(d) Als zentrale These des postmodernen Diskurses, der um Simulation, Digitalität, Verschwinden und Beschleunigung als zentrale Begriffsikonen kreist, hat W. Köster die Behauptung ausgemacht, „... daß die Technik, und hier vor allem die Medientechnik, der eigentlich ausschlaggebende Faktor für die Form einer Kultur, ja sogar für den Zustand einer ganzen Weltgesellschaft sei." (1993: 705) Und Norbert Bolz bestimmt gleich reihenweise die Merkmale dieser neuen Gesellschaft: „Die technischen Medien der Informationsgesellschaft sind das unhintergehbare historische Apriori unseres Weltverhaltens; Programme ersetzen die sogenannten Naturbedingungen der Möglichkeit von Erfahrung. Die Welt der Neuen Medien hat von Subjekt auf System umgestellt. Und der Regelkreis Mensch-Welt entzaubert die philosophischen Sub-

'Die große Obsession des 19. Jahrhunderts ist bekanntlich die Geschichte gewesen: die Entwicklung und der Stillstand, die Krise und der Kreislauf, die Akkumulation der Vergangenheit, die Überlast der Toten, die drohende Erkaltung der Welt. Im zweiten Grundsatz der Thermodynamik hat das 19. Jahrhundert das Wesentliche seiner mythologischen Ressourcen gefunden. Hingegen wäre die aktuelle Epoche eher eine Epoche des Raumes. Wir sind in der Epoche des Simultanen, wir sind in der Epoche der Juxtaposition, in der Epoche des Nahen und des Fernen, des Nebeneinander, des Auseinander. Wir sind, glaube ich, in einem Moment, wo sich die Welt weniger als ein großes sich durch die Zeit entwickelndes Leben erfährt, sondern eher als ein Netz, das seine Punkte verknüpft und sein Gewirr durchkreuzt. Vielleicht könnte man sagen, daß manche ideologischen Konflikte in den heutigen Polemiken sich zwischen den anhänglichen Nachfahren der Zeit und den hartnäckigen Bewohnern des Raumes abspielen.' (Foucault 1990: 34)"

11 Cf. dazu T.P. Gangloff 1994.

jekt-Objekt-Beziehungen. Vor der elektronischen Schwelle unterstellte eine analoge Schau noch ein Subjekt der Vorstellung – heute arbeiten digitale Schreib/Leseköpfe Projekte der Darstellung ab. Was einmal Geist hieß, schreibt sich heute im Klartext von Programmen an.“ (1993a: 34)
Und nach diesem verbalen Paukenschlag wird dann die Brave New World – bedauerlicherweise noch im Printmedium der versinkenden Gutenberg-Galaxie – Punkt für Punkt als „key-board society“ entworfen.
In dieser Society scheiden sich die Geister streng in Programmierer und Programmierte, Designer und User, die „längst formal-numerisch und algorithmengeleitet“ operieren. „Datenprocessing macht Genie überflüssig“, nur alteuropäische Idealisten reklamieren noch Fetische wie Autorschaft und das Schöpferische. Längst walten neue Formen des Sozialkontaktes, „das Face-to-face weicht dem Interface“, und „... die alten semantischen Fragen nach Bedeutung, Repräsentation und Intentionalität gleiten an einem elektronischen Datenfluß ab, der Effekte inszeniert – sonst nichts.“
Traditionen und Ideologien sind für Bolz in der Rumpelkammer verschwunden – schön wär's? Das Geheimnis des menschlichen Geistes findet bei ihm eine „sehr profane Antwort“: „Speichern und Manipulieren von Datenketten“ (– jeder AI-Romantiker würde vor so viel Naivität erblassen). „Medienverbund“ heißt das „... Betriebsgeheimnis einer Kultur, die sich heute anschickt, ihre humanistische Identität wie eine Schlangenhaut abzustreifen.“ Unser soziales System, so Norbert Bolz, formiert sich als key-board society – „man trifft nur noch auf Benutzeroberflächen.“
Und auch eine geschichtsphilosophische Vision bietet Bolz in seinem medientheoretischen High-Tech-Angebot: „Gadgeteering, die Synergie von Mensch und Maschine, bringt die Befreiung von der philosophischen Zumutung der Freiheit.“ Der Mensch wird in Bolz' Neuer-Medien-Welt zum „Schaltmoment im Medienverbund“, das Leben verwandelt sich in einen „telekommunikativen Datenprozeß“, in dem die menschlichen Schaltmomente sich an, als oder mit Biochips und Brainscanning ergötzen. In ihrer Welt geht „aller Trost“ von „den Strahlen des Bildschirms“ aus.
M. Terkessidis (1993) hat in einer kritischen Analyse solcher medientheoretischen Essayistik im Umkreis von Bolz, Kittler, Kamper, Flusser, Virilio und Baudrillard mit ihrer „frei-flottierenden Semantik“ „zwischen Essayistik, Wissenschaft, Kunst und Pop“ nachdrücklich eine Begriffsbestimmung von 'Medium' eingefordert[12] – eine Begriffsbestimmung von 'Kultur' wäre wohl gleichermaßen vonnöten, will man, in zugegebenermaßen alteuropäischer Mentalität, noch wissen, wovon eigentlich die Rede ist.

(e) Treten wir einmal einen kritischen Schritt zurück von der „... heute modischen Rede von der Herrschaft der bloßen Effekte und Simulationen, die das Realitätsprinzip außer Kraft setzen und im Raum der elektronischen Bilder das Faktische mit dem Vir-

12 P.M. Spangenberg merkt zu dieser Passage an, ob es sich hier nicht auch um Wissenschaft von einer anderen Erfahrungsgrundlage her handeln könnte, eben um „... 'Wissenschaft' unter den Bedingungen der Attraktivitätsforderungen eines AV-Medienzeitalters, in dem Überzeichnungen und Diskursüberschreitungen zwischen Kunst, Wissenschaft und SF dazu dienen, postmoderne Individualität zu erzeugen.“

tuellen fusionieren" (so formuliert ironischerweise N. Bolz selbst 1993: 900), dann kommen die durchaus praktischen Nutzeranwendungen des Cyberspace in den Blick. Cyberspaces werden zunehmend als Ausbildungsräume für gefährliche Operationen in der Praxis verwendet. Piloten und Astronauten, aber auch Herz- und Gehirnchirurgen werden in möglichst perfekten Simulationsenvironments für gefährliche Praxen ausgeschult, flott Bolzisch formuliert: „Der Cyberspace wird zum Fitneß-Studio der modernen Professionen." (1993: 900)[13] Aber auch andere Formen hypermedialer Spiel- und Lernsituationen (Edutainment) können mit Hilfe des Cyberspace entwikkelt und genutzt werden, wenn er – wie früher das kindliche Spiel – als Welterkundungsprogramm eingesetzt wird (etwa im Stil heute vorhandener Hypertexts), so etwa virtuelle Museen, begehbare Architekturmodelle oder die Repräsentation von Daten als dreidimensionale Gebilde.[14]

Faith Popcorn, die Trendforscherin, sieht das künftige Zimmer für „virtuelle Realität" schon vor sich: „Dort wird man sich mit Hilfe von Computer- und Hologrammtechnik in künstliche, dreidimensionale Welten versetzen lassen können. Wir können dann zum Beispiel virtuell auf eine Safari nach Afrika reisen, ohne uns mühsam in ein Flugzeug begeben zu müssen. Wir können uns auch Stars wie Paul Newman zum Tee einladen oder eine Reise in die eigene Kindheit unternehmen."[15]

Virtuelle Welten verkörpern dabei ein aufschlußreiches Paradox: Zum einen wird eine möglichst vollständige Abbildung erstrebt, zum anderen eine vollständige Liquidation des Realen. Die puren audiovisuellen Oberflächen haben nur zufällige Anfänge und Enden, sind abgelöst von Gegenstandsbedeutung und Geschichte (so F.W. Kluge 1991), denen – wie oben schon erwähnt – als Wahrnehmungsmodus Gleichgültigkeit oder ästhetische Faszination, nicht aber Referenzbearbeitung entsprechen. Diese Tendenz wird sich noch erweitern, wenn die – wiederum in der Militärtechnologie entwickelten – Laser-Mikroscanner zivil nutzbar werden, die ohne den Bildschirm als Zwischenträger virtuelle Bilder direkt in das Auge projizieren.

(f) Eine weitere, schon heute zum Teil genutzte Möglichkeit ist die wissenschaftliche Nutzung von Cyberspaces. So prognostiziert etwa St. Jensen, daß wir den Aufstieg einer „Cyberspace-Ethnomethodologie" erleben (1994: 71), die Psychologen und Soziologen ein völlig neues Forschungsfeld eröffnen wird: „Die Untersuchung (realen!) menschlichen Verhaltens in virtuellen Räumen. Dies wird zu interessanten Fragen führen – wie beispielsweise der, ob jemand für sein Handeln in der virtuellen Realität zur Verantwortung gezogen (bestraft) werden kann, falls er anderen Aktoren – wenn auch nur: illusionäre – Nachteile (etwa: die Beschädigung eines imaginären Autos) zufügt." (1994: 71)[16]

---

13 Cf. zu diesem Thema den Übersichtsartikel „Simulation – Wem nützt die Scheinwelt." In: Bild der Wissenschaft, H. 11, Nov. 1993, 50-66.

14 Cf. dazu den Bericht über sinnvolle Einsatzmöglichkeiten von Computern und Datennetzen in der Schule: „Revolution des Lernens." In: DER SPIEGEL 9/1994, 96-116.

15 In: FAZ-Magazin 635 vom 30.04.1992, S. 63.

16 Auf diesen Aspekt verweist auch S. Fisher: „,... so wird es das spannendste Problem sein herauszukriegen, was geschieht, wenn Menschen verschiedene Körperformen ausprobieren

(g) Cyberspace-Ethnomethodologie findet schon heute ein reiches Beobachtungsmaterial in sogenannten Mehrbenutzersystemen (MUDs). Die gemeinsame spielerische Nutzung technischer Medien führt offenbar zu neuen Formen von Telesozialität[17], die Modi parasozialer (anonymer und abstrakter) Beziehungen entstehen lassen. International vernetzte Mailboxen (wie etwa Green Net oder Fido-Net) oder interaktive Systeme wie Habitat[18] eröffnen neue Formen der Kommunikation und Identität. Spezialkulturen mit Diskursuniversen, in denen eigene Normen und Präferenzen gelten, erweitern die selbst wählbaren Selbstdarstellungsmuster und erhöhen den „Spezialisierungsgrad der außerberuflichen, persönlichen und privaten Identitäten. [...] Computer und Datennetze zerstören somit nicht die Kommunikation, sondern provozieren sie: in einer neuen überlokalen und spezialisierten Form.“ (Eckert et al. (Hg.), 1993: 46) Eine Beobachtung solcher Entwicklungen kann sich meines Erachtens nicht mit der Feststellung zufrieden geben, hier würden Probleme sozialer Isolation auf dem Umweg über technisch vermittelte Interaktionen oder Pseudointeraktionen zu lösen versucht. Daneben muß zumindest zur Kenntnis genommen werden, daß die weitere Perfektionierung neuer Formen von Telesozialität echte Hybridformen der Konstitution und Bearbeitung psychischer wie sozialer Probleme entstehen lassen kann. (V. Grassmucks Bericht über die Otaken und ihre Kolonisierung von Information und Medien (1991) scheinen mir in eine solche Richtung zu deuten.) Schon das bloße Vorhandensein und die Zugänglichkeit elaborierter interaktiver Systeme ermöglicht zumindest potentiell andere Formen der Wirklichkeitserfahrung bis hin zur Sexualität. So vermutet Jaron Lanier in seinen Spekulationen über „postsymbolische Kommunikation“: „Wenn Menschen in einer virtuellen Welt miteinander in Verbindung treten können, und wenn sie die Fähigkeiten entwickeln können, diese Welt auf improvisierte Weise zu programmieren, sich selbst zu verändern oder die Welt zu etwas anderem zu machen, dann haben wir es mit einer äusserst kreativen und philosophisch völlig neuartigen Situation zu tun.“ (Zitiert nach E. Beckmann 1993: 336)[19] Die Präsenz, die Verfügbarkeit und die Beobachtbarkeit von

und sehen, wie andere Menschen darauf reagieren. Wie fühlt man sich, wenn man zum Objekt des Rassismus oder anderer Weisen sehr negativer Interaktionen wird?“ (1993: 192)

17 Auch hier bietet N. Bolz wieder weitreichende Thesen mit bedenklicher politischer Tendenz an. Zunächst vereinnahmt er die existentialontologische These vom Menschen als geworfenem Entwurf in Form der These: „Das Selbst ist nur ein Knotenpunkt virtueller Realitäten, begreifbar nicht mehr als Subjekt in einer objektiven Welt, sondern als Entwurf im Projektionsraum eines rechnenden Denkens, den man heute Cyberspace nennt.“ Dann zieht er die soziologische Konsequenz: „Und was ist aus dem Zoon politikon geworden? Mögen unsere Ahnen einmal liberal räsonierende Bürger gewesen sein – wir sind schon seit Jahrzehnten Fernsehzuschauer, Subjekte allenfalls als Untertanen des Medienverbunds. Die virtuelle Realität der elektronischen Gemeinschaft tritt nicht einfach in Konkurrenz zur bürgerlichen Öffentlichkeit, sondern schließt sie aus. Der politische Raum schrumpft zum telematischen Netz. Wo Glasfaserkabel liegen, gibt es kein Forum mehr. Mehr noch: Jedes Festhalten an den Formen bürgerlicher Öffentlichkeit schlägt um in blanke Ignoranz.“ (1993: 899)

18 Cf. dazu E. Beckmann 1993: 331f.

19 Ob sich allerdings – wie das Beckmann-Zitat zu implizieren scheint – aus veränderten technischen Kommunikationsbedingungen quasi automatisch Kreativität ergibt, muß wohl grundsätzlich bezweifelt werden.

Verfahren technischer Simulation und Interaktion parallel zu den bekannten und bewährten (bzw. gescheiterten) Interaktions- und Kommunikationsformen wird unsere Konzepte von Gesellschaft, Person und Individualität kognitiv und kommunikativ verändern. Das zeigt etwa die Möglichkeit einer Manipulierbarkeit des Erscheinungsbildes im Cyberspace. Mimik, Gestik und Stimme der virtuellen Person sind frei wählbar und manipulierbar, was die Frage nach der Identität äußerst schwer beantwortbar macht. Wer ist das Gegenüber im Cyberspace? Wie kommuniziert man mit Partnern mit wechselnden Identitäten? Werden wir uns, wie K. Steinmüller vermutet, künftig in einer „permanenten Turing-Testsituation" befinden? (1993: 137)
Mit der Beobachtung solcher Veränderungen, die das Zusammenspiel von Cyber und Oikos mit Sicherheit auslösen wird, sollten Cyberspace-Ethnomethodologen, -Soziologen und -Politologen möglichst bald und möglichst ernsthaft mit ihren Forschungen beginnen: Es handelt sich um ernste Spiele; denn sie spielen (auch) mit dem Re-Entry-Schock beim Crossing der Grenze(n) zwischen den Welten – wie viele wir auch immer konstruieren mögen.

(h) Wie jede andere bedeutsame technische Entwicklung stellt uns auch das Phänomen Cyber vor ethische Probleme. Brainscanning, mind-machines, hypermedia, synergetische Verhältnisse zwischen Mensch und Maschine, so sehr sie heute noch technische Utopien sein mögen, werden uns vor ethische Entscheidungen stellen. Was darf man können?[20]
Auch diese Perspektive formuliert N. Bolz in gewohnt eindrucksvoller Rhetorik: „In der neuen Medienwirklichkeit ist der Mensch nicht mehr der Herr seiner Daten. Menschen werden mittlerweile selbst in Rückkopplungsschleifen eingebaut, beispielsweise ein Astronaut, der als kybernetischer Organismus seiner Kapsel funktioniert – Cyborg (Cybernetic Organism) nennt man solche halbsynthetischen Wesen. Vor diesem Hintergrund behaupte ich, daß alle Identitätsprobleme und auch alle ethischen Fragen unserer humanistischen Kultur aus den Anforderungen einer neuen Mensch-Maschine-Synergie entstehen. Das wird von Begriffen wie Interface und Benutzeroberfläche deutlich angezeigt." (1993: 901)
Diese Rhetorik ist – ohne hier bierernst zu werden – den genannten Problemen meines Erachtens nicht angemessen. Die Herkunft der Cyber-Technologien aus dem militärischen Kontext sollte sensibler machen: Kriegsstrategien waren noch nie am Leben von Menschen interessiert.
Hinzu kommt, daß mit dieser Technologie durchaus weitreichende Hoffnungen verbunden sind. Aber hier beginnen die skeptischen Fragen. Die Unterscheidung zwischen „guten" und „bösartigen" globalen Computernetzen (Flugbuchungssysteme vs. Spionagesysteme zum Beispiel) wirft natürlich auch die Frage auf, ob es wirklich zu einer demokratischen Mitbestimmung in elektronischen Kommunikationsnetzen kommen kann, wie F. Pichler (1990) vermutet. Werden in virtuellen Welten alle die volle Kontrolle über die eigenen Interaktionen haben, wie E. Beckmann fordert? (1993: 323) Und führt mehr Kommunikation, wie K. Haefner (1993: 53) oder T.P. Gangloff (1994: 81) hoffen, wirklich zu einer friedlicheren Welt, weil vernetzte Sy-

20 Wie ersichtlich laviere ich angesichts der ethischen Probleme zwischen Technikenthusiasten und Kulturpessimisten.

steme nicht über sich herfallen, sondern sich friedlich ausbalancieren? Steht uns nicht eine neue „Klassengesellschaft“ bevor, in der sich Datennetzkompetente und -inkompetente, „maker“ und „user“ gegenüberstehen werden? Oder wird H. Rheingold (1994) mit seiner Vision einer Tele-Demokratie recht behalten?
Für ein Fazit ist die Situation heute viel zu komplex. Das einzige, was man nach dem Verlauf der bisherigen Mediengeschichte(n) wohl begründet vermuten kann, läßt sich auf das nur trivial klingende Fazit bringen: Wie immer virtuelle Realitäten als neue Domänen menschlichen Erfahrungmachens auch aussehen werden – entscheidend ist, was in ihnen passiert. Ihre Nutzung wird langfristig ihren Nutzen definieren (cf. auch M.W. Krueger 1993). Daher schließe ich mich am Ende der Überlegungen zur virtuellen Realität der Einschätzung von E. Eichhorn (1995: 219) an: „Virtuelle Realität – Medientechnologie der Zukunft? Sicherlich ist es noch verfrüht, derartige Behauptungen aufzustellen, steckt VR doch erst in den Kinderschuhen. Gleichwohl ist die Technologie der Virtuellen Realität, anders als die des Computers, auf der sie basiert, von Anfang an dahingehend entwickelt worden, Medium zu sein: nicht nur Daten-, sondern auch Bildwelt, welche die sensuellen und mentalen Fähigkeiten des Menschen erweitert. So mag für den Cyberspace gelten, was für die anderen Medien auch gilt: kein Entweder-Oder, sondern ein Sowohl-als-auch: ‘Einige werden den Cyberspace als eine Mischung aus Unterhaltung, Flucht und Sucht benutzen, andere werden mit seiner Hilfe durch die gefährlichen und komplexen Probleme des 21. Jahrhunderts navigieren. Vielleicht wird er die Pforte zu Gibsons Matrix sein. Hoffen wir, daß der Cyberspace ein neues Labor für unser Denken sein wird – und überlegen wir, was wir tun können, um die Entwicklung in diese Richtung zu lenken.’“
Unbestritten dürfte sein, daß die Technologien der Virtual Reality Trends der Moderne verstärken: den Trend zur Technisierung, zur Ersetzung natürlicher Umwelten durch Kulturumwelten; den Trend zur Simulation, zur Einbindung des Menschen in Mensch-Maschine-Combines; den Trend zur Vereinzelung der Individuen und zur Medialisierung sozialer Kontakte; den Trend der Freizeitgesellschaft zum Hedonismus sowie den Trend zum „Welten-Zapping“, den Vernetzung und Breitbandkommunikation erlauben (cf. dazu K. Steinmüller 1993: 143).

3 Neue Medien-Kunst

Wie auch die neuere Geschichte der (Kommunikations-)Technologien belegt, sind diese immer (rascher) von Künstlern als Herausforderung ihrer Kreativität genutzt worden. Den Stand der einschlägigen Utopien hat P. Weibel 1989 so formuliert: „Die Medienkunst, insbesondere die digitale, ist fast per definitionem interaktive Kunst. Sie hat die partizipatorischen Praktiken der Avantgarde zu einer Technologie der Interaktivität entwickelt. Sie benutzt zum Beispiel bei der interaktiven digitalen Videoplatte (ab 1978) die interaktiven Fähigkeiten des Computers, um zwischen dem Werk, das natürlich nicht mehr ein Werk im klassischen Sinn ist und sein kann, und dem Betrachter einen Dialog, ja einen Polylog, um einen multiplen Kreationsprozeß zu ermöglichen. So wurde aus dem aktiven Betrachter und Benutzer der echte Teilnehmer an der Gestaltung des 'Kunstwerkes'. Vom Touchscrean (ein Bildschirm, der auf Fingerdruck reagiert) bis zur interaktiven computerunterstützten Toninstallation entsteht so eine Kunst, die mit dem Betrachter taktil, visuell oder akustisch interagiert." (1989: 77) (Abb. 10)

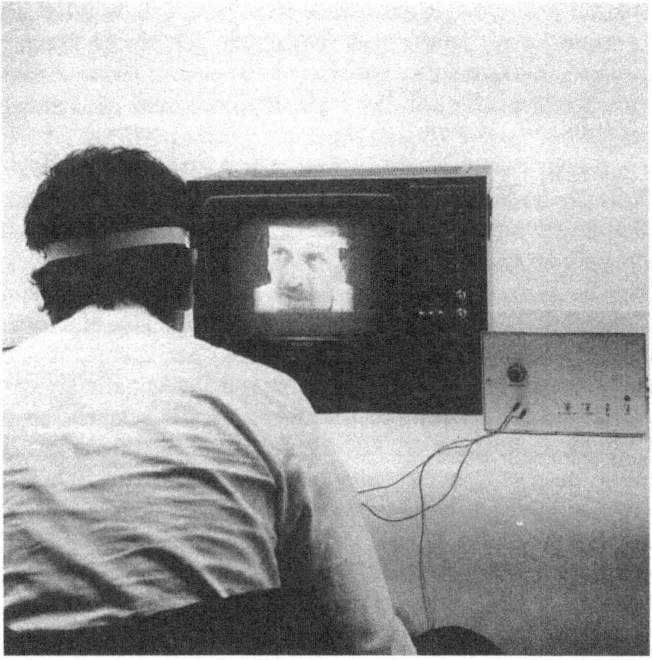

Abb. 10

Wie immer leidet auch diese Utopie an einigen Schwächen.

Die Werbung, stets begierig auf aufmerksamkeitsweckende Verfahren der Bildproduktion, hat leidvoll erfahren müssen, daß die Möglichkeiten digitaler Simulation ein hohes Maß an Kreativität erfordern, soll das Resultat mehr sein als technische Spielerei („Techno-Motz"). Ein neues Instrument führt erfahrungsgemäß nicht automatisch zu neuer Kreativität oder zu adäquaten Nutzungsenergien und -phantasien.[21] Darauf hat auch O. Wiener deutlich hingewiesen: „In all seinen bisher bekannt gewordenen Anwendungen ändert der Computer nichts an der Natur des menschlichen Verstehens und der menschlichen Kreativität." (1993: 233). Ähnliche Erfahrungen machen auch die Cyber-Künstler (und ihre Co-Produzenten). Das Problem liegt offenbar im Fehlen einer „epistemologisch adäquaten Fiktion" (so Charles Harrison von der Künstlergruppe *Art & Language*), einer adäquaten Konzeption also, die die neuen technischen Möglichkeiten nicht für alte Zwecke benutzt, sondern ihr Potential der Sinn- und Wirklichkeitskon-

21 Das niedrige Niveau konventioneller Computerkunst beklagt etwa B.R. Smith 1989.

struktion ausschöpft. Diese Potentiale deuten sicher nicht in Richtung Computerbild und Computergedicht, sondern in Richtung auf effektive Interaktivität, auf Netzwerk-Verbund und Hypermedia.[22]

Es besteht hoher Konsens darüber, daß der Schlüssel zum Funktionieren von Medienkunst in der *Interaktivität* liegt.[23] Stellvertretend für viele Stimmen soll Roy Ascott mit seiner Vision einer „telematischen Kunst“ hier zur Sprache kommen.

Ascott entfaltet die zunächst verblüffend anmutende Hypothese, daß die telematische Kunst die Rückkehr zur Natur im 21. Jahrhundert vorbereitet: „Ich möchte behaupten, daß die logische Folge unseres Wirkens im elektronischen Raum in einer Neudefinition unseres Lebens im natürlichen Raum besteht. Die logische Konsequenz der Immaterialität der Informationsgesellschaft ist die Wiederherstellung einer natürlichen Materialität im 21. Jahrhundert [...] einer Natur II“ (1989: 344). Für Ascott ist jede Kunst, die computergestützte Systeme und elektronische Medien jedweder Art integriert, telematische Kunst, und Künstler, die in diesem Bereich arbeiten, bezeichnet er (in Anlehnung an die Kognitionspsychologie) als Konnektivisten.

Konnektivismus, Systemvernetzung, Nanotechnologie, Robotik und ähnliche Entwicklungen werden im 21. Jahrhundert, so Ascott, zu einer radikalen gegenseitigen Abhängigkeit und Verbundenheit des Natürlichen und des Künstlichen führen, Wahrnehmungs- und Gedächtnisleistungen steigern und damit die Persönlichkeit allmählich verändern. Die Schnittstelle zwischen Mensch und Umgebung wird zunehmend digitalisiert. „Wir sind weniger an der Darstellung der Welt interessiert als an ihrer Virtualisierung. [...] Lineare Systeme, strenge Kausalität und analytische Gewißheit haben einer eher spielerischen Interaktion mit nicht-linearen Systemen, geschichteter Sprache, der Navigation von Bedeutungen, zunehmender Intuition und der Selbstschöpfung Platz gemacht. [...] In der telematischen Kunst ist jedes Quantum an Bedeutung vielschichtig und trägt eine Vielfalt möglicher semantischer Trajektoren in sich, deren Gültigkeit jeweils vom teilnehmenden Beobachter, Leser oder Zuhörer abhängt.“ (1989: 349)

22 Cf. u.a. R. Ascott 1989: „Netzwerk-Verbund ist die Metapher für die Kultur des späten 20. Jahrhunderts: eine Metapher von Interaktivität, Dezentralisierung, die Überlagerung von Ideen aus einer Vielfalt von Quellen.“ (1989: 100) – Auch der Pionier M.W. Krueger sieht in der Interaktivität die fundamentale Differenz zwischen traditioneller und digitaler Kunst (1993).

23 „Bekanntermaßen wird mit dem Begriff *Interaktivität* viel Schindluder getrieben, und scheint derzeit oft noch näher beim Phrasenmüll der jährlich wechselnden Schlagworte als bei einem konstitutiven Merkmal der Dekade zu liegen, so banal ist häufig das, was sich mit dieser Beziehung drapiert. Interaktivität birgt aber ein hohes edukatives und pädagogisches Potential. Man kann sie lernen. Und wer schon frühzeitig darauf eingeübt ist, vermag sie auch künstlerisch und ästhetisch fruchtbar zu nutzen. Ascotts Vision der Netzwerke umfaßt die Flussersche Vision telematischer Weltkultur ebenso wie Regionalismen, detektivische Spurensuche, das Schaffen neuer Mythen oder die Kreation virtueller Phantasiewelten, wenn er davon spricht, daß wir 'uns immer freier im Datenraum (bewegen), der uns durch die computergestützten Systeme der Wahrnehmung, Nachbildung und Simulation geöffnet wurde'.“ (Ch. Thomsen 1993: 404) – In Anlehnung an L. Goertz sollte man von Interaktivität erst dann sprechen, wenn ein Benutzer – zeitlich unabhängig – aktiven Einfluß auf das nicht-linear präsentierte Datenmaterial nehmen kann und mehrere Medien integriert sind.

Telematische Kunst bezieht Klänge, Bilder, Strukturen und Bewegungen in zunehmender Synthese aufeinander. Die von Ascott beschworene Telematisierung des Bewußtseins stellt aber langfristig auch unser Bewußtsein selbst, unseren Sinn für die Gegenwart in der Welt und unsere Beziehungen zur Realität in Frage. „Darin liegt die Schizophrenie unserer Lebensbedingungen. Telematische Systeme zur globalen Vernetzung virtueller Realitäten ermöglichen uns die gleichzeitige Präsenz hier und anderenorts. Im Laufe der nächsten Jahre werden wir uns mehr und mehr daran gewöhnen, mit anderen und mit uns selbst als virtuelle Daseinsformen in virtuellen Räumen umzugehen. Hier und doch nicht hier. Im telematischen Hier und Dort wird uns oft das Wissen darüber oder eine Ahnung davon fehlen, wo und von wem wir angetroffen werden, an welcher Schnittstelle oder an welchem Kommunikationsknoten. In diesem Prozeß wird die menschliche Präsenz virtualisiert und das Individuelle selbst ausgebreitet, der Raum visualisiert und der Ort ausgedehnt." (1989: 351)

Und die Aussichten für die Kunst des 21. Jahrhunderts stellen sich nach Ascott wie folgt dar: „Persönlichkeitstransfer, Ideentransfer, Telepräsenz, indirekte Schöpfung – bei neu definierter Urheberschaft – von Bildern, Formen, Klängen, Bewegungen in vollkommen synthetischen Ensemblen; die *virtuelle* Realisation von Konzepten, die das Unbekannte ebenso behandeln wie das bislang Unerkennbare, die das Unsichtbare sichtbar machen, die *intelligente* Systeme beherbergen können, die in Form einer unendlichen, transformierbaren, interaktiven, reagierenden, *organischen Materialität* in die Welt treten – das sind die Aussichten für unsere Kunst im 21. Jahrhundert." (1989: 354)

Kunst also auf dem Wege zur Natur – aber zu einer Natur II, zu einer Nachfolgerin der Erfahrungswirklichkeit?

*

Wie immer, wenn Kunst sich neuer Technologien zu bedienen beginnt, wird die Frage nach dem *Kunstbegriff* neu gestellt. Angesichts bereits absehbarer Wandlungsphänomene:

- von der Darstellung von Wirklichkeit zu deren Erzeugung
- vom zeitüberdauernden Objekt/Werk zum Echtzeitereignis
- von Wirklichkeit zu Wirkung
- von Interpretation zur Interaktion usw.

stellen heute viele die Frage, ob der Cyber-Künstler nicht zum Ingenieur oder Wissenschaftler wird (cf. St. Wilson 1989), und ob Kunst hier nicht in pure Künstlichkeit transformiert wird.

P. Weibel scheint dieses Problem durch Paradoxierung bewältigen zu wollen. Er versucht, „... der Kunst einen neuen transhistorischen Diskurs zu geben. Er errichtet die Autonomie der Kunst, indem er sie bis zur eventuellen Unkenntlichkeit umformt. Das ist die Politik des Bildes, die Politisierung der Kunst: Gegebenenfalls muß man nicht allein aus dem Bild aussteigen, sondern auch aus der Kunst – der Ausstieg aus der Kunst als höchste Form der Kunst." (1989: 75)

Weibels Projekt einer Interaktionskunst mit der schönen Utopie interaktiv verteilter Kreativität hat einige Schönheitsfehler. Weibel als experimenteller Künstler dürfte ja wissen, wie kläglich bisher praktizierte Versuche einer Einbeziehung von Publikum in die Kunstproduktion gescheitert sind – angefangen von Scheu und Lethargie des Publikums bis hin zu aufsichtstechnischen und versicherungsrechtlichen Fragen in Museen und Ausstellungsräumen.

Soll mehr als eine disneyland-artige Publikumsbeteiligung erreicht werden, dann stellt sich die Frage, ob nicht angesichts der hohen Komplexität virtuell-visueller Medienangebote oder Raumsimulationen, die einen enormen Aufwand von arbeitsteiligen und kostenintensiven Herstellungen und hohes technisches Know-how erfordern, die Teilung in Produzenten und „user“ (noch lange?) bestehen bleiben wird. Von einer gleichberechtigten Herstellung interaktiver Kunst zu sprechen, ist also zumindest auf absehbare Zeit problematisch – von der Diskrepanz zwischen technischen Möglichkeiten, der materiellen Oberflächenqualität der Erzeugnisse und den Inhalten und „Ideen“ einmal ganz abgesehen.

Die Visionen sind hochgespannt, viele Prognosen ignorieren schon heute erkennbare Probleme. Bis heute laboriert man am Interface-Problem. Auf lange Sicht wird man wohl daran laborieren, was man mit den zur Verfügung stehenden ungeheuren Datenmengen anfangen will, die in Netzwerken zur Verfügung stehen. Die Grenzen von Raum und Zeit werden immer leichter überwunden, die Begrenztheiten menschlicher Aufnahmekapazität, menschlicher Interessen und Bedürfnisse dürften dagegen schwieriger zu verschieben sein. Die Vision erdumspannender Interaktion wird vielleicht ganz trivial daran scheitern, daß – als Post-Hacker-Schock – in Zukunft der Zugang zu *interessanten* Datenbanken und Computernetzen restriktiv kontrolliert wird. Vielleicht wird – wie R. Adrian X (1989) vermutet – eine Kunst der Telekommunikation in Zukunft nur noch über Netze wie Bitnet oder Earn laufen, zu denen nur Universitäts- und Akademiemitglieder Zutritt haben –, womit etwa die an solche Netze gebundene neue Kunst endgültig im elitären Abseits gelandet wäre, nicht zuletzt weil fraglich sein dürfte, wer dann noch den hohen technischen Aufwand zu finanzieren bereit sein wird.

4 Nachfrage: Oder leben wir schon im Cyberspace?

St. Jensen hat kürzlich den Versuch unternommen, die Diskurse von Konstruktivismus und Cyberspace ironisch-irenisch ineinander zu verschränken.

Wenn wir in der Lage wären, so beginnt er seine Spekulation, umfassende virtuelle Environments so perfekt herzustellen, daß Menschen darin völlig versinken könnten, dann wäre es für diese Menschen unmöglich herauszufinden, ob sie sich in der Virtualität oder in der Realität befinden. Angesichts dieser hypothetischen Situation stellt Jensen nun die Frage: Leben wir vielleicht, ohne es zu wissen, bereits im Cyberspace?[24] Spielt man diese Möglichkeit einmal durch, dann stößt man auf das Problem, wie jemand, der im Cyberspace operiert, herausfinden kann, ob er sich im Cyberspace befindet oder außerhalb. Die naheliegendste Antwort lautet: Solange wir die Eingangs- und Austrittsbedingungen noch kontrollieren, uns also noch dessen bewußt sind, daß wir den Datasuit angelegt haben und ihn wieder ablegen können, kontrollieren wir auch noch

24 Die korrespondierende Hypothese, Gesellschaften würden sich in Zukunft vorwiegend in Cyberspaces aufhalten, lanciert P. Weibel 1989.

die Unterscheidung zwischen Cyberspace und Wirklichkeit, wie real uns der virtuelle Raum auch erscheinen mag; denn die Verbindung zwischen Cyberspace und Realität bildet unser Körper, nicht die Technik (cf. Jensen, 1994: 76).[25] Unser körperliches Bewußtsein suggeriert uns nämlich trotz identischer sensorischer Erfahrungen in „beiden" Räumen, daß wir jetzt nicht im Cyberspace sind. Wenn aber die Konstruktion unserer Erfahrungswirklichkeit biologisch und sozial (durch Kommunikation) erfolgt: Wer garantiert uns dann, daß sich nicht Cyber-Programme entwickeln lassen, die uns suggerieren, *jetzt nicht* im Cyberspace zu sein? „Wir haben dann nur noch die Möglichkeit, über die Kommunikation mit anderen, die sich nicht im Cyberspace befinden, zu erfahren, ob wir im Cyberspace sind oder nicht. Denn nur die, die sich ‘außen’ befinden, können den Unterschied zwischen ‘innen’ und ‘außen’ (zwischen virtueller und realer Wirklichkeit) erkennen. Aber auch über diesen Punkt können wir getäuscht werden: Der Cyberspace kann so angelegt sein, daß er eine ‘Grenze’ und die Kommunikation über diese Grenze hinweg mit (virtuellen) ‘anderen jenseits der Grenze’ in seinen Programmen enthält. Diejenigen, die wir außerhalb des Cyberspace vermuten, sind ein Teil von ihm. Es gibt keine Möglichkeit, das ‘von innen’ festzustellen." (1994: 76)

Jensen zieht daraus den Schluß, daß wir mit den Radikalen Konstruktivisten annehmen müssen, daß wir uns in einem virtuellen Raum-Zeit-Gefüge befinden – „im ‘Cyberspace Gesellschaft’„. Von diesem Cyberspace aus ist die „wirkliche" Außenwelt nicht von der systemerzeugten Illusion einer wirklichen Außenwelt zu unterscheiden, und auch im perfekten Cyberspace können Philosophen und Wissenschaftler wiederum über die Möglichkeit der Erforschung einer postulierten „Realität da draußen" nachdenken, also Erkenntnistheorie betreiben. Sie würden dann feststellen, daß sie keine Möglichkeit besitzen, objektive Merkmale des Cyberspace, die Gesetze seiner Entwicklung oder seine Zukunftschancen zu ermitteln, da sie ja nur im Cyberspace operieren, ihn aber nicht von außen betrachten können. Jensen folgert daraus: „Unsere wahrgenommene Wirklichkeit ist nicht Realität, sondern Virtualität – Cyberspace." (1994: 77) In der gesellschaftlich geschaffenen „Innenwelt" dieses Cyberspace können wir uns eine äußere Wirklichkeit jenseits der Gesellschaft nur in der jeweiligen gesellschaftlichen „Kultursymbolik" vorstellen. „Wir bleiben immer im Kerngehäuse einer gesellschaftlichen Sinn-Welt, die Schichten über Schichten kulturelle Deutungsmuster um sich legt, jenseits deren die eigentliche, die nicht-gesellschaftliche Wirklichkeit liegt – sowohl die spirituelle als auch die harte, stoffliche, widerständige, materiell-energetische Dinghaftigkeit, die uns als unvermittelte, ‘rohe’ Wirklichkeit ewig unzugänglich bleibt. Wir erfahren sie nur kulturvermittelt; wir können sie nur symbolisch in unsere Innenwelt hineinholen, um darüber in den Termini unserer Symbolik – konstitutiver Symbole, moralisch-evaluativer Symbole, expressiver Symbole, kognitiver Symbole – zu kommunizieren." (1994: 79)

Aus der Wissenschaftstheorie ist wohl bekannt, daß es keine rational begründbare absolute Grundlage unseres Wissens gibt, weil der Begründungsregreß unendlich ist. Wir brechen Begründungsketten notwendigerweise irgendwo ab, und zwar in der Regel

25 So argumentiert auch S. Fisher: „Die Frage, inwieweit man seinen wirklichen Körper in die virtuelle Welt mitnehmen will, ist ein Schlüsselmoment." (1993: 191)

bei solchen Aussagen, die nach gesellschaftlichem Wissen als *evident* gelten.[26] Ohne den *Glauben* an Evidenz, also an eine intelligible Wirklichkeit, wäre keine Einsicht, keine Erfahrung möglich. Evidenz, also die zirkuläre Voraussetzung der Überzeugung, deren Inhalt sie bildet, verkörpert unsere Anerkennung einer „realen Wirklichkeit“ – so einfach und so prekär scheinen die Dinge in epistemologischer Hinsicht zu liegen. Gleichwohl ist Jensens Gedankenexperiment letztlich doch nicht überzeugend. Darauf hat auch P.M. Spangenberg hingewiesen und argumentiert, daß sich Cyberspace auch *qualitativ* von anderen Wirklichkeitsebenen unterscheidet. Stimmigkeitsanforderungen, wie sie sonst an Wirklichkeitsbereiche gestellt werden, sind in Cyberspaces (zumindest heute noch) aufgehoben oder beschränkt. Wie Spangenberg betont, werden die Paradoxien der sensuell erfahrbaren Fiktion von den Akteuren durchaus gewußt und siedeln Cyberspace genau an der Stelle einer körperlichen Erfahrung der Einheit dieser Differenz an.[27] Diese Gleichzeitigkeit von Virtualität und Wirklichkeitserfahrung macht die Besonderheit von Cyberspace aus. „Erst wenn die sozialen Wirklichkeiten im Rahmen der funktionalen Differenzierung derart unterschiedlich und komplex geworden sind, daß sie zugleich als wirklich und unwirklich erfahren werden, macht Jensens These für mich Sinn.“[28]

Die Diskussion der hypothetischen Frage Jensens, ob wir nicht schon längst in einem perfekten Cyberspace leben, führt also meines Erachtens zu folgendem Ergebnis: Wie immer, wenn es „etwas zu erfahren gibt“, erweist sich Differenz als produktiv. Mit anderen Worten, der perfekte Cyberspace, der keine Differenz zwischen Virtualität und Aktualität mehr erlaubte, kein Crossing des Körpers zwischen Innen- und Außenwelt mehr zuließe, wäre eine völlig uninteressante Verdoppelung unserer Lebenswelt, bestenfalls als Disney Land nutzbar.[29] Der Cyber wäre dann zur Lebenswelt geworden, in dem wir vermutlich schleunigst einen neuen Typ von Cyber entwickeln würden – schon um uns zu unterhalten (und immer so weiter?). Interessant ist das Phänomen Cyberspace meines Erachtens nur, solange es mit der Differenz von Cyberspace und Lebenswelt zu operieren erlaubt. Erst an diesen Grenzen entstehen die spannenden Fragen, u.a. die Frage, welche Relevanz Cyberspaces in Zukunft in der Vielfalt der Organisationsformen von Wirklichkeitskonstruktionen einnehmen werden. Nach Ansicht P.M. Spangenbergs wird dies sowohl über Inhalte als auch über die Akzeptanz der ästhetischen Kommunikationsqualität von Cyberspaces in Subkulturen und/oder in den Angeboten der Massenmedien zu entscheiden sein.

---

26 W. Stegmüller 1969: 169.

27 K. Steinmüller bemerkt lapidar: „Wenn Schmerz und Krankheit Kriterien und der Tod das ultimative Kriterium für Realität sind, dann müßte es nicht Virtual Realities, sondern Virtual Irrealities heißen.“ (1993: 140)

28 So Spangenberg in seinem Kommentar zur Erstfassung dieses Kapitels.

29 P.M. Spangenberg weist zu Recht darauf hin, daß der literarische SF-Diskurs über Cyberspace über die Aufrechterhaltung der Trennung von Umgebung und biologischen Subjekten der Erfahrung hinausgeht und sich an jenem Punkt ansiedelt, wo die Grenzen zwischen Mensch und Maschine fließend werden – so etwa in den Gibson-Romanen oder in Medienprodukten wie *Bladerunner, Tron* oder einigen Schwarzenegger-Filmen.

5 Aspekte der Virtualität in der Musik: Medien-Musik

R. Großmann hat in einem interessanten Aufsatz grundlegende Veränderungen „musikalischen Handelns" unter den Bedingungen der elektronischen Medien analysiert und dabei verdeutlicht, welche Beobachtungsvorteile ein systemorientierter Ansatz bringen kann. Großmann wählt dementsprechend als Kriterium für Medienmusik nicht Werkmomente (wie etwa synthetisch erzeugte Klangstrukturen), sondern „... die Zugehörigkeit zu einem durch spezifische technische Voraussetzungen geprägten Bereich musikalischen Handelns." (1995: 1) In der programmgesteuerten Manipulation musikalischer „Mediengestalten" vollzieht sich nach Großmann ein tiefgehender Umbruch in allen Bereichen musikalischer Praxis, der dazu führt, daß Musik aufhört, etwas „jenseits der Medien zu Verortendes" zu sein. Medienmusik konstituiert eine neue Medienwirklichkeit, die durchaus als virtueller Raum bestimmt werden kann: „Das Paradigma der medialen *Abbildung* ist dem der *Konstruktion von (medialer) Wirklichkeit* gewichen." (1995: 2, Hervorhebung im Original) So hat etwa Rupert Hine[30] Tonbandaufzeichnungen aus aller Welt aus den kommunikativen Zusammenhängen ihrer Entstehung herausgelöst, zu einem One-World-Mix zusammengeführt und damit reine Medienmusik hergestellt, deren materielle und sinngebende Strukturen an ihre neue Existenz in der sog. Elektrosphäre gebunden sind. Diese mediale Neukonstruktion der kommunikativen Funktion von Musik prägt alle Gegenstände, die in das „Medienuniversum" eingeholt werden, nicht nur die gemeinen medialen Artefakte. Diese Neukonstruktion von Sinn- und Bedeutungskontexten gilt für Karajans Beethoven-Sinfonien ebenso wie für die neuesten Techno-Produktionen. Auch der Wunsch, der Medienwelt zu entkommen, wird von dieser perfekt assimiliert: Weil die Differenz eine Differenz macht, kündigt Eric Clapton („Warner Music", 1992) seine CD als „Unplugged" (= nicht angeschlossen) an.

Diese Entwicklung stellt die traditionelle Musikwissenschaft (mit ihrer dominanten Werkorientierung) vor große Probleme. Werkinterpretation wird illusorisch, und der Kanon löst sich „... in der heterogenen Praxis einer zunehmenden Zahl von Teil- und Subkulturen mit jeweils eigenen Kriterien zur Konstruktion von Bedeutung" auf (1995: 3; cf. oben Kap. I, Abschnitt 14).

Mit der Entwicklung eines immateriellen Cyberspace der Netzwerke kommt es zu einer „Entmassung" der Mediennutzung. Massenkommunikation wandelt sich zu einer individualisierten und nach Einzelaspekten und -interessen diversifizierten Kommunikation von bzw. in Teil-Kulturen und Individuen, womit – so Großmann – Kultur als Systematisierung von gesellschaftlichen Grundkonzepten in Frage gestellt wird.

Wie Großmann zu Recht betont – und Ähnliches gilt ja, wie oben gezeigt, auch für Medienkunst –, hat die Medienmusik der letzten zwanzig Jahre kaum Innovationen bei den kompositorischen Prinzipien hervorgebracht. Innovation findet vielmehr im systemischen Zusammenwirken, im „Reibungsprozeß" von medienmusikalischer Produktion und einer signifikanten Ausdifferenzierung von Mediennutzer-Gruppen und Mediennutzungs-Verhaltensweisen statt. Der Disk Jockey (DJ) wandelt sich zum Master of Cere-

30 „Various Artists – One World One Voice", Virgin Records 1990.

mony (MC), der nach dem ästhetischen Prinzip des Sampling eine neue Phase der Musikproduktion einleitet.[31]

Mit Rap und Techno begann in den 80er Jahren der Umbruch vom „Abbild- zum Konstruktionsparadigma“ in der Musik und der Siegeszug einer neuen Verfügbarkeit von Synästhesien, die vor allem mit dem Namen MTV (1981 gegründet) verbunden ist. Der Musikmarkt differenzierte sich aus in eine Vielzahl autonomer Teilmärkte. Und als neues Verfahren setzte sich die Dekonstruktion alter Musik und ihrer Stile und ihre Rekombination zu neuer Musik durch. In der Pop-Musik der 80er Jahre begann die Phase der programmgesteuerten Konstruktion, die zunächst zur kostensparenden Simulation herkömmlicher Musik genutzt wurde und sich naiver Rezeption als authentisch andiente. Produzenten präsentieren eine Musik, die außerhalb des Medienkontexts nicht existiert, dies aber vorgibt (z.B. bei Madonna). „Die Fiktion einer Teilhabe an der kommunikativen raumzeitlichen Einheit von Produktion und kollektiver Rezeption kontrastiert in dieser Situation mit den Produktionsbedingungen einer sequentiell konstruierten Tonkonserve und den individualisierten Rezeptionsbedingungen vor der Stereoanlage oder dem TV-Clip im Wohnzimmer.“ (1995: 6)

Endgültig in den 90er Jahren löst sich dann der Simulationscharakter technisch erzeugter Musik auf. Mediale Artefakte werden als eigenwertig wahrgenommen und endgültig von ihrer Aufführungspraxis abgelöst.

Die traditionelle Differenz zwischen Produktion und Rezeption, Produktions- und Rezeptionsinstrumenten verwischt sich. Computer, Plattenspieler, Sampler, Harddisk-Recorder werden zu Medieninstrumenten. Aus dem Repertoire der Medienkonserven werden Versatzstücke herausgelöst und zur Transformation diversester Art benutzt: ein Remix eines schier unerschöpflichen Materialpools, der mit geringem Aufwand jedem möglich ist und von den Atari-Kids zur Techno-Musikproduktion effizient genutzt worden ist. Die entstehenden hybriden Produkte unterlaufen die Differenz von Original und Fälschung, von real und virtuell, von authentisch und nachgemacht. Dabei kann „das Original“ durchaus als interpretierter Klangcharakter in „der Bearbeitung“ enthalten sein. „Die Interpretation wird zum Remix, zum technischen Spiel der Medien mit den Medien, zum Spiel der Medienmacher mit den Mediengewohnheiten der Mediengesellschaft.“ (1995: 8)

Dabei lassen sich komplexe *Hybridprozesse* beobachten. Technisch (digital) und menschlich (analog) produzierte Klänge und Kompositionsstrukturen verschmelzen miteinander, und die individuelle Bedeutungskonstruktion geschieht in einer Medienwirklichkeit, die „mediale Künstlichkeit“ konstitutiv enthält. Der neue Typ des Medienmusikers – wie der des Medienkünstlers – ist nicht mehr Handwerker, sondern Techniker, der musikalische bzw. audiovisuelle Medienprodukte designt bzw. komponiert. Dabei kann auch die durch die Medienentwicklung tiefgreifend transformierte Natur und Naturerfahrung mediengerecht instrumentalisiert werden: Natur findet in den sog. Sound scapes und Klangfotografien als Medienereignis im Medium statt: *nature unplugged* sozusagen, wobei im künstlichen Realismus digitaler Aufzeichnungen der Klangbilder von Räumen, Orten oder Landschaften die Klangwelt jenseits der Medien

31 Mit medienreflexiven Tendenzen wie dem Scratching, Sampling und Sequencing wurde bereits in den 80er Jahren in Rap und Techno die konventionelle Hörpraxis provoziert.

erinnert wird. „Die 'reale' Welt vor den Medien soll mit den elektronischen Medien wieder ins mediengeprägte Bewußtsein gebracht werden." (1995: 9) – Eine ideale Ergänzung zum authentischen Osterspaziergang im Cyberspace sozusagen.

Auch im Musikbereich wird auf Interaktivität gesetzt. In entsprechenden Installationen können Besucher visuell oder audiovisuell Erfahrungen machen bzw. Ereignisse auslösen, indem sie sich bewegen. Der Medienmusiker arrangiert nicht das Produkt, sondern Handlungsprozesse.

Großmanns Fazit der Entwicklung im Musikbereich zeigt viele Parallelen zum Bereich der Kunst. Er schreibt: „Das Verhältnis der 'virtuellen' musikalischen Medienwelt zum Feld kommunikativen Handelns hat sich also vom Paradigma des Abbilds und des simulierten 'Als ob' emanzipiert. Die Stufe, die hier unter dem Stichwort *Aktion* beschrieben wurde, ist zwar immer noch von den Massendistributionsmedien Radio und TV mitgeprägt. Nach der selbstverständlicher werdenden Nutzung aktiver Komponenten der Mediennutzung ('Interaktion') und einer weiteren Diversifizierung der Teilkulturen im Kontext bidirektionaler Netze ('Internet') sind bereits neue medienmusikalische Praktiken in Sicht: virtuelle Gemeinschaften entstehen um E-zines, Musiker-Homepages und in Newsgruppen, Audio-Daten werden ausgetauscht oder gemeinsam produziert. Welches Potential dabei entfaltet und wie der Bezug musikalischer Netzpraxis zur kommunikativen Welt übergreifender gesellschaftlicher Erfahrung aussehen wird, bleibt – noch – unserer Phantasie überlassen." (1995: 11)

Kap. III Medien – Kommunikation – Werbung: Stichwort Kommerzialisierung

1 Systemorientierung

Die in Kap. I eingeforderte Systemorientierung der Medienforschung soll in diesem Kapitel am Beispiel verschiedener Beobachtungen der Werbung (Schwerpunkt Fernsehwerbung) hinsichtlich ihrer Leistungsfähigkeit erprobt werden. Mit dieser Strategie soll die in weiten Bereichen der Werbeforschung praktizierte Hermeneutik der *Werbeangebote* (Anzeigen, Spots usw.) ergänzt werden um Beobachtungen des *Werbesystems* als Sozialsystem, um die systemische Einbettung von Werbemedienangeboten zu explizieren.

Die Wahl des Beispiels Werbung ist verschieden motiviert:

- Seit einigen Jahren steigt das öffentliche Interesse wie das Interesse verschiedener Wissenschaften an der Werbung als ökonomischem, kommunikativem und ästhetischem Phänomen.
- Seit Einführung des dualen Rundfunksystems in der Bundesrepublik Deutschland 1984 hat sich die finanzielle Abhängigkeit der Medien von Werbeeinnahmen so drastisch erhöht, daß viele Kritiker schon eine Fusion von Werbung und Massenmedien befürchten.
- Entwicklungen im Bereich der Informations- und Kommunikationstechniken stellen auch die Werbung vor völlig neue Probleme, die von der adäquaten Nutzung der neuen Technologien für Werbezwecke bis zum Wandel des Selbstverständnisses der Werbung im modernen Kommunikationswettbewerb reichen.

Schon diese wenigen Hinweise verdeutlichen m.E. hinreichend, daß ihre Analyse mehr erfordert als Spotanalysen, und daß die gegenwärtige Situation nur in der Doppelbelichtung einer strukturellen und einer historischen Analyse erhellt werden kann.

2 Werbung und Medienkultur*

Werbung – in ihrer gesamten Angebotspalette auf Trägermedien von Print bis CD-ROM sowie im Internet – gehört unstrittig zu den spektakulären Wachstumsbranchen seit den

---

* Die folgenden Überlegungen stützen sich hinsichtlich des empirischen Materials vor allem auf die Fernsehwerbung in Deutschland, dürften aber mit leichten Modifikationen auf das gesamte Werbesystem übertragbar sein. – Zu weiterführenden Darstellungen cf. S.J. Schmidt & B. Spieß 1994 und 1996 sowie die Beiträge in S.J. Schmidt & B. Spieß (Hg.), 1995.

50er Jahren. Verehrer wie Verächter zollen inzwischen ihren Produkten und Strategien in einer wachsenden Zahl von Veröffentlichungen Tribut. Nicht nur, daß die (nach Angaben des Zentralverbands der deutschen Werbewirtschaft) 1995 ca. 53 Milliarden Mark schwere Werbung ca. 400.000 Spezialisten für sich arbeiten läßt und damit ein relevanter Wirtschaftsfaktor geworden ist, der entscheidet, welche Zeitschrift stirbt und welcher Fernsehsender überlebt, welche Sportart schrumpft oder boomt. Werbung gilt inzwischen als eine Art Resonanzverstärker für soziale und kulturelle Entwicklungen. Sie hat die Ausbreitung des „weltweiten Waren-Chiffren-Systems" vollzogen und „definiert die Zeichensprache der planetaren Kultur" (M. Horx 1993: 22). Und manche Autoren sehen in der Werbung sogar einen wichtigen Vorreiter der Ästhetisierung unserer Lebenswelt auf dem Weg in die elektronische Simulation, gleichsam als Surface-Dekor der Virtual Realities.

Weder Kulturkritiker und Kulturpolitiker noch antikapitalistische politische Systeme haben den globalen Siegeszug der Werbung aufhalten können. Statistiker behaupten, daß der durchschnittliche Deutsche heute pro Tag mehr als 1200 Werbeangebote unterschiedlichster Art wahrnimmt – wie bewußt auch immer. Der deutsche Durchschnittsjugendliche hat bis zu seinem 20. Lebensjahr heute z.B. bereits mehr als 20.000 Fernsehwerbespots zu sehen bekommen und entwickelt bis zum 13. Lebensjahr das ausgeprägte Markenbewußtsein, das diese Altersgruppe zum milliardenschweren und entsprechend umworbenen Verbraucherreservoire hat werden lassen.

Aber Werbung ist nicht nur zu einem prägenden Rezeptionsfaktor geworden. Ihr scheinbar unerschöpfliches Reservoire von Bildern, Sprüchen und Inszenierungen prägt („nicht immer, aber immer öfter") die Imagination der Rezipienten und geht als semiotisches Rohmaterial in private wie öffentliche Kommunikationen ein („Nichts ist unmöglich!").

Daneben ist Werbung längst zu einem entscheidenden Finanzier der Distributionsinstitutionen für ihre Werbemedienangebote geworden. Öffentliche wie private Medieninstitutionen hängen heute gleichermaßen von der Finanzierung durch die (Werbe)Wirtschaft ab. Entsprechend werden (seit Einführung des dualen Systems mit wachsender Tendenz) Programmgestaltung, Zeitraster und ästhetische Stilisierung etwa der Fernsehangebote (vom Senderlogo und den Trailern bis zur Ästhetisierung des Infotainments und Advertainments) wesentlich von der Werbung beeinflußt. Kommunikationsqualitäten treten zunehmend an die Stelle von Authentizitätsstrategien und -ritualen, um sich im Kampf um das stets knapper werdende Gut Aufmerksamkeit noch Chancen ausrechnen zu können. Medienforscher konstatieren (besorgt oder erfreut), daß im Zuge der unaufhaltsam erscheinenden Vervielfachung von Medienangeboten und Kommunikationszusammenhängen, die sich gegenseitig aufschaukeln, ein Prozeß sozialer wie kultureller Diversifikation (Pluralismus) angelaufen ist, der Gesellschaft als ganze unbeobachtbar und unsteuerbar zu machen droht.

Wenn man – woran heute wohl niemand mehr zweifelt – Sozialisation schwerpunktmäßig als Mediensozialisation begreifen muß, in deren Verlauf und als deren Ergebnis Wirklichkeitsmodelle, Lebensentwürfe und Inszenierungsstile für Emotionalität entworfen und modifiziert werden; wenn man berücksichtigt, daß der Umgang mit Medien öffentliches wie privates Verhalten, Handeln und Kommunizieren bis in den Intimbereich hinein prägt, und daß Politik, Erziehung, Wirtschaft, Religion und Kunst sich ohne Medieneinsatz im gesellschaftlichen Macht- und Verteilungspoker nicht mehr behaupten können, dann gewinnt der Slogan Sinn, daß wir heute in und mit der „Wirklichkeit der Medien" leben.

Versteht man – wie in Kap. I dargelegt – unter *Kultur* die Systeme kollektiv geteilten Wissens, mit deren Hilfe sozialisierte Individuen ihre Wirklichkeiten entwerfen, Artefakte und sozialstrukturelle Ordnungen interpretieren und bewerten sowie personale und soziale Identitäten auf- und umbauen, dann gehören die modernen Mediensysteme und Medientechniken ebenso zur Kultur unserer Gesellschaft wie die Werbewirtschaft samt ihren Medienangeboten und Werbestrategien.[1] Werbung transformiert die für ihre ökonomischen Intentionen relevanten Dimensionen des „Zeitgeistes" in massenhaft verbreitete Kommunikationsangebote und wird von Werbeforschern deshalb schon seit langem als Spiegel, Resonanzkörper, Barometer oder sensibler Indikator soziokulturellen Wandels im Bereich des Welt- und Lebensgefühls der Menschen beobachtet[2]. „Werbung", so N. Bolz ohne wenn und aber, „ist die schlüssigste Selbstbeschreibung unserer Kultur." (1996: 77) Um die Funktion von Werbung für (post)moderne Gesellschaften besser zu verstehen, müssen wir einen kurzen Blick auf das System der Wirtschaftswerbung im gesellschaftlichen Kontext funktional differenzierter Gesellschaften werfen.

3 Werbung, Wirtschaft und Gesellschaft

Aus systemtheoretischer Perspektive[3] kann die Werbung beschrieben werden als ausdifferenziertes Teilsystem des Wirtschaftssystems moderner Gesellschaften. Wie das Wirtschaftssystem insgesamt ist auch das Werbesystem grundsätzlich orientiert auf Zahlungen für Leistungen, die ihren Grund in Bedürfnissen haben. Und auch im Werbesystem lassen sich sowohl der Doppelkreislauf von Zahlungen (Zahlungsfähigkeit vs. Zahlungsunfähigkeit) als auch die „Knappheitssprachen" der Güter und des Geldes beobachten.

Die Ausdifferenzierung der Werbewirtschaft als Teilbereich des Wirtschaftssystems ist aufs engste mit der Entwicklung des kapitalistischen, industriell geprägten Wirtschaftssystems in Westeuropa seit Ende des 18. Jahrhunderts sowie mit dem Aufkommen und der Durchsetzung moderner Massenmedien verbunden. Die kapitalistische Güterproduktion war nicht länger primär auf die Befriedigung von Subsistenzbedürfnissen konzentriert, sondern operierte mit dem Einsatz von Kapital zur Vermehrung von Kapital. Es ging zunehmend um die Befriedigung der vom Wirtschaftssystem selbst erzeugten Bedürfnisse, die Zahlungsereignisse in Gang setzen sollten. Solche selbsterzeugten Bedürfnisse aber mußten wirksam im gesamtgesellschaftlichen Bereich publiziert wer-

1 M. Schirner deklarierte in den 70er Jahren die Werbung sogar zur einzig legitimen Kunst unserer Gesellschaft (Schirner ²1991); und M. Horx stilisierte sie gar zur „Leitwissenschaft" der 80er Jahre.

2 Cf. u.a. H. Buchli 1970, M. McLuhan 1968, M. Richter 1994 oder J. Kellner et al. (Hg.) 1995. – Für eine Werbegeschichte als Kommunikationsgeschichte plädiert J. Bolten 1996. – Zum Thema Werbung und Lebensstil cf. die empirische Studie von U. Saxer & M. Landolt 1995.

3 Cf. dazu N. Luhmann ²1989 sowie S.J. Schmidt & B. Spieß 1994 und 1995.

den, wozu sich die Angebote der Massenmedien in besonderer Weise eigneten. Mit der Entwicklung der Massenmedien differenzierte sich daher im 19. und 20. Jahrhundert die Werbewirtschaft konsequent aus und gliederte sich medienspezifisch aus in Printwerbung, Hörfunkwerbung, Film- und Fernsehwerbung sowie Werbung in sogenannten „neuen Medien“ (von CD-ROM bis Internet).

Das moderne Werbesystem weist eine Struktur auf, die durch die Institutionalisierung von Handlungsmöglichkeiten in Form von Handlungsbereichen und Handlungsrollen bestimmt werden kann (cf. S.J. Schmidt & B. Spieß 1994). In diesen Handlungsrollen werden Zahlungen Handlungen zugerechnet, wird die abstrakte Kommunikation der Werbewirtschaft mithin auf Personen zurechenbar.

Für das Werbesystem lassen sich vier Handlungsbereiche unterscheiden, in denen sich im Laufe der Zeit eine Vielzahl von Handlungsrollen entwickelt hat, und zwar: Produzenten, Distributoren, Rezipienten und Verarbeiter von Werbe-Medienangeboten. Handlungsbereiche und Handlungsrollen sind notwendig aufeinander bezogen und entwickeln in modernen Gesellschaften einen hohen Grad an Selbstorganisation.

Die spezifische Leistung des Werbesystems für andere soziale Systeme besteht in der auftragsgemäßen Produktion eines von vielen Konkurrenten umworbenen und daher knappen Gutes, nämlich *folgenreicher Aufmerksamkeit* bei intendierten Zielgruppen. Dieses Gut ist knapp, weil inzwischen ein Übermaß an Medienangeboten in allen Medienbereichen um die Aufmerksamkeit von Rezipienten kämpft, weil ein Übermaß von Gütern und Leistungen – oft bei gleicher Qualität – die Handlungsbereitschaft von Zahlungsfähigen auf sich zu ziehen versucht. Verschärft wird die Situation dadurch, daß die Werbewirtschaft schon längst nicht mehr nur für Wirtschaftsgüter und Leistungen wirbt, sondern für Politik, Wissenschaft, Kunst, Religion usw. Geworben wird (vom Commercial bis zum Social Advertising) für Produkte, Leistungen, Personen und Botschaften aller Art, solange Auftraggeber zahlen und keine (unumgehbaren) juristischen Hindernisse für die Verbreitung entsprechender Werbemedienangebote bestehen.

Indem das Werbesystem progressiv Medienangebote produziert, die ihrerseits das knappe Gut Aufmerksamkeit produzieren sollen, verstrickt es sich in ein *doppeltes Paradoxon:* Es vermehrt (mit wachsender Tendenz) das schon vorhandene Überangebot von Medienangeboten, das Aufmerksamkeit selektiv verknappt. Und es animiert die Produzenten von Werbeanlässen, noch mehr zu produzieren und Produkte durch Werbung zu individualisieren, wodurch die Quantität wie die Komplexität des Marktes i.w.S. gesteigert und Aufmerksamkeitsgewinne noch unwahrscheinlicher werden.

Der Zwang zu ständiger Innovation und hektischer Kreativität macht das Werbesystem notwendig „hellhörig“ und parasitär: Es importiert Zeichensysteme und Kommunikationsmöglichkeiten aus (fast) allen Sozialsystemen in Werbemedienangebote. Greift man N. Luhmanns Begriff der Resonanz auf, wonach „... Systeme nur nach Maßgabe ihrer eigenen Struktur auf Umweltereignisse reagieren können“ (1986: 269), dann kann man behaupten, das moderne Werbesystem sei gleichsam ein voluminöser Resonanzkörper, der Anstöße aus der Gesellschaft merklich hörbar macht. Um ihre Ziele zu erreichen – nämlich um Zahlungsbereitschaft in bezug auf Produkte und Leistungen, Zustimmungsbereitschaft in bezug auf Personen, und Unterstützungsbereitschaft bzw. Wertpräferenzbildung in bezug auf Botschaften zu erzeugen –, muß die Werbung einen von den intendierten Zielgruppen als positiv bzw. wünschenswert empfundenen und bewerteten

Zusammenhang zwischen Waren, Leistungen, Personen und Botschaften einerseits und den Erwartungen, Bedürfnissen und Mentalitäten der Zielgruppen andererseits herstellen.

Statt der oft zu hörenden kulturpessimistischen Behauptung, Werbung lanciere Trends, schaffe künstliche Bedürfnisse oder manipuliere auf der Grundlage motivations- und tiefenpsychologischer Forschungsergebnisse willkürlich Meinungen und Wünsche, vertrete ich die Hypothese, daß sich Werbung als eine spezifische *Kommunikationsform* mit den Mitteln des weitgefächerten Mediensystems unserer Gesellschaft (von Print bis PC) möglichst reibungslos mit zielgruppenspezifischen Lebensstilen, Werten, Überzeugungen, Selbstbildern, Bedürfnissen und Sehnsüchten synchronisieren muß, um ihre bezahlten Botschaften im expandierenden Medienmarkt folgenreich unterzubringen. Für Beobachter des Werbesystems folgt daraus, daß die Werbung insgesamt eine interessante Plattform abgibt für die Beobachtung zeitgleicher Sozialsysteme (cf. S.J. Schmidt & B. Spieß 1996). Dabei sind drei Aspekte zu beachten:

- Das Werbesystem berücksichtigt nicht alle anderen Sozialsysteme gleichermaßen. Vielmehr liegt der Beobachtungsschwerpunkt in den Bereichen Warenkonsum, Dienstleistungen, Geschmackskultur und Lebensstilgestaltung und konzentriert sich auf erkennbar ausgeprägte Mentalitäten[4] von Zielgruppen.
- Werbung ist ein Mainstream-Medium, kein subversives Subkultur-Medium. Als relativ langsames Medium in bezug auf Veränderungen läuft sie dem Zeitgeist eher hinterher, als daß sie ihn „settet".
- Bei der Produktion und Distribution von Werbemedienangeboten folgt die Werbung einer Ausblendungsregel, wonach nur positive Botschaften verbreitet werden. Diese als kollektives Wissen bei allen Beteiligten der Werbekommunikation unterstellte unbedingte Parteilichkeit der Werbung steuert die Selektivität ihrer Beobachtung anderer Sozialsysteme und muß entsprechend bei der Beobachtung und Bewertung dieser Beobachtungen berücksichtigt werden.

Akzeptiert man diese Einschätzung des allgemeinen Verhältnisses zwischen Werbung und Gesellschaft, dann läßt sich folgende *Hypothese* entwickeln: Kommerzielle Fernsehwerbung muß sich wandelnde gesellschaftliche Zustände in Kommunikationsinhalte und -formen, in Bildwelten und Semantiken übersetzen, um für Auftraggeber erwünschte Folgen vorzubereiten bzw. herbeizuführen. Werbung ist also notwendig stets auf drei Dimensionen bezogen: auf Ökonomie, auf die Kognition von Rezipienten sowie auf gesellschaftliche Kommunikation. Sie manifestiert sich in gesellschaftlicher Kommunikation als eine spezifische, sogar gesetzlich geregelte Kommunikationsform, die die gesamtgesellschaftliche Kommunikation seit den 50er Jahren zunehmend beeinflußt hat, und zwar wesentlich stärker durch ihre rasch wachsende ökonomische Bedeutung als durch ihre spezifische Semantik und Ästhetik, die eher imitiert als präformiert haben. Die seit den 50er Jahren unter ökonomischen Interessen erfolgte Ausdifferenzierung von Medien und Kommunikation führte dabei zu einer Proliferation von Medieninstitutionen und Kommunikationsangeboten, von Themen, Beiträgen und Kommunikationsformen, die eine repräsentative Öffentlichkeitsbildung durch Medien ersetzt hat durch eine Aus-

4 Zum hier verwendeten Mentalitätsbegriff cf. u.a. J. Reulecke 1987 und P. Burke 1987.

differenzierung des Publikums in Publika sowie eine Individualisierung von Mediennutzungsmöglichkeiten. Diese Entwicklung hat sich durch die Einführung des dualen Rundfunksystems erheblich beschleunigt und dazu geführt, daß heute Formen und Inhalte medienvermittelter Kommunikation bei den privaten Sendern primär oder ausschließlich ökonomischen Interessen folgen[5].

Bezüglich der Fernsehwerbung läßt sich im Lichte der vorausgegangenen Überlegungen folgende Konsequenz ziehen[6]: Aufgrund ihrer Systembedingungen (= Produktion folgenreicher Aufmerksamkeit durch gezielte Kommunikationsangebote) gerät die Fernsehwerbung zwangsläufig in die oben genannte paradoxale Situation: Je mehr qualitativ ähnliche Produkte auf dem Markt verfügbar sind, desto mehr wird die Aufmerksamkeit für ein Produkt in den Medien ökonomisch entscheidend, Aufmerksamkeitsproduktion also ökonomisch zwingend erforderlich. Im kommunikativ – eben durch Werbemaßnahmen – geführten Kampf um Aufmerksamkeit (als notwendig knapper werdendem Gut) entwickelt sich daher der Produktwettbewerb zwangsläufig immer stärker zum *Kommunikationswettbewerb*. Werbung muß primär für sich (d.h. für ihre Werbeangebote) Aufmerksamkeit schaffen, um dann versuchen zu können, diese Aufmerksamkeit auf das beworbene Produkt „umzuleiten". Je stärker sich also das Rundfunksystem unter ökonomischem Druck ausdifferenziert, desto mehr muß sich Werbung zunächst einmal von Werbung unterscheiden (siehe etwa den „Fall Benetton"). „Leidtragender" ist dabei das Produkt, für das auftragsgemäß Aufmerksamkeit erzeugt werden sollte. Damit aber beeinträchtigt die erfolgreiche Ausdifferenzierung der Fernsehwerbung als Teil des Wirtschaftssystems genau diejenige Leistung, für die es ausdifferenziert wurde. Mit anderen Worten: Je eigenständiger das Werbesystem als Subsystem der Wirtschaft wird, desto problematischer wird seine Beziehung zur Wirtschaft wie zum Fernsehen – es entfernt sich von seinem ökonomischen Auftrag und „kolonialisiert" seine Distributionsorganisationen (Zeitung, Zeitschrift, Fernsehen usw.) für Werbebotschaften.

Um besser verstehen zu können, wie es dazu kommen konnte, daß Werbung durch Kommerzialisierung der Kommunikation ihre eigene Funktionsfähigkeit in Frage gestellt hat, soll im Folgenden ein kurzer historischer Abriß ihrer Entwicklung seit 1956 in Deutschland gegeben werden[7], wobei ich mich exemplarisch auf die *Fernseh-Werbung* beschränke.

---

5 Dies gilt in erheblichem Maße auch für die öffentlich-rechtlichen Sendeanstalten, auch wenn diese noch plakativ an ihrem Programmauftrag (Information, Bildung, Unterhaltung) festhalten.

6 Diese hier nur für Waren formulierte Hypothese gilt analog für Dienstleistungen, Botschaften usw., für die in den Medien geworben wird.

7 Eine ausführliche Darstellung findet sich in S.J. Schmidt & B. Spieß 1996. – Zur Geschichte der Anzeigenwerbung cf. u.a. J. Bolten 1996.

4 Zur Karriere der Fernseh-Werbung in der BRD nach dem 2. Weltkrieg

Erst nach der Währungsreform (1948) setzte in der BRD die Wirtschaftswerbung wieder ein. Nachdem sich das Fernsehen zwischen 1952 und 1957 als Massenmedium durchsetzen konnte, begann ab 1956 auch die Entwicklung der Fernsehwerbung. Die Werbezeit betrug – bei einer Gesamtprogrammdauer von täglich ca. 4 Stunden – zwischen 6 und 8 Minuten. 1963 folgte das ZDF mit maximal 20 Minuten täglicher Werbesendungen. Ab Mitte der 60er Jahre nahmen die Fernsehwerbezeiten erheblich zu, aber zugleich klagten die beiden Anstalten ARD und ZDF schon über mangelnde Sendekapazität für Werbesendungen. Technische Entwicklungen wie das Farbfernsehen (Erstsendung am 25.8.1967), Satellitenübertragung von Fernsehprogrammen (ab 1968) und die Nutzung der MAZ-Technik (Erstsendung am 9.12.1968) sowie der Videotechnik eröffneten auch der Fernsehwerbung neue Gestaltungsmöglichkeiten. Zu einer unkalkulierbaren Instanz wurde dagegen die Fernbedienung (ab 1965), die ein einfaches Um- und Abschalten erlaubte. Die Entwicklung des Kabelfernsehens führte dann schrittweise zur Einführung des dualen Rundfunksystems in der BRD seit 1984.

Ende der 80er Jahre existierten bereits mehr als zwanzig unterschiedliche Programmangebote, die über Kabel empfangen werden konnten und finanziell voll von der Werbung abhängig waren. Entsprechend explodierte die Zahl der Werbespots in allen Systemen, vor allem seit 1992 die Unterbrecherwerbung in Deutschland erlaubt wurde. 1990 waren im deutschen Fernsehen bereits mehr als 300.000 Werbespots zu sehen (mehr als 7 Stunden täglich), doppelt so viele wie 1986. Neue – durch Digitalisierung bedingte – technische Möglichkeiten wie Computeranimation, elektronisches Screensplitting und Simulationsverfahren (Blue und Paint Box, Cyberspace) revolutionierten seit den späten 80er Jahren die Bilderzeugung und die Rezeptionsgewohnheiten der Konsumenten (cf. dazu P.M. Spangenberg 1995a).

In den 50er Jahren war das Fernsehen als Werbeträger in der deutschen Werbeszene noch relativ unbeliebt; Fernsehwerbespots waren zu teuer und die Reichweite zu gering, da erst wenige Bundesbürger ein Fernsehgerät besaßen. Erst ab Mitte der 60er kam es zu einem spürbaren Wandel. Bis 1962 hatte sich die Fernsehwerbung einen Anteil von 7,1% (282 Mio. DM) vom Bruttowerbeaufkommen in der BRD erobert, der bis 1972 auf 8% (782 Mio. DM) gesteigert werden konnte. Bis 1984 stieg der Anteil auf 1356 Mio. DM und betrug 1994 bereits 16,6% (5600 Mio. DM). Dabei haben die Privaten die Öffentlich-rechtlichen bei den Werbeeinnahmen längst überholt. Schon 1992 betrug der Anteil der Privaten 70%, der von ARD und ZDF noch ganze 30%.

*

Die *Agenturentwicklung* des Werbesystems seit 1948 läßt sich wie folgt skizzieren: Schon bald nach dem 2. Weltkrieg wurden die ersten deutschen Werbeagenturen gegründet: 1947 H.W. Brose, dann H. Strauf (der Erfinder von „Mach mal Pause – trink Coca Cola"), R. Rühle, W. Heumann, H. Troost u.a. Daneben eröffneten einige amerikanische Agenturen wieder ihr Geschäft, so McCann und Lintas. Ab Mitte der 50er waren auch Young & Rubicam und J. Walter Thompson vertreten. Sie trainierten ihre deutschen Mitarbeiter in den USA und richteten schon in den 50ern eigene Film-, Funk-

und Fernsehabteilungen (sog. FFF-Abteilungen) ein. In den 60er Jahren wurden viele neue Agenturen gegründet, sei es durch deutsche Werbefachleute wie H. Slesina, R.W. Eggert, Verdas & Böltz und Leonhardt & Kern, sei es als Tochterfirmen amerikanischer Agenturen (Erickson, Ogilvy & Mather, Doyle Dane Bernbach (DDB)), die auch amerikanische Methoden mitbrachten. Marketing und durch Marktforschung abgesicherte Konzepte bestimmten nun die Arbeit der großen Agenturen.

Für die stilistische Entwicklung der Werbung wurde vor allem die Neugründung Gerstner, Gredinger, Kulter (GGK) in Düsseldorf wichtig. Als besonders einfallsreiche Agentur galt in der zweiten Hälfte der 60er Jahre auch DDB, die die Werbung nachhaltig beeinflußte.

Der Konkurrenzkampf in der vorwiegend von amerikanischen Agenturen beherrschten Werbebranche wurde in den 60ern härter. Markt- und Produktforschung boomten ab Mitte des Jahrzehnts. Entgegen der Befürchtung, einige große Full-Service-Agenturen könnten den Markt ganz übernehmen, entwickelten sich im Schatten der Großen kleine Agenturen (sog. „Hot Shops"), die durch Spezialwissen und durch die Konzentration auf bestimmte Warensegmente (wie Investitionsgüter, Pharmaka oder Einzelhandel) wichtige Marktanteile eroberten. Diese neuen Agenturen entwickelten auch eine neue Agenturphilosophie, die „special teams" gegen starre Hierarchien setzte („Runder Tisch") und auf die „Kraft der Ideen" vertraute.

Die 70er waren u.a. das Jahrzehnt der Verschmelzungen und Pleiten (z.B. Adverta, Unit). Die Amerikaner beherrschten den Markt und lagen deutlich vorne im Feld der größten Agenturen in der BRD. Konzentration bestimmte auch die 80er Jahre. Großgruppen wie Interpublic, Omnicon, Saatchi & Saatchi u.a. bestimmten den internationalisierten Markt. Marken und Marketingkonzepte wurden ebenso internationalisiert wie die Werbung für international vermarktete Produkte.

Die Entwicklung der Werbeagenturen seit den 50er Jahren zeigt deutlich zwei Tendenzen. (a) Die Werbewirtschaft institutionalisierte sich. 1949 wurde der Zentralverband der deutschen Werbewirtschaft (ZAW e.V.) für den internen Interessenausgleich aller am Werbegeschäft Beteiligten gegründet. 1964 schlossen sich die Kreativen zum Art Directors Club (ADC) zusammen, um das künstlerische Niveau der Werbung zu heben. Bei einem jährlichen Wettbewerb werden seitdem die besten Produkte aus allen Werbesparten prämiert (cf. die Dokumentation in den ADC-Jahrbüchern). Der Deutsche Werberat diente seit 1972 als Instrument der Selbstkontrolle der Werbewirtschaft und der Regelung von Einsprüchen gegen Werbekampagnen. Im gleichen Jahr gründeten 45 Verbände aller Bereiche der Werbung die „ZAW-Vereinigung für Öffentlichkeitsarbeit" (VfÖ), die aktive PR-Arbeit und Imagepflege für die speziell ab 1968 in Mißkredit gekommene Werbung betreibt. (b) Die Aktivitäten der Werbeagenturen differenzierten sich schrittweise aus. Neben die Produktwerbung traten politische Werbespots (seit 1971) und Social Spots, die für Umweltschutz und Kirchen warben, über Aids und Drogen aufklärten, gegen Fremdenhaß und Ausländerfeindlichkeit antraten und für ökologische Themen sensibilisierten.

*

In der Rückschau wird deutlich, daß die Werbewirtschaft in den 60er Jahren allmählich zu einem zentralen Steuerungsinstrument der Firmenpolitik wurde, indem sie die Wirtschaft zu marktorientierten Unternehmenskonzeptionen zwang. Orientierten sich die

Aufwendungen für Werbung früher an Konjunkturzyklen, erkannten jetzt viel Unternehmer, daß Werbepausen gefährlich werden können. In den 80er Jahren gingen viele Unternehmer dazu über, sich mit ihrem Marketing nicht nur herrschenden Markttrends anzupassen, sondern von sich aus eine aktive und zielgerichtete Kommunikationspolitik zu betreiben. Dabei handelte es sich um eine Kombination aus sensibler Einsicht in Wandlungserscheinungen der (post-)modernen Gesellschaft und ein an solchen Einsichten orientiertes Marketingkonzept, sowie um flankierende Strategien nicht-produktbezogener Zusatzinitiativen. Die Unternehmen beteiligten sich zunehmend aktiv am Prozeß des gesellschaftlichen Wandels und versuchten, die Unternehmensumwelt zu verändern, um ihre Produkte und Leistungen besser positionieren zu können. Dabei wurden verschiedene Strategien eingesetzt, so unter anderem Public Relations, gesellschafts- und kulturpolitische Initiativen (z.B. Sponsoring), Lobbying – und eben Werbung, die mehr und mehr zu einem Bestandteil eines komplexen Marketing-Mix als Gesamtaufwand kommunikationspolitischer Aktivitäten eines Unternehmens unter dem Dach einer Corporate Identity wurde (= Werbeagenturen als Kommunikationsunternehmen).

*

Betrachtet man die *Präsentationsformen* der Fernsehwerbung in der BRD, so läßt sich Folgendes beobachten: Die Fernsehwerbung in der BRD der 50er Jahre war überwiegend geprägt von amerikanischen Agenturen und ihrer Stilistik, daneben von der deutschen Kino- und Printwerbung. Deutsche Kreative besaßen noch keine Erfahrung im Umgang mit dem neuen Medium. Es mangelte an deutschen Werbefilmregisseuren.

Wie die Werbung der 50er Jahre insgesamt, spiegelt auch die *Fernsehwerbung* zunächst die Faszination des „ersten Mals“ wider (Freß-, Konsum-, Reisewelle). Die Orientierung am amerikanischen Vorbild, geprägt durch Sentimentalität und Sehnsucht nach einer heilen Welt, paßte dabei ideal zur Tendenz der Vergangenheitsverdrängung in der deutschen Nachkriegsbevölkerung und der Politik der Adenauer-Ära. Werbesprecher redeten wie Märchenonkel und sagten lange Gedichte auf[8], Produkte sangen und

8 Da diese Werbelyrik ziemlich in Vergessenheit geraten ist – hier zwei Kostproben aus der Print- und Fernsehwerbung:
Strümpfe von Dolores:
Männliche Sitmme (m): Was ist nur an den Beinen von Dolores, daß sie den Männern den Kopf verdrehen?
1. Weibliche Stimme: Meiner kommt bestimmt nicht mehr nach Haus ...
2. Weibliche Stimme: So schnell ist die ganze Liebe aus...
m.: Was zieht die Männer so mächtig an wie ein Magnet,
was erfüllt sie so mit Leidenschaft?
Ja, was hat die geheime Zauberkraft,
was zieht die Männer so mächtig an wie ein Magnet.
Das sind doch nur die Strümpfe von Dolores,
die Euren Männern den Kopf verdrehen.
Drum tragt dieselben Strümpfe und erprobt es,
sie werden nur noch zu Euch her seh'n.
Dann hat jede so schöne Beine
und kann alleine
für ihn sich drehen.
Es weiß die wirklich elegante Dame,
daß dieser Name
bringt Qualität.
Qualität – Baumhüter.

tanzten mit lachenden Gesichtern und gestikulierenden Ärmchen und Beinchen (z.B. Aral-Spots). Werbespots arrangierten kleine Geschichten um das Produkt herum (z.B. die Persil-Ente) oder betteten das Produkt in Pseudo-Spielfilmhandlungen ein, wobei z.B. der deutsche Heimatfilm zahlreiche Erzählmuster lieferte. Prominente, Schauspieler und Schauspielerinnen agierten als Sympathieträger. Auch in der Fernsehwerbung dominierte Gereimtes und Gedichtetes. Weibliche Produktnamen wurden bevorzugt. Die Masse der Werbespots zeichnete sich durch treudeutsche Biederkeit sowie oft durch treuherzige Pseudo-Wissenschaftlichkeit aus (z.B. Aral, Persil). 1959 läßt sich dann zuerst in der Printwerbung eine Trendwende hin zu Emotion und *Lifestyle* beobachten, die die Fernsehwerbung erst Mitte der 60er Jahre nach amerikanischem Muster nachvollzog. Das Leben wurde nur von seinen positivsten Seiten gezeigt (Martini, Marlboro, Coca Cola). Besonderer Genuß markierte hohe soziale Distinktion (Simon Arzt). Auffällig war die wichtige Rolle, die die „Oben-Unten-Abgrenzung" sozialer Schichten spielte. Von nun an zählte beim Auto, das inzwischen zur Massenware geworden war,

---

Aral:

Springe an, geliebter Wagen,
tue endlich Deine Pflicht!
Soll ich Dir was Liebes sagen,
soll ich Dich in Stücke schlagen?
Willst Du, oder willst Du nicht?
Denke endlich mal mit Taten –
oder ich verschrotte Dich.

Ach, Wägelchen, wie bist Du faul,
Du wirst ja immer träger,
da ist ja jeder Ackergaul
der reinste Düsenjäger.
Du hältst wohl nichts von Dauerlaufen,
flott beschwingten Sohlen.
Paß auf die nächste Schnecke auf!
Sie wird Dich überholen.

Der Motor quält sich furchtbar ab,
es fällt ihm reichlich schwer,
auf halber Höhe macht er schlapp
und keucht: „Ich kann nicht mehr."

Es hat sich längst herausgestellt,
daß jedes Ding auf dieser Welt
im Handumdrehen verschandelt wird,
wenn es verkehrt behandelt wird.
Wer sich an diese Weisheit hält,
vermeidet Ärger, spart noch Geld.
Wohl denen also, die's verstehen,
mit allem richtig umzugehen.

Nein – ohne Wasser geht es nicht
und ohne Strom da brennt kein Licht.
Das ist ja klar.

Ach, ohne Flasche schläft kein Baby ein,
und ohne Sonne kann kein Blümchen sein.
Auch Dein Motor will jedes mal
B+V Aral.
Dein Motor wünscht sich jedes mal
B+V Aral.
Der beste Ratschlag, den es gibt,
heißt ein für alle mal:
Wer seinen Wagen wahrhaft liebt,
der tankt B+V Aral.
Ob Viertakt- oder Zweitaktwagen –
B+V Aral ist nicht zu schlagen.

Da fängt der Motor an zu ziehen,
entwickelte größte Energien.
So sanft und weich in Moll und Dur,
von Klopfgeräuschen keine Spur,
und schneller Start wird stets erreicht –
Aral vergast besonders leicht.
Es läßt dem Motor obendrein
die größte Schonung angedeihen.
Stets nur B+V Aral zu fahren, macht Freude und hilft Kraftstoff sparen.
Zwischen Wald und Wiese tritt man's Gaspedal
treu nach der Devise: „Nur B+V Aral."
Immer rauf und runter,
durch Gebirg und Tal,
fährt man flott und munter
mit dem B+V Aral.

nicht primär der Hinweis auf die verläßliche Technik, sondern auf die Gefühle beim Fahren und das Erleben sicherer Geborgenheit sowie auf soziale Distinktionsgewinne. Mit dieser Trendwende antwortete die Print- und Kinowerbung auf die allgemeine ökonomische Entwicklung. Das Einkommen der Haushalte in der BRD stieg allein in den 50er Jahren doppelt so rasch wie in den 150 Jahren davor. Viele Menschen waren bereits in der Lage, sich einen gewissen Luxus zu leisten (Ende des Jahrzehnts setzte die sogenannte Edelfreßwelle ein), „mit Stil" zu leben, zu reisen und sich kosmetisch zu pflegen. Die Industrie produzierte längst mehr und anderes, als für den Lebensunterhalt gebraucht wurde. Entsprechend mußte Werbung sich *von Reklame zu Kommunikationsangeboten* wandeln, die in den Dienst von Auftraggebern jeder Art gestellt werden konnten.

Ökologie war in den 50er Jahren – trotz einiger Ölpest-Fälle – noch kein Thema. Die Gesundheitsschädigungen durch Alkohol, Nikotin und Abgase waren entweder noch unbekannt, oder sie wurden durch rauchende und trinkende Chefärzte und Prominente bagatellisiert. Das Unternehmen BV (Aral) feierte sein bleifreies Benzin gar als „reine Natur".

Die wirtschaftliche und wirtschaftspolitische Bedeutung der Werbung stieg in den 50er Jahren deutlich an. Schon ab 1950 wurden neue Werbeformen entdeckt: Schönheitswettbewerbe und Mißwahlen, von den US-Werbemanagern nach Deutschland importiert, dienten zugleich als Werbeveranstaltungen. Branchen wie die Bekleidungs- oder Bierindustrie griffen zum Mittel der Gemeinschaftsreklame, um sich von anderen Produktgruppen abzusetzen.

Ab 1956 begann – nach amerikanischem Vorbild – ein völlig neuer Trend zur Verwissenschaftlichung der *Marktforschung*. Die Motive der Konsumenten wie die Wirkungsweisen von Werbekampagnen wurden nun systematisch erforscht. Die Marke Coca-Cola, die schon 1950 weltweit mit großem Aufwand zu werben begonnen hatte, setzte im Laufe der 50er Jahre gezielt auf ein junges Publikum und differenzierte damit die sonst meist nur geschlechtsspezifische Werbung alters- bzw. zielgruppenspezifisch aus – eine Strategie, die allerdings die Ausnahme blieb.

Die Fernsehwerbung der 50er Jahre hatte große Schwierigkeiten, sich von bekannten Kinomustern zu lösen. Kinofilm und Printwerbung beeinflußten nachhaltig Formen und Strategien der Fernsehwerbung, die zunächst einmal alle verfügbaren Techniken (wie z.B. Realfilm, Sach- und Zeichentrick) ausprobierte und miteinander kombinierte. Strategisch dominierte das Ziel, möglichst viele Informationen über das Produkt zu liefern bzw. den Nutzen und Vorteil des Produkts augenfällig zu demonstrieren. Beworben wurden im Fernsehen in erster Linie Massengüter, vor allem Auto und Benzin, Haushalt und Küche (hier besonders Wasch- und Reinigungsmittel), Möbel, Lebens- und Genußmittel einschließlich Alkohol und Zigaretten, Kosmetik, Kleidung, Arzneimittel und sonstige Gebrauchsgegenstände.

*

Auch in den 60er Jahren dominierten amerikanische Vorbilder in der Fernsehwerbung der BRD: Ein spezifisch deutscher *Werbestil* war noch nicht zu erkennen, zumal es nach wie vor an deutschen Werbeexperten fehlte. Für die stilistische Weiterentwicklung der Fernsehwerbung waren vor allen drei große Agenturen verantwortlich: DDB war ab 1965 Preisträger vieler ADC-Prämierungen und wurde von vielen Werbern bewundert.

DDB war wesentlich dafür verantwortlich, daß sich das Werbeklima in der BRD änderte, daß Werbung interessanter und professioneller wurde. Humor, Witz und Intelligenz, verblüffende Bilder und journalistisch gut aufbereitete Informationen zum Produkt wurden bei DDB miteinander kombiniert, was vor allem eine neue Einstellung zum Konsumenten als kritischen Gesprächspartner erkennen ließ.

Auch Young & Rubicam (Frankfurt) versammelte eine Reihe besonders kreativer Mitarbeiter (so U. Ortstein, M. Schirner, W. Lürzer oder B. Oyne) und machte durch Kampagnen wie die für Chiquita-Bananen von sich reden. Daneben spielte GGK nach der Niederlassung in Düsseldorf eine wichtige Rolle als Vorbild für die Fernsehwerbung.

In den 60er Jahren griff das amerikanische Vorbild wissenschaftlicher Agenturberatung, wie z.B. professioneller Marktforschung, auch auf die Werbung in der BRD über. Die Mitarbeiter großer amerikanischer Agenturen (wie z.B. J.W. Thompson) orientierten sich in der Regel ohnehin am amerikanischen Vorbild der eigenen Company, zumal wenn internationale Kampagnen nach Deutschland geholt und auf deutsche Verhältnisse „übertragen“ wurden (z.B. bei der Ajax Kampagne „Weißer Wirbelwind“). Vor allem Agenturen, die weltweit große Etats verwalteten, arbeiteten mit Globalstrategien. Ihre Werbespots wurden in den USA produziert und dann auf die jeweiligen nationalen Gegebenheiten abgestimmt.

Allmählich lernten auch die deutschen Werbefachleute – oft direkt in den USA –, wie man Konzepte entwickelt, Drehbücher schreibt und Werbespots produziert. Die Realisierung der Spots erfolgte in aller Regel durch Spielfilmregisseure, die damit ihre Einkünfte aufbesserten, da eigene Werbefilmregisseure noch immer fehlten. Allerdings arbeiteten deutsche Werber immer noch lieber in der Printwerbung, nicht nur, weil sie damit vertrauter waren, sondern auch weil Printwerbung nicht so risikoreich war wie Fernsehwerbung. Auch die deutsche TV-Werbung orientierte sich oftmals noch so stark an der Printwerbung, daß viele Spots wie „abgefilmte Anzeigen“ wirkten, weshalb Produktionsaufträge für Werbespots bald nach England vergeben wurden.

In den 60er Jahren trugen die internationalen Agenturnetze in Deutschland wesentlich dazu bei, auch die Arbeitsweise der Kunden in Deutschland zu professionalisieren, wodurch Produkt- und Kundenerfahrung, ja die Identifikation mit dem jeweiligen Produkt und dem Kunden für die Werber unerläßlich wurde, was wiederum individuell beratenden Kreativ-Agenturen („Hot Shops“) Konkurrenzchancen gegenüber großen Full-Service-Agenturen eröffnete.

*

Eine wichtige Herausforderung für die gesamte Werbung stellte die *Jugend- und Protestkultur* der sechziger Jahre dar. Hippies und Gammler sowie ab 1968 die revoltierenden Studenten setzten dem Orientierungssyndrom der fünfziger Jahre (Nüchternheit, Ordnung, Fleiß, Sauberkeit, Sparsamkeit, Unterordnung, Ehrfurcht vor dem Alter und der deutschen Tradition) eine kreative Alternative entgegen: Luststreben, Selbstbestimmung, Eigenverantwortung, natürliche Lebensweise, Natur- und Körperkult, neue Spiritualität (inklusive Drogen) und ökologisches Bewußtsein.

Für die neomarxistischen Studenten und Professoren hatten konservative Politik und kapitalistische Marktwirtschaft als Spätausläufer des Imperialismus und Kolonialismus abgewirtschaftet. Wettbewerb wurde beargwöhnt, Werbung als reine Verschwendung oder als infame Produktion falschen Bewußtseins wie falscher Bedürfnisse angeprangert. Dabei standen vor allem K. Galbraiths Marketingtheorien im Zentrum, wonach Marketing und Werbung keine echten neuen Werte schaffen, sondern vielmehr scheinhafte Bedürfnisse, die sie dann gewinnträchtig decken. Konsumzwang durch Werbung führte nach Ansicht der Anhänger der Frankfurter Schule (um Th.W. Adorno, H. Marcuse und J. Habermas) zur Ausplünderung der Verbraucher und zu unzureichenden Investitionen in den Sozialbereich. V. Packards aktualisierte Thesen von der Werbung als geheimer Verführerin ebenso wie die linke Kritik führten in den späten Sechzigern zu einem Imageverlust der Werbung und zu einer Verunsicherung vieler Werber, die bis in die achtziger Jahre reichen sollten. Werbeberufe wurden zu Outsiderberufen, Werbung wurde unpopulär.

Wie M. Schirner betont, hat die linke Kritik an der Werbung deren Praxis verändert und verbessert. Für ihn sind die neuen subtilen Werbeformen, die mit Ironie, Distanz und Humor arbeiten, Reaktionen auf die Kritik der '68er. Auch das neue politische Bild vom mündigen, intelligenten und sensiblen Verbraucher wurde von den Werbern übernommen, gegen den Widerstand der Industrie und großer Agenturen, die immer noch an der amerikanischen Auffassung festhielten, man könne jede Zielgruppe durch geeignete werbepsychologische Strategien beeinflussen oder gar gezielt manipulieren.

Besondere Bedeutung für den „Zeitgeist" der 60er Jahre schreiben Werbefachleute rückschauend der Pop-Musik zu, vor allem den Beatles. Daneben besteht ein wichtiger Zusammenhang zwischen zunehmender Professionalität der Werbung und den Einrichtungs- und Reisewellen in den 60er Jahren, die die Werbung s.E. sowohl widergespiegelt als auch überhöht und vorgespielt hat.

*

Die *Werbestrategien der 60er Jahre* waren geprägt vom wirtschaftlichen Aufschwung. Der Markt in der BRD tendierte bereits in Richtung Übersättigung. Da auch zunehmend internationale Waren auf den deutschen Markt drängten, verschärfte sich die Produktkonkurrenz zusehends. Der Markt wandelte sich vom Anbieter- zum Käufermarkt, auf dem immer prägnantere Konsumanreize geboten werden mußten. Die Werbung propagierte neue materialistische Leitbilder, predigte Profilierung durch Besitz und erfolgreiche Selbstdarstellung durch Äußerlichkeiten. Entsprechend setzte die Werbung auf einen Übergang von reiner Produktinformation zur ästhetischen Verpackung als „Mannequin der Ware". In der Fernsehwerbung dominierte die Strategie, aus Produkten *Marken* zu machen, was in vielen Fällen auch gelang. Diese Marken wurden verbunden mit Markenfiguren bzw. Symbolpersonen, die in der Folgezeit – z.T. bis heute – erstaunlich präsent blieben: Klementine (1968), Frau Antje (1961), Meister Proper, Tante Tilly, Käpt'n Iglo (1966) oder der Esso Tiger wurden zu Kultfiguren der Alltagskultur (cf. dazu J. Kellner & W. Lippert 1991).

In den Social-Pressure-Kampagnen im Stile des dominierenden Konzerns Procter & Gamble wurde vor allem die sog. Slice of Life-Strategie angewandt. Bei dieser Strategie präsentiert sich der Werbespot als Alltagsepisode, die – möglichst mit einer deutlichen Pointe – an ein bestimmtes Produkt gekoppelt wird. Der Produktnutzen wird in einem alltäglichen Zusammenhang präsentiert, nachvollzogen, geschildert oder selbst erfahren, wodurch Glaubwürdigkeit suggeriert wird. Der soziale Druck solcher Kampagnen liegt darin, daß Werbefiguren wie Klementine oder Meister Proper an das schlechte Gewissen appellieren und im Rahmen pseudodidaktischer Lehr- und Lernprogramme die Unumgänglichkeit des Gebrauches bestimmter Putz- und Waschmittel (wie Persil oder Lenor) propagieren, soll die Hausfrau nicht an ihren Lieben „schuldig werden".

Der Erfolg dieser sog. Social-Pressure-Kampagnen – die Umsatzsteigerung bei den Unternehmen ist belegt – gründete sich vor allem auf eine genaue Beobachtung des Marktes und gesellschaftlicher Entwicklungen. Allerdings trugen gerade solche Kampagnen und ihr im Verein mit einer stupiden Stereotypik der Geschlechterrollen propagierter Traditionalismus auch zum schlechten Image vor allem der Haushaltsmittel-Werbung bei: Fernsehzuschauer fühlten sich durch diese Art von Werbung seit Ende der 60er Jahre zunehmend belästigt, für dumm verkauft oder schlicht gelangweilt.

Gegen Ende der 60er Jahre wurden auch in der deutschen Fernsehwerbung Slice of Life- sowie Lifestyle-Strategie übernommen. Bekannte Slice of Life-Kampagnen der 60er Jahre mit Symbolfiguren oder konstanten Presentern waren Ariel (Klementine), Esso (Tiger), Meister Proper, Wick (Olaf), Rama oder Tschibo. Die bekannteste Lifestyle-Kampagne wurde von Troost für die Fa-Seife (Henkel) produziert, in der zum ersten Mal eine nackte Frau in der Werbung gezeigt wurde. Die wohl erfolgreichste Repräsentation des amerikanischen *way of life,* der zum weltweiten Zeitgeist zu werden begann, gelang der Marlboro-Kampagne. Lifestyle-orientiert waren daneben vor allem die Kampagnen für Coca Cola und Martini.

Von diesem Mainstream hoben sich nur einige Fernsehspots deutlich ab. So z.B. der VW-Käfer-Spot der Agentur DDB von 1968, in dem ein VW-Käfer auf den Betrachter zukommt, an ihm vorbeifährt und sich entfernt, bis er am Horizont verschwindet. Text: „Der VW Käfer. Er läuft und läuft und läuft ...". Der Produktnutzen wird nicht begründet oder mit technischen Daten belegt, sondern nur konsequent in einer sehr reduzierten, aber dafür um so einprägsameren Form visualisiert. Diese Art der Umsetzung war für die 60er Jahre einmalig und kehrte als allgemeiner Trend in der Werbung erst Anfang der 80er Jahre wieder.

Als ausgesprochener Exot in der Werbebranche der 60er Jahre gilt und galt Charles Wilp, der erotisch bis sexistisch getönte Spots vorstellte: 1965 warb er mit Frauenbeinen für Pirelli-Reifen, 1969 präsentierte seine von der Pop-Kunst beeinflußte Afri-Cola-Werbung Nonnen und nackte Frauen. Die Frau im Mainstream der Fernsehwerbung der 60er Jahre dagegen mußte von Kopf bis Fuß wohlgeformt sein (dank Gummischlüpfer, Büsten- und Hüfthalter).

Die neuen Schlagworte der Werbung Ende des Jahrzehnts lauteten: neu, modern, international. Die Apollo-Mondlandung (1969) wurde sofort von der Werbung aufgegriffen, die Verbindung von Mond und Zukunft zum zugkräftigen Slogan. Daneben avancierten erfolgreiche Slogans wie „Pack den Tiger in den Tank!" oder „Mach mal Pause. Coca Cola" zu aphoristischem „Volksgut".

*

In den *70er Jahren,* die in der Rückschau vieler Werbefachleute als die einfallsreichste Phase der Fernsehwerbung in der BRD gelten, differenzierte sich die Werbelandschaft in jeder Hinsicht aus. TV-Werbung wurde professioneller, inhaltlich und formal vielgestaltiger. Neben den schon erprobten Strategien kamen neue Trends auf, die sich ab Mitte der 70er Jahre durchzusetzen begannen, so vor allem:

- Emotionalisierung (Sanftheit, Leidenschaft, Zärtlichkeit, wie bei der „Love Story“ für Milka), bis hin zu Angstappellen
- sachliche Information statt Belehrung, Überzeugung statt Überredung (z.B. in den Spots für Esso „Turm“, Amselfelder Wein „Stil und Stengel“ oder Mazola “Dose“) durch einen sachlich und rational argumentierenden Presenter
- Betonung von Körperlichkeit (vor allem des weiblichen Körpers) bis hin zum Voyeurismus (Mimosept „Kniebeuge“, Wrangler „Hosen aus“, Fa „Seife“, Afri Cola)
- Tabubrüche (OB, Mimosept)
- Übertreibung (Der weiße Riese, Hakle „Schiffskoch“)
- atypische Darstellung des Produktnutzens (Samsonite „Schneetest“)
- Zurücknahme oder unerwartete Inszenierung des Produkts und des Produktnutzens, oft ungewöhnlich humorvoll (Chiquita Banane „Striptease“, Cointreau „Schweigen“, mit der Dramaturgie Product-is-hero, oder OB „Schlange“).
- Pointierung und Verstärkung narrativer Elemente (Frolic „Dieberei“, Chiquita „Zug“, Tonka „Starker Mann“, Wüstenrot „Goggomobil“)
- indirekte Vergleiche (Mazola „Dose“, Teflon „Koch“, Der weiße Riese)
- eine zweite Öffnung hin zu Lebensstilen, wobei Elemente aus Subkulturen verwendet und eine pointiert antipluralistische Haltung (Individualismus) propagiert wurde.

Daneben führte man die bewährten Dramaturgien und formalen Möglichkeiten weiter bis hin zum Zeichentrickfilm (VW Käfer „Nicht umzubringen“, Bonduelle „Loch“). Neue Werbefiguren erschienen auf dem Bildschirm, so Die Generalin (1971), Herr Kaiser (1972), Frau Sommer (1972) oder Der frische Franzose (1977).

Die Tendenz der Fernsehwerbung ging Ende der 70er Jahre dahin, das Produkt zu inszenieren, wobei im Zentrum des Spots eine Geschichte mit einer überraschenden Idee stand.

Ab Mitte der 70er Jahre erprobten einige Werbeagenturen das sog. advocacy advertising. Renault und Mercedes eröffneten dabei einen „sachlichen“ Dialog mit ihren Kunden – ohne dabei die Vorzüge ihrer Produkte zu vergessen. Öl-Multis sprachen „offen“ über Probleme der Ölindustrie und erläuterten ihr „verantwortungsbewußtes“ Handeln (cf. etwa den Esso-Spot „Turm“). Oder die Atomfirma Nukem, die nach einem Skandal die Hälfte ihres Umsatzes verloren hatte, gab in der (von M. Schirner produzierten) Werbung ihre Schuld am Skandal offen zu und versprach, aus den Fehlern zu lernen. (Shell imitierte 1995 dieses Verfahren.)

*

In den *achtziger Jahren* erfuhr die Werbewirtschaft in der BRD einschneidende Veränderungen. Ihr Image, ihr Selbstvertrauen und die Qualität ihrer Produkte wandelten sich signifikant. Werbung verlor zunehmend das Negativ-Image, gegen das sie in den sechziger und siebziger Jahren zu kämpfen hatte. Immer mehr und immer besser Ausgebildete drängten in Werbeberufe. Die Beschäftigung mit Werbung nahm in der Öffentlichkeit, in der Wissenschaft und in den Medien ebenso zu wie in der Werbung selbst. Seit 1981 erschienen fast regelmäßig Fernsehsendungen zum Thema Werbung, und große internationale Ausstellungen dokumentierten Geschichte und Erscheinungsformen der Werbung, die zunehmend als Kulturfaktor und als Indikator sozialen Wandels gesehen wurden. Spotzusammenschnitte wie die Cannes-Rolle oder der Film „Rendezvous unterm Nierentisch“ feierten Kinoerfolge. Diese steigende Akzeptanz läßt sich zurückführen auf die qualitative Verbesserung vieler Spots, auf die aktive Auseinandersetzung der Werbung mit Alltagskultur, Kommunikation und Kunst, sowie auf den steigenden Unterhaltungsbedarf der Öffentlichkeit.

In den ersten Jahren beeinflußte u.a. die GGK (Düsseldorf) mit ihrem Stil raffinierter Reduktion die deutsche Fernsehwerbung (vgl. z.B. die IBM-Kampagne), von 1984 bis 1989 setzte die Agentur Springer & Jacoby (Hamburg) neue Maßstäbe (z.B. mit ADC prämierten TV-Spots wie Belmondo „Heiraten" 1984, KangaRoos „Waage" 1989, Spiegel „Bla Bla" 1989). Hamburg entwickelte sich zu einem Werbezentrum mit wichtigen Agentur-Neugründungen (z.B. Scholz & Friends; Baader, Lang, Behnken; Knopf, Nägeli, Schnackenberg).

Die Abhängigkeit der privaten Sender (aber auch die der öffentlich-rechtlichen Sendeanstalten) von Werbeeinnahmen begann in den 80er Jahren zunehmend, das Programm zu beeinflussen: Die Entwicklung ging in Richtung auf Unterhaltung als Kontext für Werbeinseln. Sponsoren beeinflußten das Programm oder stellten es sogar selbst her (Bartering). Formale und inhaltliche Einflüsse der Werbung auf das Programm wurden unübersehbar. Selbst öffentlich-rechtliche Anstalten übernahmen von der Werbung Details wie zum Beispiel Trailer oder Werbespots für einzelne Sendungen oder das Gesamtprogramm („Bei ARD und ZDF sitzen Sie in der ersten Reihe."). Die Werbefilmästhetik beeinflußte auch die Filmästhetik (zum Beispiel in Kultfilmen wie „Neuneinhalb Wochen" oder „Diva"). Selbst inhaltliche Klischees der Werbung wie Familienharmonie, Heile-Welt-Geschichten und oberflächlich glatte Inhalte wirkten sich auf das Fernsehprogramm aus. Fernsehprominente (Ansager, Serienhelden) und Sportgrößen wie Steffi Graf und Boris Becker wurden zunehmend als Sympathieträger eingesetzt. Umgekehrt übernahmen Werbespots Präsentationsformen des Programms, etwa wenn Werbung im Stil von Nachrichten dargeboten wurde.

*

Versucht man, die allgemeinen Tendenzen der *Werbestrategien der 80er Jahre* zu kennzeichnen, so ergibt sich folgendes Bild: Die Werbung synchronisierte sich – vor allem natürlich bei Trendsetter- und Exotenspots – eng mit dem allgemeinen gesellschaftlichen Trend zur „Aktualität des Ästhetischen". Die Werbung insgesamt verabschiedete sich weitgehend von der alten Reklame und Propaganda und lieferte Orientierungsangebote, Lifestyle-Empfehlungen und Trendberichte. Werbung versuchte, eine Aura für ein Produkt zu erfinden und dafür einen Platz in der Lebenswelt der Zielgruppen zu finden. Sie baute Konnotationsfelder auf, die im Extremfall auch ohne Präsentation des Produkts unmißverständlich auf dieses Produkt verwiesen, was vor allem durch die Beschränkung für Zigaretten- und Alkoholwerbung wichtig wurde. Dabei wurde eine Qualitätsverbesserung vor allem im Fernsehbereich erkennbar (nachdem die deutsche Printwerbung bis dato führend gewesen war): handwerklich-technische Qualität und die Ästhetik der Gestaltung und Präsentation nahmen nachweislich zu.

Kunst und Werbung (dazu s.u.) beeinflußten sich gegenseitig; vor allem spielte Musik – von Klassik bis Rock – eine zunehmend wichtige Rolle bei der Konzeption und Präsentation von emotionsorientierten Fernsehwerbespots (cf. S.J. Schmidt & B. Spieß 1994).

Nicht zuletzt durch eine angestrebte Europäisierung der Werbung setzten immer mehr Werbespots auf Ästhetik im Sinne einer Optimierung visueller Oberflächen, wobei zunehmend nach ästhetischen Modellen gearbeitet wurde, die in der Geschichte der Kunst schon einmal erfolgreich gewesen waren. Dabei kamen den Kreativen in den Agenturen technische Neuerungen wie Blue- und Paint-Box, Computeranimation und Simulationsverfahren entgegen.

Bei gesättigten Märkten wurde die kommunikative Gestaltung eines Produkts immer wichtiger. Das Produkt wurde in verstärktem Maße als komplexer Zeichenträger präsentiert, der eine Vielzahl von Entscheidungen und Werten verkörperte. Konsum wurde zum Lebensentwurf, der Wandel vom Versorgungs- zum Erlebniskonsum erwartete vom Produkt Erlebnisqualitäten, die die Werbung exemplarisch illusionierte.

Lifestyle-Werbung setzte sich in den 80er Jahren als dominante Strategie der Fernsehwerbung durch (cf. Bacardi, Coca Cola, Langnese). Werbung wurde frecher und selbstbewußter, sie entdeckte den Humor und konzentrierte sich darauf, die Zuschauer zu überraschen, zu unterhalten, zu ergötzen (sog. Advotainment). Sie verband sich eng mit Design, Computer-Animation und -Simulation und produzierte Kunstwelten, in denen Produkte zelebriert wurden. Angesichts steigender technischer Möglichkeiten erwies sich aber schon bald sehr deutlich, daß die Idee entscheidet, nicht der technische Trick.

Gegen Ende der 80er Jahre läßt sich in der stark ausdifferenzierten Fernsehwerbung eine Funktionalisierung faktisch aller Formen von und für Kommunikation beobachten: der lehrhafte Vortrag mit Pseudo-Experimenten, der experimentelle Kurzfilm, Oper und Aktionsfilm, Science Fiction und Cartoon, Slapstick, Volkstheater, Melodram und Sandalenoper, Puppenspiel und Kabarett, Computeranimation, Trickgrafik, Gesellschaftsspiel und Vernissage, Wissenschaftsshow, Sport usw.

Ästhetisierung und zielgruppenspezifische Ausdifferenzierung der Fernsehwerbung standen dabei in direktem Zusammenhang mit der Diversifizierung der Konsumbedürfnisse in der sogenannten Multioptionsgesellschaft der 80er Jahre, in der eine Vielzahl von Lebensentwürfen und Orientierungsmustern nebeneinander stand.

Marktforschung büßte viel von ihrer Effizienz ein angesichts eines individualistischer und unberechenbarer werdenden Verbrauchers, der gesünder, geselliger, genußorientierter, aktiver und bewußter leben wollte; der Elemente verschiedenster Lebenswelten abwechselnd integrierte, Widersprüche durchaus akzeptierte und in seine Identitätsbricolage bewußt einbaute, und der schließlich Abenteuer bis hin zur Selbstgefährdung goutierte (cf. etwa die Konjunktur von Freeclimbing, Bungy-Jumping und S-Bahn-Surfen).

Die Fernsehwerbung der 80er Jahre offerierte neue Frauenbilder und neue Seniorentypen, sie lancierte neue Männertypen und wurde damit Projektionsfläche wie auch aktives Ferment im Prozeß der Umwandlung von Geschlechts- und Rollenbildern in der bundesrepublikanischen Gesellschaft (cf. die Beiträge in S.J. Schmidt & B. Spieß, Hg., 1995). Allmählich erschienen auch in der Fernsehwerbung neue Frauenbilder: die berufstätige Frau (El Vital, Krönung light, Ballisto); die selbstbewußte, sich selbst verwirklichende Frau in verschiedenen Klischees, so als junge Individualistin (Nikon, Coca Cola, Ariel Ultra), als aggressive Frau (Fiskars, Citroen, Egoiste), als Coole oder Androgyne (Citroen, Blaupunkt) usw. (cf. B. Spieß 1994). Auch das Bild des Mannes wurde modifiziert: Spots wie „Fernsehen macht dumm. Normalerweise." (n-tv), „Bodybuilder" (Stollwerk) oder „Geier" (TUI) zeigten, daß auch Geschäftsleute als Trottel auftreten können, daß männliche Stärke problematisch sein kann, und daß Väter sich auch fürsorglich um den Nachwuchs zu kümmern vermögen. Und schließlich erschienen auch die Senioren in neuen Rollen: als grell Geschminkte (West), als heiße Motorradfahrerin (Raab Karcher) usw. Daneben wurden konsumfreudige Singles mit Haustieren, die verwöhnt werden wollten, junge Doppelverdiener (immerhin ca. 6 Millionen) und aktive Jungsenioren zu heftig umworbenen Zielgruppen.

Körperkult und neues Umweltbewußtsein, die Virtualisierung der Wirklichkeit durch die Mikroelektronik, Wertewandel und neue Formen des (Zusammen)Lebens, neue Sinnsuche und Faszination des Luxus, Europäisierung, Regionalisierung und Ökologisierung: Jeder Trend wurde in der Werbung sofort aufgegriffen und in unterhaltende Aufmerksamkeitswecker transformiert.

Eine Übersicht über ADC-prämierte Spots läßt erkennen, daß die TV-Werbung in den 80er Jahren in der BRD über eine große Bandbreite der Spotgestaltung verfügte:

- Reduktion, bis hin zur Reduktion auf Typographie (z.B. IBM „SchreIBMaschine" (1981),
- postmoderne Ästhetisierung (z.B. Adidas „Magic Shoes" 1987)
- Ironie und Humor (NDR „Sülze" 1989)
- Lifestyle (plus dem nackten Mann in der Werbung bei Belmondo „Casanova" 1985)
- (Folgen von) Kurzgeschichten (Langnese „Surfen" 1985)
- Product-is-hero (Audi „Sprungschanze" 1987)
- multikulturelle Stereotypencocktails (Mc Donald „Chicken Shanghai" 1987)
- ästhetische Filmzitate (Candy & Company „Gummsky-Komplott" 1988)
- Testimonial (PAN AM „Der Nörgler" mit Manfred Krug 1988)
- Zeichentrick (Godewind „Hawai" 1980)
- Slice of live, mit dem in der Werbung der 80er Jahre häufig vertretenen Café- und Kneipenambiente
- (ironischer) Tabubruch (Agfa „Liebesgeflüster" 1984, und vor allem die Benetton-Kampagnen).

Der Werbespot der 80er nahm ungescheut Anleihen bei künstlerischen, filmischen, musikalischen und gelegentlich auch literarischen Vorbildern (cf. S.J. Schmidt & B. Spieß 1994). Verkürzung, Stilisierung und Reduktion (oft mit der Product-is-hero-Strategie) und – zum Ende des Jahrzehnts hin zunehmende – Ästhetisierung prägten den Stil der Fernsehwerbung. Audiovisuelle Möglichkeiten wurden vielfältig genutzt, und besondere Aufmerksamkeit galt den akustischen Spotanteilen. Gelegentlich begann die TV-Werbung, sich selbst zu thematisieren (Zimbo-Wurst, Jade).

5 Funktionen von Fernsehwerbung in der BRD seit 1956

Beobachtet man die Fernsehwerbung von 1956 bis 1989, dann läßt sich unschwer erkennen, daß die Werbung die Erscheinungsformen und Phasen der gesellschaftlichen Entwicklung der BRD zeitlich eng synchronisiert in ihren Medienangeboten kommuniziert hat, natürlich unter ihren systemspezifischen Bedingungen, unter denen sie die Interaktionen mit anderen Sozialsystemen systemintern verarbeitet. Die Systemspezifik läßt sich so zusammenfassen: Das Werbesystem versucht, durch die (in Abschnitt 3 bereits kurz skizzierte) Herstellung und Verbreitung von Medienangeboten bei intendierten Zielgruppen zwangfrei folgenreiche Aufmerksamkeit für Produkte, Leistungen, Personen und „Botschaften" zu produzieren. Die Medienangebote werden danach ausgesucht bzw. daraufhin angefertigt, über Aufmerksamkeitsweckung intendierte Folgen zu bewirken, so zum Beispiel Zahlungsbereitschaft in bezug auf Produkte und Leistungen; Zustimmungsbereitschaft in bezug auf Personen; Unterstützungsbereitschaft bzw. Wertpräferenzbildung in bezug auf „Botschaften".

Um Aufmerksamkeit zu erzeugen, muß versucht werden, Werbebotschaften mit solchen Ideen, Überzeugungen, Werten, kulturellen Mustern bzw. kulturellen und sozialen Entwicklungstendenzen zu verbinden, von denen man annimmt, daß sie von Auftraggebern wie von Zielpublika akzeptiert oder gewünscht werden; d.h. sie müssen entweder weitverbreitet oder zielgruppentypisch sein.

Spezifisch für die Versuche der Werbewirtschaft, Aufmerksamkeit zu erzeugen, ist – wie bereits gesagt – die *Ausblendungsregel.* Diese Regel kann so formuliert werden: Alles, was die Überzeugungskraft einer Information oder eines Arguments bzw. die (Oberflächen-) Attraktivität eines Produkts oder einer Person beeinträchtigen könnte, wird ausgeblendet. Werbung produziert ausschließlich positive Botschaften, wobei sie unterstellt, daß alle an Werbekommunikation Beteiligten dies erwarten und bei ihren jeweiligen Aktivitäten berücksichtigen. Werbung ist prinzipiell und offensichtlich parteilich und kann daraus Kapital schlagen, weil das Wissen von dieser Parteilichkeit zum kollektiven kulturellen Wissen moderner Industriegesellschaften gehört.

Die enge Synchronisierung mit gesellschaftlichen Wandlungen hat in der Werbewirtschaft in den letzten vierzig Jahren zu einem grundlegenden Wandel geführt, der auf die Formel gebracht werden kann: Von der Reklame und Propaganda zu ästhetischen Kommunikationsstrategien.

Diese Entwicklung läßt sich natürlich nur mit gewissen Verallgemeinerungen auf Jahrzehnte als Zeitraster ihrer Geltung verrechnen, da Werbespots zu einem bestimmten Zeitpunkt nie einheitlich einem Stil folgen, sondern jeweils bis dato entwickelte Möglichkeiten zeitgleich realisieren. Sieht man aber einmal von randscharfen Datierungen ab, dann erweist sich die Werbung in der Tat als sensibler Resonanzkörper gesellschaftlicher Entwicklungen. Dazu einige Beispiele.

(a) Die restaurative Wiedereinführung traditioneller Rollenbilder der Geschlechter in den fünfziger Jahren spiegelt sich ebenso exakt in der zeitgenössischen Werbung wie die Umdefinition dieser Bilder im Gefolge der '68er Entwicklung. Neue Frauenbilder, neue Lebens- und Selbstverwirklichungsangebote für Kinder, Jugendliche und Senioren begleiten den allmählichen Prozeß der Frauenemanzipation, der Seniorenbewegung, des Imagewandels von Berufstätigkeit und Hausarbeit – obwohl sich gerade in bezug auf den Bereich Hausfrau/Haushalt alte Klischees noch bis heute hartnäckig halten (vor allem in der Social-Pressure-Werbung von Procter & Gamble).

(b) Dem sozialen Prozeß der gesellschaftlichen Ausdifferenzierung und der Individualisierung entspricht der grundlegende Wandel der Einstellung der Werbetreibenden zum Zielpublikum. Aus „den Zuschauern", die man zum Konsum überreden, durch rationale Information überzeugen oder durch ästhetische Verpackung verführen wollte, ist „der Zuschauer/die Zuschauerin" geworden, die man ins Gespräch verwickeln, umschmeicheln oder ganz einfach brillant unterhalten will.

(c) Parallel dazu ändert sich die Einstellung zum Produkt. Genügte in der Mangelsituation der fünfziger Jahre der Hinweis auf schiere Wiederverfügbarkeit, in den sechziger Jahren das Lob „objektiver" Vorzüge des Artikels, muß seit den siebziger Jahren der Artikel als Produktpersönlichkeit mit Lifestyle-Versprechungen inszeniert werden, wird von den Produkten in den achtziger Jahren gar emotionale und soziale Orientierung für immer kleinere Zielgruppen erwartet. Die Fernsehwerbung der achtziger Jahre will positive Visionen des Menschen von sich selbst aussprechen, sie gibt profanen Dingen gar Charisma.

(d) Die ökonomische Entwicklung der deutschen Nachkriegsgesellschaft von der Mangelgesellschaft über die Konsumgesellschaft bis hin zur Erlebnis- und Luxusgesellschaft spiegelt sich in der Werbung ebenso eindeutig wie die Veränderung der Familien- und Haushaltsstrukturen. Im Fokus der Werbung steht die gut situierte Mittelklasse, für die aktive Freizeitgestaltung, Reisen und Genießen seit den sechziger Jahren immer wichtiger geworden sind.

(e) Symptomatisch ist dabei die Einstellung zum Körper, zur Ernährung und zur Umwelt, die ihr genaues Pendant im Jugendlichkeits-, Schlankheits- und Schönheitswahn der Werbung, in Light- und Biomoden findet.

(f) Wie die Gesellschaft insgesamt, so unterliegt auch die Werbung in der Bundesrepublik seit 1956 einer verstärkten Europäisierung und Internationalisierung. Internationale Produkte ebenso wie internationale Werbeagenturen drängen auf den deutschen Markt. Ausländische Lebensmittel und Spirituosen, Gerichte und Eßgewohnheiten erobern die deutsche Küche auf und vor dem Bildschirm. Für ein Volk von Touristen genügt die optische oder sprachliche Präsentation von Stereotypen, um internationale Schauplätze, französisches Flair oder italienisches dolce vita zu suggerieren.

6 Werbung als Kunst unserer Tage?

In den 70er Jahren lancierte Michael Schirner die These „Werbung ist Kunst": „Was Stil ist, bestimme ich. Ich wollte nicht nur Werbung machen, sondern auch Kunst . [...] Das Sätzchen Werbung ist Kunst löste in der Werbebranche einen lustvollen Schmerzensschrei aus. Und in der Kunstbranche auch. Doch als man sah, daß ich Kampagnen machte, die den Werken vieler Künstler überlegen sind, gewöhnte man sich an den Gedanken. Inzwischen gibt es kaum Zweifel daran, daß die Werbung die wahre Kunst unserer Tage ist." (1987: 8)[9]

---

9 Ob Schirner wußte, daß er – zumindest im Wortlaut der These – einen sicher unwillkommenen Vorläufer hatte? M. Horkheimer und Th.W. Adorno schrieben in „Dialektik der Aufklärung": „Reklame wird zur Kunst schlechthin, mit der Goebbels ahnungsvoll sie in eins setzte, l'art pour l'art, Reklame für sich selber, reine Darstellung der gesellschaftlichen Macht." (1947: 172)

Die These, die Schirner hier werbewirksam plakativ zuspitzte, hat verschiedene Aspekte, die inzwischen bekannt und vieldiskutiert sind. Auf einige will ich kurz hinweisen:

- Auf vielen Ausstellungen ist in den letzten Jahren dokumentiert worden, daß Künstler schon seit langem für die Werbung gearbeitet und oft ihren Lebensunterhalt damit verdient haben – die Aufzählung reicht von Monet, Toulouse-Lautrec, Bonnard, Magritte und Schwitters bis Oldenburg, Warhol, Lichtenstein oder H.A. Schuldt. Berühmte Theater- und Filmregisseure haben Werbespots gemacht: für Bier (P. Chéreau, R. Polanski), Medien (C. Chabrol), Pelzmoden (F. Zeffirelli), Alkohol (F. Fellini) und Jeans (J.-L. Godard); und sie haben dabei durchaus die Auffassung vertreten, daß es sich hier um eine neue und herausfordernde Kunstform handelt, sozusagen um eine extreme Experimentierbühne.
- Werbung hat, insbesondere seit den 60er Jahren und der Pop Art, nachweislich die Kunst inspiriert. Andy Warhols Brillo-Boxes und Campbell Suppendosen-Arrangements oder Claes Oldenburgs Metamorphosen von Alltagsobjekten sind dafür bekannte Beispiele. „Oldenburg benutzt die Ware als sein 'Objekt', benutzt ihre Ästhetik, glaubt aber, ihre Funktion negieren zu können, indem er ihren Materialcharakter verändert oder sie in anderen Zusammenhängen präsentiert. Dabei setzt er die Wirkung der Werbung voraus, er baut auf dem Bekanntheitsgrad z.B. eines Lippenstifts, eines elektrischen Steckers und deren Funktionen auf ..." (H. Väth 1982: 36)
- In den 80er Jahren mehren sich Erfolgsfilme, die von Werbefilmern gemacht worden sind: „Flashdance" und „9½ Wochen" (Adrian Lyne); „Birdy", „Midnight Express" und „Angel Heart" (Alan Parker); „Alien" und „Legend" (Ridley Scott); „Diva" und „Der Mond in der Gosse" (J.J. Beneix); „Greystoke" (Hugh Hudson) und „Top Gun" (Tony Scott); „Abwärts" (Carl Schenkel) oder „Kir Royal" (Helmut Dietl). Auch Filme wie „Crocodile-Dundee", „Dirty Dancing", „Paris-Texas" oder „Blue Velvet" sind deutlich der Werbespotästhetik verpflichtet, die mit ihren Trailern und verblüffenden Kameraoperationen, der Spotlänge (15–30 Sekunden) und der schnellen Schnittfolge zunehmend Videoclips und Magazine (wie z.B. ZAK) ja sogar Nachrichten (Stichworte: Infotainment, Advertainment) beeinflußt.
- In einer Erläuterung seiner „Werbung ist Kunst"-These aus den 70er Jahren hat Schirner 1995 einen höchst interessanten Aspekt des Verhältnisses zwischen beiden Bereichen angesprochen: „Ob Werbung Kunst ist oder nicht, ist eigentlich ebenso egal, wie die Frage, ob irgendetwas anderes Kunst und damit etwas Besseres ist. Damals war diese Behauptung wichtig; sie beruht im wesentlichen auf dem Argument, daß der gesellschaftliche Rahmen, in dem Werbung seit den 70ern stattfindet, viele Ähnlichkeiten aufweist mit dem Rahmen, in dem die bildende Kunst der vormodernen Welt stattfand. Sie wird finanziert von gesellschaftlich wichtigen Auftraggebern, Firmen und Konzernen, die die Höfe und Kirchen von heute darstellen. Außerdem war meine These immer zugleich als Forderung zu verstehen, damit die Qualität der Kommunikation besser wird. Wir zumindest haben uns entsprechend verhalten: Wir haben die Werbung mit den Techniken der Kunst bearbeitet und die Kunst mit denen der Werbung." (In: J. Kellner et al., Hg., 1995: 120; cf. auch Schirner 1995)

Was Schirner hier anspricht, kann als gegenseitige Funktionalisierung von Kunst und Werbung bezeichnet werden, und auch hier müssen wieder verschiedene Aspekte voneinander unterschieden werden.

Spätestens seit der Pop Art sind die ehemals bildungsbürgerlich starren Schranken zwischen Hochkultur und Trivialkultur, Kunst und Nichtkunst, gutem und schlechtem Geschmack durchlässig geworden. Kultur differenziert sich aus in Spezialkulturen, Kunst differenziert sich aus in Sinnmärkte, auf denen sich unterschiedlichste Nutzer zu unterschiedlichsten Zwecken bedienen. Kunst als eine Ausprägungsform von Kultur ist über die Massenmedien längst zu einem festen Bestandteil unserer Medienkultur geworden, mithin zum Bestandteil unserer täglichen audiovisuellen (Erlebnis-)Kontexte – kein Wunder, daß sie Werber und Werbung „beeinflußt". Umgekehrt sind auch die Werbeangebote (von Print bis PC) längst Teil unseres Alltags und des Alltags von Kunst und Künstlern. Zitate, Anleihen, Transformationen sind daher erwartbar; man bedient sich aus dem jeweiligen Fundus an Themen, Bildern, Klängen und Ausdrucksformen bis hin zur Selbstreferenz, zum Selbstzitat und zur Selbstironie. Werbung passiert in und für Kunst, Kunst geschieht in und für Werbung. Kreative (sic!) in der Werbung erklären sich zu Künstlern, Künstler arbeiten in der Werbung.

Mit Blick auf die Werbung der 80er Jahre lassen sich vier Grundformen der Instrumentalisierung von Kunst in der Werbung unterscheiden:

- Addition (die unmanipulierte Abbildung eines Kunstwerks oder seiner Details im Werbemedienangebot)
- Verfremdung (z.B. in Form einer Montage von Kunstwerk und Produktabbildung)
- Rahmung (das Werbeprodukt wird selbst als Kunstwerk präsentiert)
- Inszenierung (das Produkt wird mit Stilmitteln der Künste inszeniert).

Diese Instrumentalisierung lag im Trend der Entwicklung, die Postmoderne-Theoretiker zur Signatur der 80er erklärt haben: Ästhetisierung.[10] Mit der vielbeschworenen „Aktualität des Ästhetischen" reagieren diese Theoretiker auf die Einsicht, daß „... das Ästhetische nicht mehr primär oder ausschließlich in der Sphäre der Kunst beheimatet ist, sondern mehr noch außerhalb ihrer vordringlich wurde: in Lebenswelt und Politik, in Kommunikation und Medien, in Design und Werbung, in Wissenschaft und Erkenntnistheorie." (Welsch 1993: 8) Dabei betraf der Ästhetisierungstrend in der Werbung ganz verschiedene Bereiche. Vor allem ging es um eine Konstruktion „schöner Ensembles" mit positiven Erlebniswerten; im Zentrum standen jeweils trendy schöne Protagonisten, Landschaften, Szenen und Geschichten, die die Markenpersönlichkeiten attraktiv machen sollten. Unermüdlich propagierte Werbung das Styling von Körper und Lebensform und der Selbstverwirklichung durch Konsum und Verzehr. Und diese Propagierung beutete all das an Präsentationsformen aus, was nach landläufiger Auffassung als ästhetisch gilt. Dabei sind – wie R. Kloepfer & H. Landbeck (1991) gezeigt haben – keine abstrakten Ästhetiktheorien vonnöten, es geht handfest zu: „Ästhetisch ist das, was wie Kunst ist, die schon erfolgreich war. Ästhetisierung in Medien bedeutet: Es wird immer mehr nach den erfolgreichen ästhetischen Modellen gearbeitet." (1991: 23)

10 Cf. etwa die Beiträge in W. Welsch (Hg.), 1993.

Ästhetisch, so Kloepfer & Landbeck, ist alles, was als bekannte Kunst wiedererkannt werden kann; ästhetisch ist, was gefällt, „... was Augenweide und Ohrenschmaus, was wahrnehmbar, anschaulich, genüßlich ist, was die Ohren spitzt, das Wasser im Mund zusammenbringt und die Spannung der Hautoberfläche kitzelnd erhöht." (1991: 25)

Auch in der deutschen Werbewirtschaft wurde seit Mitte der 70er Jahre auf breiter Front begriffen, daß mit Reklame und trocken-lehrhafter Produktinformation kein Publikum zu fesseln war. Gerade kleine und mutige Agenturen entwickelten den Stil der 80er Jahre, Advotainment, in dem nicht mehr der dozierende Kaffeeröster und die plakative Kaufaufforderung den TV-Werbespot prägten, sondern die perfekt inszenierte Ministory um eine Produktpersönlichkeit, deren komplexe audiovisuelle Aura emotional und sinnlich faszinieren und den Rezipienten Anmutungsqualitäten offerieren sollte, auf die sie lustvoll eingehen und doch zugleich noch nachvollziehen konnten, wie clever der Spot gemacht war. Ästhetische Faszination also, die den Zuschauern zugleich die Überlegenheit des TV-Profis ließ; ästhetische Events im 20–30-Sekunden-Rhythmus für Connaisseure, die sich ihrer Medienkompetenz erfreuen konnten.

In den 80er Jahren standen clevere, individualistische, medienerprobte Zuschauer im Fadenkreuz der Werbestrategie. Da auch immer mehr Auftraggeber diesen Trend akzeptierten und den Agenturen aus Mangel an Alternativen größere kreative Freiräume ließen, verbesserte sich – wie ein groß angelegtes Forschungsprojekt an der Universität Mannheim ermittelte[11] – die Qualität auch der deutschen TV-Werbespots erheblich. Der hohe Kapitaleinsatz, von dem Filmregisseure meist nur träumen konnten, erlaubte technisch-handwerklich perfekt gemachte und personal bestens besetzte Werbespots, die alle ästhetischen Register als Wirkstoffe einsetzten, um die Sinne der Zuschauer optimal zu stimulieren und die Effizienz und Akzeptanz von Spots zu erhöhen. Ästhetisierung steigerte die Einprägsamkeit von Werbung – allerdings zu einem hohen Preis: Wie Tests erwiesen, erinnerte man sich weitaus mehr und öfter an den Spot als an das Produkt! Der ästhetisch perfekte Spot wurde zur Zielprojektion im Ästhetisierungsprozeß der Medien, zumal weil und wenn diese zunehmend finanziell von der Werbung abhängig wurden. War für traditionelle Werbung allein entscheidend, was nach der Rezeption geschah (eben der Kauf), so erklärte qualitativ ambitionierte Werbung für ebenso wichtig, was während der Rezeption geschah: die Modulation kommunikativer Kompetenz, die Akzeptanz der Werbung als Teil der Alltagskultur unserer Gesellschaft, die unser Verhalten prägt, ob wir das beobachten oder nicht. Und schließlich kam es der Werbung in den 80ern mehr denn je darauf an, für Werbung selbst zu werben.

TV-Werbung leistete sich in den 80er Jahren sogar in Deutschland Witz und Selbstironie. Sie spielte mit der These, Werbung lüge; sie ironisierte den Vorwurf, Werbung manipuliere; ja sie fragte die Zuschauer sogar unverblümt, ob sie denn nichts besseres zu tun hätten, als sich Werbung anzusehen – Bonbons für Werbefans wie Werbeverächter.

Ökonomische und ästhetische Ziele gingen in qualitativ guten TV-Werbespots vielfältige Beziehungen ein. Wort und Ton, Information und Unterhaltung, Nützlichkeit und Schönheit, Wirklichkeit und Fiktion wurden in neuen Beziehungen "aufgemischt".

11 R. Kloepfer & H. Landbeck 1991.

Diese Aufhebung und Neumischung alter Gegensätze wurde geradezu zum Wirkstoff von Werbung, die das Bedürfnis nach einer immer ästhetischeren Kommunikationskultur zu wecken begann.

Medialität, so kann man zuspitzen, wurde in den 80ern zur Zielprojektion einer Medienkultur, in der Kommunikation und Kommunikationstechnologie die wichtigsten Arbeitsformen darstellten. Folgerichtig gingen auch Unterhaltung und Information eine neue Beziehung ein, die das Schlagwort vom Infotainment umschrieb. Nicht Aktualität, wie noch im Zeitalter des ARD- und ZDF-Monopols, prägte die Erwartung der Zuschauer angesichts eines 24-Stunden-Programms auf x Kanälen, sondern Kommunikationsqualität. Und die Kreativen im Werbesystem wußten vielleicht am besten, wie man diese erreichte. Überraschende Darstellungen und Inszenierungen dominierten Abbildungserwartungen; nicht Referenz, sondern Form- und Anmutungsqualitäten goutierte der Medienconnaisseur, nicht Aufklärung, sondern Erlebnis; Faszination statt Semantik.[12]

Unterhaltungssendungen, Musikvideos und Werbespots folgten alle derselben Logik. Sie erhoben nicht den Anspruch, Wirklichkeit(en) angemessen, perspektivreich und kritisch darzustellen. Nicht etwa aufgrund der Einsicht, daß das ohnehin (und im Medienzeitalter auch für jeden einzelnen einsehbar) nicht möglich ist, sondern weil sie das Ziel verfolgten, nicht Erfahrungswirkliches, sondern Erfahrungsmögliches genußvoll zu inszenieren: Träume, Hoffnungen, Phantasien, Fiktionen – eben das, was sich in der Erfahrungswirklichkeit nicht (mehr) erleben ließ: die untrübbar gute Dauerlaune durch Cola-Genuß oder Blaskapelle, der einsame Strand mit elfenschönen Frauen, Liebesglück aufgrund richtiger Deo-Wahl, Familienharmonie durch rechten Weichspüler oder Kaffeegenuß, Endloshochspannung dank MTV Tag und Nacht. Wer diese Zielsetzung in Richtung auf erwünschte Fiktionen übersah und den Besitz eines Produkts mit der Nutzungsleistung verwechselte, der erwies sich als Mediendummkopf, der seine Lektion in der Medienschule nicht gelernt hatte. Dieses Defizit rächte sich ebenso wie das ähnliche Defizit in der alten Leseschule. Wo es auftrat, diskreditierte es die alte wie die neue Schule. Hatte die alte es oft versäumt zu vermitteln, daß die Bedeutungen nicht im Text selbst "siedeln", mußte die neue erklären, daß die Bilder nicht ihre Seh-, Les- und Nutzbarkeit selbst definieren. Der Nutzer selbst mußte lernen und sich bewußt entscheiden, ob und wann er bloß Bildkonsument oder aber bewußter Fernseh-Nutzer sein wollte, angesichts der Tagesschau ebenso wie angesichts der Werbung.

*

12 Cf. den griffigen Titel der großangelegten Studie von G. Schulze, Die Erlebnisgesellschaft (1992). – In der Rückschau faßte anfangs der 90er Jahre M. Horx die 80er so zusammen: "*Die Werbung* war die Leitwissenschaft der achtziger Jahre. Was sich so leicht dahersagt, hat dennoch einen tieferen ästhetischen und gesellschaftspolitischen Sinn: Das vergangene Jahrzehnt verlangte nach der Werbung als Ausdrucksform *sui generis,* weil sich im gleichen Zeitraum die Blüte der Konsumkultur vollzog. Werbung begleitete und vollendete die Ausbreitung des weltweiten Waren-Chiffren-Systems, in dem man sich inzwischen von Peking bis zu den Hebriden zurechtfinden kann und das, quasi nebenbei, das Ende des Kommunismus einläutete. Werbung war die »Grunddiktion der neuen Zeit«. Werbung definierte die Zeichensprache der planetaren Kultur." (1993: 22)

Mit Blick auf die Interaktionsdichte zwischen Werbung und Kunst i.w.S. stellt sich die Frage, ob Schirners These von der Werbung als Kunst unserer Tage nicht doch mehr ist als ein provokativer Werbeschachzug.

„[...] unsere Zeit zeichnet sich dadurch aus, daß die Sphären sich nicht mehr gegenseitig beeinflussen, sondern unterschiedslos ineinander aufgehen", verkündete 1988 im postmodernen Brustton der Überzeugung ein Account Manager[13]. Ist mit dieser Aussage der Entwicklungsstand der 80er Jahre wirklich auf den richtigen Nenner gebracht? Fallen Werbung und Medien, Werbespots und die anderen TV-Programmsparten einfach zusammen? Hier ist Skepsis angebracht, die sich soziologisch gut begründen läßt.

So hat es sich in der neueren Soziologie als sinnvoll erwiesen, moderne Gesellschaften etwa seit dem Ende des 18. Jahrhunderts als funktional differenzierte Gesellschaften zu charakterisieren. Relevante gesellschaftliche Funktionen – wie die Produktion von Waren, von Wissen oder von Bildung – differenzieren sich seither in Form weitgehend eigenständiger gesellschaftlicher (Teil-)Systeme aus, die aber – gerade um eigenständig werden zu können, also um ihre identitätsstiftenden Systemgrenzen ausbilden und aufrechterhalten zu können – auf ständige Interaktion mit (allen) anderen gesellschaftlichen (Teil-)Systemen angewiesen sind. Soziale Systeme – wie zum Beispiel Wirtschaft, Wissenschaft, Kunst, aber eben auch Werbung und Fernsehen – entwickeln ihre eigenen Wirklichkeitsmodelle, Wertpräferenzen, Kommunikationsformen und Kommunikationsthemen. In Abgrenzung zu anderen sozialen Systemen folgen sie primär eigenständigen Formen der Sinnproduktion, der Rekrutierung von Handelnden im Rahmen ihrer spezifischen Handlungsrollen sowie der Selbstreflexion auf die Bedingungen der Systemkonstitution. Sie operieren also – wie etwa Niklas Luhmann ausführlich begründet hat – selbstbezüglich und selbstorganisierend. Selbstorganisierende Systeme aber lassen sich – außer mit Gewalt – nicht auf Dauer von außen steuern; sie erzeugen vielmehr Ordnung und Sinn im System selbst. Damit sind der Interaktion mit anderen selbstorganisierenden Systemen bestimmte Bedingungen vorgegeben, deren wichtigste besagt, daß Interaktionen von den jeweiligen Interaktionspartnern selbstbestimmt, also gemäß den jeweils spezifischen Systembedingungen realisiert werden müssen. Daraus folgt, daß die Grenzen der Systeme (die deren Bestand garantieren) nicht einfach eingeebnet werden können – es sei denn durch Gewalt.

Selbstorganisierende Systeme bauen durch Interaktionen Netzwerke von Prozessen („distributed processing") auf, die das Gesamt einer Gesellschaft ausmachen. Solche Netzwerke sind – wenn Selbstorganisation in einer Gesellschaft prinzipiell zugelassen ist – extrem flexibel und kreativ. Dabei ist unter anderem typisch, daß die Wirkungen von Prozessen in einem System auf die Prozesse anderer Systeme nie genau vorhersagbar sind – was etwa die Medienwirkungsforschung leidvoll erfahren mußte –, da hier kreiskausale Effekte linear kausale Effekte dominieren: Co-Evolution statt Kausalität.

Schon diese wenigen systemtheoretischen Hinweise lassen erkennen, daß die These vom unterschiedslosen Ineinandergehen der „Sphären" kaum haltbar ist. Solange etwa das Werbesystem, das Fernsehsystem und zum Beispiel das Kunstsystem noch als eigenständige soziale Systeme mit unterschiedlichen Funktionen für das jeweilige System wie

13 Cf. FAZ-Magazin Nr. 217, 17.9.1988.

für andere Systeme und für das „Netzwerk Gesellschaft" angesehen werden können – was meines Erachtens bis heute der Fall ist –, kann zwar von einem ständig wachsenden Interaktionsaufkommen, nicht aber von einer Systemfusion gesprochen werden, auch wenn die Interaktionsdichte zwischen den Sozialsystemen in den 80er Jahren deutlich zugenommen hat.

Wichtiger als die Frage, ob in Zukunft Werbung und Fernsehen bis zur Unterschiedslosigkeit ineinander aufgehen, scheint also die andere Frage, ob und wie die gesteigerte Interaktion zwischen beiden die schon heute beobachtbare Tendenz steigern kann, das Fernsehen weitestgehend zu einer Unterhaltungsveranstaltung werden zu lassen, die traditionelle Programmaufträge wie Information und Bildung noch stärker in den Hintergrund treten läßt. Eine solche Tendenz setzt aber unter anderem voraus, daß die bislang deutliche Negativeinstellung vieler (nicht nur intellektueller) Zuschauer zur Werbung sich wandelt, daß Werbung zu einem bewußt wahrgenommenen und (auch ästhetisch) positiver bewerteten Phänomen der „Fernsehwelt" wird.

*

Beobachtet man die konsequente Ästhetisierung der Werbung der 80er Jahre, dann läßt sich erkennen, daß eben diese Ästhetisierung zu einer ernsten Identitätskrise der Werbung geführt hat; dazu einige Anmerkungen.

- Im Zuge der Bemühungen, Aufmerksamkeit beim zunehmend individualisierten, erlebnis- und genußsüchtigen Publikum der 80er Jahre zu finden und zu binden, ist ein Teil der Werbeangebote z.T. extrem ästhetisch „aufgerüstet" worden, damit aber – wie Kunstwerke – unter permanenten Innovationsdruck geraten. Berücksichtigt man, daß nach Einführung des dualen Rundfunksystems und der Legalisierung der Unterbrecherwerbung die Zahl der Werbespots sich allein von 1986 bis 1990 verdoppelt hat (auf 300.000 Spots 1990!), dann wird offenkundig, wie extrem auch der Abnutzungsgrad von Werbemedienangeboten geworden ist. Die semiotischen Potentiale, die Werber ausnutzen können, werden knapp. Nichts verbraucht sich so rasch wie Stereotypen und Übertreibungen, und die permanenten Versprechungen, das neue Produkt sei selbstverständlich auch besser, ziehen selbst im Bereich der Social-pressure-Kampagnen nur noch bedingt.
- Die Oberflächenästhetisierung in Werbemedienangeboten hat keineswegs zu einem kohärenten Werbestil geführt, sondern ist vielmehr den Individualisierungstrends der Erlebnisgesellschaft nachgelaufen: 'Zielgruppenspezifik' und 'Special Interest' lauteten die Zauberformeln. Die Distanz zwischen den ästhetisch hochgestylten Werbespots für Luxusgüter und der eher biederen Spotkost für Waschmittel und Kaffee wurde bis Beginn der 90er sehr groß, und in beiden Bereichen stagnierte die Entwicklung hin zu größerer Qualität, wie die ausbleibenden Prämierungen deutscher Werbekampagnen in den letzten Jahren belegen.
- Seit Beginn der 90er Jahre mehrten sich schließlich auch die Stimmen, die einen Wirkungsverlust der Werbung durch leerlaufende Ästhetisierung und damit eine Abkopplung der Werbung von ihrem primär ökonomischen Auftrag argwöhnten. 1993 konstatierte M. Horx einen neuen Trend: „Sowohl von den Auftraggebern als auch in der Werbe-Szene selbst wird längst gründlich Abschied genommen vom >Werbung-ist-Kunst<-Konzept. Die rauhe, aber reelle Art der Anpreisung (>Billig! Geil! Gut!<) überschwemmt unsere Privatkanäle. Sie ist ehrlich, und bisweilen sogar sinnvoll und

informativ; man weiß wieder woran man ist, und bei vielen Produkten kommt sogar wieder so etwas wie Information ins Spiel." (1993: 23)

- Wie (fast) immer, erlaubt dieser neue Trend verschiedene Deutungen, u.a. die, daß sich hier eine neue Differenzqualität durchsetzt: Zurück zur alten Reklame und weg von den audio-visuellen Hochglanzevents, die ihre Sozialsystem-Zugehörigkeit und damit ihren ökonomischen Primärauftrag vor lauter Reklameenthaltsamkeit gelegentlich vergessen ließen.

*

Das Interesse der Werbewirtschaft an Kunst und Ästhetik hat sich seit Beginn der 90er Jahre zweifellos gewandelt. Nach 1968 und den mit dieser Jahreszahl assoziierten gesellschaftlichen Veränderungen diente die Ästhetisierung der Werbung (vor allem im Fernsehbereich) einem doppelten Ziel: Werbung sollte attraktiver und anspruchsvoller werden, um einerseits die Kundenansprache zu verbessern, und um andererseits durch ästhetisch optimierte Angebote aus dem Negativimage geistloser, überflüssiger und gesellschaftlich schädlicher Verführung zu überflüssigem Konsum herauszukommen. Dieses Ziel ist erreicht worden, zugleich sind aber auch die Grenzen einer formalistischen Oberflächen-Ästhetisierung der Werbung überdeutlich in den Blick gekommen.

Der wohl entscheidendste Wandel im Verhältnis von Werbewirtschaft, Kunst und Ästhetik aber rührt von einer anderen Entwicklung her, und zwar vom schieren Mengenproblem der Werbung nach Einführung des allein durch Werbung erzwungenen und getragenen dualen Rundfunksystems. Wird der Erfolg zum Existenzproblem der Werbung? Ist sie, wie einst M. McLuhan prognostizierte, die Form von Massenunterhaltung, die sich selbst auffrißt?

Nicht nur die Zapper, auch schon Werbetreibende ärgern sich zusehends über die Werbelawine im Fernsehen, vor allem über die Unterbrecherwerbung. Aus Mißtrauen in den Erfolg der traditionellen Werbung in den Massenmedien gingen zu Beginn der 90er Jahre in den USA bereits ca. 65% der Werbeausgaben an den Massenmedien vorbei in Briefkampagnen, Promotion und Sponsoring. In und außerhalb der Medien entwickelte sich eine zunehmend reichere Palette von Werbe-, Marketing- und Finanzierungsformen – allen rechtlichen Problemen zum Trotz. Product Placement, Bartering, Merchandising, Programming, Licensing, Infomercials, Narrow Casting, Patronatswerbung, anmoderierte Spots usw. heißen die neuen (alten?) Strategien der Ausdifferenzierung von Werbemaßnahmen, die dazu dienen, die Grenzen zwischen Werbung, Programm und PR-Maßnahmen noch fließender und damit ökonomisch effizienter zu machen (cf. K.-P. Keusen 1995).

Auch neue technische Entwicklungen sind dabei, die Fernsehlandschaft zu verändern bzw. solche Veränderungen erwartbar zu machen. Zunehmend durchdringen sich die wichtigsten Bereiche der Informations- und Kommunikationstechnik, nämlich Datenverarbeitung, Telekommunikation und Unterhaltungselektronik. Digitalisierung wird schon bald rein technisch den Empfang von ca. 400 Fernsehprogrammen per Satellit ermöglichen. Multimedia, Information-Superhighways, Interaktivität lauten die Zukunftsvisionen. Eine ganze Palette medialer Angebote soll schon bald in einer einzigen Work Station zusammenkommen, so die traditionellen Fernsehvollprogramme, Pay-TV, Video on demand, Teleshopping, verschiedene Service-Kanäle, Datenbankdienste, Audio- und Videotexte sowie Telespiele.

Allerdings wird die Entwicklung in Deutschland wohl kaum so schnell vonstatten gehen[14], wie das einige Technikfreaks behaupten. Teure Endgeräte und konservative TV-Nutzer dürften das Entwicklungstempo abbremsen. Vermutlich wird sich, wie V. Nickel betont, in Deutschland ein vielgliedriges Mischsystem durchsetzen, ein „... Bildschirmsystem, zusammengesetzt aus Vollprogrammen, Spartensendern, Pay-TV und interaktiven Elementen. Werbung wird es dort schwer haben [...], wenn der 'Deregulierung des Senders' nun auch die 'Deregulierung des Sehens' folgt." (1994: 8)

Im Medienmarkt der nächsten Jahre erwarten viele Fachleute vor allem die folgenden Trends:

- Individualisierung der Mediennutzung, vor allem im Bereich digitaler Netze;
- Erhöhung interaktiver Tendenzen der Mediennutzung, wodurch sich das traditionelle Bild vom Sender und Empfänger wandelt;
- Spezialisierung oder Segmentierung bei den elektronischen Medien, Verlust der Bedeutung des Fernsehens als Massenmedium;
- Verstärkung des Trends zur Internationalisierung, auch und gerade für Spezialangebote bzw. Nischenanbieter;
- internationale Angleichung des Geschmacks und der Gewohnheiten der Mediennutzung;
- ökonomisch-technische Konzentration des Medienmarktes (cf. u.a. U.J. Heuser 1994, W. Schulz 1994).

Dabei werden die Grenzen zwischen Individual- und Massenkommunikation zunehmend unterlaufen. Hinzu kommt, daß die Vermittlung von sogenannter „media and computer literacy" zu einer entscheidenden Ressource werden wird, die nicht zuletzt die Differenz zwischen Wissenszwergen und Wissensriesen bestimmen wird.

Auch der traditionelle *Rundfunkbegriff* läßt sich angesichts solcher Entwicklungen zunehmend schwerer fassen, weil er nicht mehr allein die Medien der Massenkommunikation, sondern auch die der Individualkommunikation einschließen können müßte. Die Schwierigkeit der Definition wird verstärkt durch die Frage nach dem Regelungsbedarf und der Regelungskompetenz des Bundes oder der Länder. Das Bundesverfassungsgericht neigt gegenwärtig zu der Auffassung, daß eine funktionale Auslegung sinnvoll ist, demgemäß auch neue Dienste je nach Funktion unter dem Begriff „Rundfunk" subsumiert werden könnten.

Die werbetreibende Wirtschaft bemüht sich ihrerseits intensiv darum, die kaum zu harmonisierenden Differenzen zwischen den Grundsätzen des Medienrechts und des Wirtschaftsrechts aufzuweichen. Dabei geht es vor allem um die Kennzeichnungs- und Trennungspflicht sowie um das Verbot der Beeinflussung und Irreführung.

*

14 Cf. dazu U.J. Heuser (1994). – Auch in den USA läßt das multimediale Zeitalter noch auf sich warten: „Eigentlich sollte 1994 das Jahr der Informations-Highways werden. Unzählige Feldversuche mit interaktivem Fernsehen standen auf der Agenda. [...] Kulturkritiker erklärten das kommerzielle Fernsehen zum wiederholten Mal für tot und sagten die Trendwende von der passiven zur interaktiven TV-Nutzung voraus. [...] die meisten Strategen des neuen TV-Zeitalters haben gemerkt, daß die prognostizierten Veränderungen viel langsamer und in wesentlich geringerem Umfang als angenommen eintreten werden." (H. Stipp, 1995: 22)

Während sich die werbetreibende Wirtschaft also zunehmend um eine Entdifferenzierung von Werbung und Programm bemüht, scheint die Werbung zunehmend unter den Folgen ihrer Ausdifferenzierung „zu leiden". Es gibt kaum noch ein gesellschaftliches System, das Mitte der 90er Jahre nicht Werbemaßnahmen bemüht, um sich Marktanteile in der öffentlichen Kommunikation zu verschaffen: Kirchen, Parteien, Verbände, Organisationen und Vereine, staatliche Institutionen (wie z.B. die Bundeswehr), das medizinische System, das Bildungssystem, die Massenmedien, ja die Werbung selbst – alle werben. In dieser Umstellung von Produkt- auf Kommunikationswettbewerb werden die Grenzen zwischen Öffentlichkeitsarbeit, Marketing (Product and Social Marketing), Werbung und angeblichen sozialen Kommunikationsangeboten (à la Benetton) selbst für die Werbetreibenden unscharf. Und folgt man der Diskussion innerhalb der Werbewirtschaft (cf. J. Tropp 1995), mehren sich offenbar schon die Anzeichen für Identitätsprobleme. Die guten alten Kampagnen mit schönen Bildchen und Geschichtchen für ein gutes Produkt und gute Konsumenten scheinen zur nostalgischen Erinnerung zu werden. Im Blick auf neue Technologien, neue Kunden und Verbraucher und neue Marketingformen stehen völlig andere ästhetische Probleme an als bei der Gestaltung der üblichen Print- oder TV-Kampagnen. Einigkeit bei den Werbern herrscht wohl darüber, daß die Zeiten des Massen-Marketing vorbei sind, und zwar ebenso unwiderruflich wie die Zeiten der standardisierten Massenproduktion. Und diese Zeitenwende wird in aller Regel auf das Konto der gesellschaftlichen Entwicklungstendenz verbucht, die bei Produktherstellern wie Werbern ins Zentrum der Überlegungen getreten ist: *Individualisierung* (cf. dazu Kap. II, Abschnitt 5)[15].

Entsprechend konzipiert sind auch die neuen Strategien in beiden Bereichen: Individualisierung der Produktion und Individualisierung der Kommunikation mit dem (künftigen) Kunden, bzw. kurz: Kommunikation mit Prosumenten, diesem Amalgam aus Produzenten und Konsumenten. Was ist damit gemeint?

Schon seit längerem propagieren Wirtschaftsexperten, daß man nicht mehr erst Waren produzieren und danach erst Kunden dafür suchen kann. Immer mehr Produzenten gehen dazu über, nicht Produkte anzubieten, sondern Produktionen (cf. M. Stolz 1995, H.D. Degler 1993). Das heißt: Der Kundenwunsch wird analysiert, und dann wird gemeinsam mit dem Kunden ein maßgeschneidertes Produkt möglichst schnell und effektiv produziert. Levi Strauss fertigt z.B. einen Großteil seiner Produkte in den USA im Stile dieser sogenannten individualisierten Massenproduktion. Aenne Burda läßt Kundinnen am Computer individuell ausgewählte Modellschnittbogen entwerfen. Und der Computer-Hersteller Dell aus Texas orientiert sich bei 90% der verkauften Rechner an Kundenwünschen.

Den steigenden Wünschen der Verbraucher nach Mitwirkung, aktiver Mitgestaltung und Entscheidung ebenso wie nach individueller Befriedigung individueller Bedürfnisse und Wünsche kommen inzwischen auch Zeitungsverleger mit dem Angebot persönlich gestaltbarer Zeitungen nach, wo aus einem reichhaltigen Informationsmenu ein „Daily

15 Aber auch hier ist Skepsis angebracht: „Das neue Marketing inszeniert werbliche Kommunikation als ob sie Interaktion mit dem Kunden sei. Sein Ideal ist die Firma als Clan der Kunden. Hier bekommt dann der Begriff des Stammkunden eine ganz neue Bedeutung – der Kunde soll sich als Mitglied eines »Stamms« empfinden." (N. Bolz 1996: 87)

Me" erstellt werden kann. Ikea läßt Prosumenten ihre Möbel selbst planen, auswählen und zusammenbauen. Oder Philip Morris animiert auf Kreativparties Studenten und Hausfrauen, Werbemotive zu gestalten. „Kundenbindung" lautet das Zauberwort, und der neue „Konsumenten-Manager" betreut statt eines Produkts eine Zielgruppe. „One-to-one-Marketing" setzt sich als Faustregel in vielen Agenturen durch. Interaktive Kommunikation, Single Sourcing und Databases werden eingesetzt, um hochdifferenzierte Kundenprofile zu erkennen und lückenlos zu beobachten.

Hinter diesem neuen Trend von Massenmarketing zu individualisierter Kundenansprache steht die Einsicht in tiefgreifende Änderungen des Kundenverhaltens. „Gemeinsames Kennzeichen der neuen Generation von Medien ist, daß der Nutzer bestimmt, welche Information er zur Kenntnis nehmen will und wo er abschaltet. Für die Werbetreibenden, die in weiten Teilen auf Massenansprache setzen, bedeutet diese Entwicklung eine Revolution. Und die fordert ihre Opfer. Doch sie birgt auch Chancen: Gewinner des Umbruchs werden diejenigen sein, die frühzeitig begreifen, wie sich die Kommunikationskultur durch den Einsatz neuer Medien ändern wird. Denn die Zukunft der Werbung ist aufs engste verknüpft mit der Zukunft der Medien." (P. Kabel 1994).

Die neue MTV- und VIVA-geschulte Konsumentengeneration ist kreativer und emanzipierter, nutzt die steigende Menge von Informationsangeboten selektiv und mit einem aus der Musik geübten und bekannten Hang zum „Sampeln". Sie pocht auf Individualität sowie auf eine Pluralität von Möglichkeiten und Selbstbestimmung. Klassische Lebensziele wie Wohlstand und Karriere haben ihre unbefragte Bedeutung verloren an Ziele wie Kreativität, Vielfalt, Emotionen und Identität, wie die Werber von Ph. Morris beobachten (cf. Stolz 1995).

H.-P. Liebmann, Marketingprofessor in Graz, propagiert deshalb „Interfusion" als neue Markenpolitik: „Marken, Kommunikation und Handel integrieren den Konsumenten gleichberechtigt in ihrem Kreislauf. Der Kunde findet seine Wünsche berücksichtigt. Die Kooperation beinhaltet auch eine neue Werkorientierung. Beispielsweise werden ökologische und soziale Nutzen gemeinsam entwickelt. [...] Der Schlüsseltrend liegt darin, daß der Konsument wieder ein Stück seiner Souveränität zurückbekommen will. Das ist eine ganz natürliche Reaktion auf ein dramatisches Überangebot an Waren und Kommunikation." (1995)

Was sich hier in Trends andeutet, läßt auf eine *Ausdifferenzierung* der Werbung schließen. Zwar wird es die klassische Werbung mit Anzeigen und Spots auch weiterhin geben, aber – nach Expertenmeinung – nur noch als Nischenmarkt. „Die Werbung per Massenmedium wird aufgrund ihres Gratischarakters einen billigen Anstrich bekommen, als Trash abgewertet werden. Das Fernsehen, heute noch exklusives und teures Werbemedium, wird sich vom Image her Billig-Blättchen wie der Bäckerblume angleichen", vermutet P. Kabel (1994).

Zukunftsweisendes Marketing dagegen wird Konsumenten über die von ihnen selbst gewählten Kanäle ansprechen. Dabei setzen Agenturen zunehmend auf neue Techniken (CD-ROM) und interaktive Medien (wie z.B. Internet, CompuServe, Europe Online, Microsoft Network)[16], die 1:1 Kommunikation im Online-Format bieten können. Mit

16 Cf. mc & lb new media news no. 2/1995.

interaktiven Medien hofft die werbende Wirtschaft, ihre Zielgruppe ohne Streuverluste zu erreichen, um einen exakt kontrollierbaren Dialog mit den Konsumenten aufzubauen. Das Risiko dieser Marketingstrategie liegt darin, daß die Rezeption solcher Werbeangebote auf dem Freiwilligkeitsprinzip beruht und die Agenturen davon ausgehen, daß der Nutzer etwa im Internet einen neuen, medienadäquaten Typ von Werbebotschaften erwartet, die neben Produktinformationen auch sog. „added values" bieten: Hot Spots, aktuelle Tips und Infos, Nachrichten, Musik usw., kurz: Werbung als Infotainment, das – ausgerichtet auf die persönlichen Interessen der Nutzer – komplexe Inhalte auf unterhaltsame Art vermittelt.

Aber nicht nur im Umgang mit den Kunden, sondern auch im Geschäft mit den Auftraggebern deuten sich heute wichtige Veränderungen an. Agenturen gehen dazu über, ihren Kunden komplette „Kommunikationspakete" zu liefern, statt nur Werbekampagnen zu realisieren. Dabei bekommen sie jedoch zunehmend Konkurrenz von Unternehmensberatern, die Firmen Rat und Tat bei Markenführung und Kommunikation anbieten (cf. F. Gieseking 1995).

Nicht nur gegen die Konkurrenz der Unternehmensberater müssen sich die Werbeagenturen wehren: Neues Hobby des kreativen Untergrunds ist das „Bootlegging", in dem klassische Werbefiguren und Anzeigenmotive manipuliert und zu Kult-Botschaften der Szene gemacht werden (cf. M. Stolz 1995, St. Endrös 1995). Und auch angesichts dieses Phänomens sind die Interpretationen und Reaktionen vielfältig und widersprüchlich: Meister Proper, der Sarotti-Mohr und das HB-Männchen sollen für die 18- bis 29jährigen die verlorene Kindheit der 70er Jahre aufleben lassen (so M. Stolz 1994); Sampling-Spezialisten wollen mit der Spielerei mit Werbesprüchen und Firmensignets („Rave aus der Tube", „Langnase", „Pissau" oder „Landraver") „... den Werbewahnsinn auf eine höhere Ebene transformieren" (so Tilman von „Frontpage"); und M. Horx sieht in den Adbusters Werbe-Hacker beim „Subvertising", angetreten gegen die Versuchung durch falsche Bilder: „Mit der Intelligenz moderner Marken-Codes gegen die Marken-Codes." (1994)

Wie immer ein Phänomen wie Bootlegging auch einzuschätzen ist: Die Generation, die so etwas „einfach gut findet", eine fernseh- und computersozialisierte Generation von Individualisten, bereitet den Werbern Kopfzerbrechen. Wie und wo sind sie zu erreichen? Wo liegen ihre Bedürfnisse? Wie DER SPIEGEL 17/1995 meldet, sind allein in Deutschland seit 1993 24 Trendagenturen entstanden (u.a. Megacult, At Work, Die Brut), deren Trendscouts die Modetrends in den zersplitterten Grüppchen der Jugendkultur erschnüffeln. Die Scouts arbeiten als harte Markterkunder, die ihren Auftraggebern in Newsletters regelmäßig vom Jüngststand der Mode berichten und vor allem auch herausfinden, wo Firmen am besten Sponsormittel einsetzen.

*

Folgt man den jüngsten Veröffentlichungen, dann werden Gesichtspunkte wie Glaubwürdigkeit, verläßliche Produktinformation und soziale Verantwortung zunehmend wichtiger als Oberflächenästhetik. R. Ebguy (Centre de Communication Avancée, Paris) betont: „Momentan spricht man von der Rückkehr zur Vernunft und zum Sinn – nach einer Periode der Äußerlichkeiten, des Überflusses und der Verschwendung." J.-C. Boulet (BDDP International, Paris) sieht die Konsumenten Produkte auswählen, „... die ihnen essentiell, authentisch, glaubwürdig erscheinen." Und M. Denecke (GGK Basel) prognostiziert: „In Zukunft werden wir viel stärker mit gesellschaftlichen, wirtschaftlichen und ökologischen Problemen konfrontiert. In diesem Umfeld wird die Aufgabe der Werbung zusehends brisanter, politischer. Die Werbung wird mehr Stellung beziehen müssen."[17]

Firmen sehen sich zunehmend gezwungen, ihre ökologische Verantwortlichkeit wie ihr soziales Engagement, also gewissermaßen ihre Grundwerte, in der Image-Kommunikation zu verdeutlichen und die Verträglichkeit ihrer Produkte mit solchen Zielen plausibel zu machen (z.B. auf Sektoren wie Reinigungsmittel, Nahrungsmittel oder Automobilbau). Daß dabei die in den 80er Jahren erreichten ästhetischen Standards der Gestaltung nicht wieder unterschritten werden dürfen, scheint plausibel. Aber sie allein machen Werbung nicht mehr akzeptabel.

7 Werbung und die Kommerzialisierung der Kommunikation

Werbung wirkt heute primär durch eine Veränderung der Kommunikation. Die Massenmedien sind seit der Einführung des dualen Rundfunksystems im wesentlichen abhängig von Werbeeinnahmen. Werbung verändert Programmstrukturen und Programminhalte, vor allem aber auch Präsentationsformen. Pointiert gesagt: Werbung ermöglicht Kommunikation, die ihrerseits wieder Werbung möglich macht. Nicht umsonst tendieren Werber heute dazu, sich in erster Linie als Kommunikationsspezialisten einzuschätzen. In diesem Zusammenhang muß in Zukunft stärker als bisher berücksichtigt werden, daß Werbemaßnahmen keine isolierten Vorgehensweisen sind, sondern daß sie eingebunden sind in den Gesamtzusammenhang des Marketing. Werbung wirkt als eine Komponente im „Marketing-Mix" und nicht so sehr über isolierte Spots.

Im Verbund von Massenmedien, Wirtschaft, Marketing, Werbung und Kommunikationsindustrie erzeugt Werbung ihre Wirkung dadurch, daß sie Aufmerksamkeit bindet, die ihrerseits Aufmerksamkeit bindet. Werbung reagiert nicht nur sensibel auf ihre Umgebung, sie wirkt auch auf diese Umgebung zurück. Nur in diesem rückgekoppelten Beziehungsfeld und nicht im Blick auf einzelne Spots läßt sich die Entwicklung, Ausprägung und Wirkung von Werbung verstehen als Motor der Entwicklung der Gesamtgesellschaft in Richtung auf eine Kommunikationsgesellschaft, in der mehr und mehr von unserer Lebenszeit durch die Beschäftigung mit Medien geprägt wird, und in der die Medien ein quasi natürlicher Faktor der individuellen wie gesellschaftlichen Umwelt geworden sind.

Kritik an der Werbung muß auf dieser Ebene einsetzen, nicht bei Manipulations- oder Verdummungsvorwürfen.

Die geschilderten Entwicklungen lassen sich in einem zentralen Punkt zusammenführen: Die Ausdifferenzierung von Medien und Kommunikation und die Entwicklung hin zur Pluralisierung der Lebenswelten und zum neuzeitlichen Individualismus (Stichwort: massenhaft Einzelne) haben – wie in der Medienforschung gelegentlich

17 Zitate aus: HORIZONT Nr. 13, 1. April 1994.

bemerkt[18] – zu einem radikalen Wandel der *Beobachtungsverhältnisse* geführt: Auf der einen Seite wird im Prinzip jeder Teilbereich – Personen, Ereignisse, Schauplätze, Szenen usf. – beobachtbar und (mit oder ohne Zustimmung der Betroffenen) auch tatsächlich beobachtet; auf der anderen Seite wird Gesellschaft, ja werden schon gesellschaftliche Teilsysteme insgesamt unbeobachtbar (cf. H. Nowotny 1992). Der Wunsch nach Beobachtung durch die Medien und die Furcht vor dem Beobachtetwerden prägen heute das individuelle wie das öffentliche Leben; sie bestimmen, was wichtig ist und was nebensächlich, und sie prägen die Frage nach Intentionen und Hintergedanken des Beobachtens, Beobachtenlassens und Verbergens. Medien erlauben Latenzbeobachtung. Darüber hinaus forcieren sie ihre Eigenwerbung, beobachten sich gegenseitig und machen damit nolens volens *Kontingenzerfahrung*, die von allen Modernisierungstheoretikern als Signum der Moderne bezeichnet wird, zum Regelfall des Medienkonsums. Die Proliferation von Wissen und die Pluralisierung von Wirklichkeiten, die die Medien in den Erfahrungs- und Erlebnishaushalt der Mitglieder der Mediengesellschaft einspeisen, verwandeln (die) Wirklichkeiten in prinzipiell variable sozio-historische „Zufälle". Keiner dieser „Zufälle" ist jedoch willkürlich, sondern in den jeweiligen Systemen seines Auftretens durchaus empirisch bedingt, was seine Zufälligkeit nur desto erschreckender (oder desto befreiender?) macht.[19] P.M. Spangenberg hat diese Entwicklung prägnant zusammengefaßt: „Aus dem beschleunigten Umschlag eines wachsenden Kommunikationsangebots folgte somit die Reflexivität von Beobachtung, die Notwendigkeit der Selbstbeobachtung und die Beobachtung zweiter Ordnung: Medien müssen zunehmend und bevorzugt auch das beobachten, was andere Medien beobachten, und die medienwissenschaftliche Forschung beschäftigt sich dann mit der Rolle von Medien im Prozeß der Selbstorganisation von Wirklichkeitserfahrung durch Kommunikation." (1995: 34)

Dieser kontingenzerzeugenden Dauerbeobachtung und reflexiven kommunikativen Thematisierung sind inzwischen all diejenigen Teilentwicklungen ausgesetzt, die in Modernisierungstheorien (cf. etwa R. Lepsius 1977 oder H. van der Loo & W. van Reijen 1992) als relevante Trends gesellschaftlicher Modernisierung gehandelt werden: von Rationalisierung, Urbanisierung, Bürokratisierung und Industrialisierung bis hin zu Demokratisierung, Bindungsverlust, Wertezerfall und Individualisierung. Recht und Moral, Staat und Gesellschaft, Wissenschaft und Kunst büßen ihre Selbstverständlichkeit, ihre Legitimation und das Vertrauen der Bürger in ihre Dienlichkeit für das Wohl und die Überlebensmöglichkeiten von Individuen und Gesellschaften ein. Vernunft, Geschichte, Rationalität, Theorie und Offenbarung werden in ihrem Wahrheits- und Geltungsanspruch fortschreitend entmachtet. So gesehen ist es kein Zufall, daß „Postmoderne" wohl am genauesten charakterisiert werden kann über ein Infragestellen all dessen, was zur Kennzeichnung von Moderne angeführt wird, und das nicht nur im kul-

18 Cf. dazu die zusammenfassende Darstellung in S.J. Schmidt (1994) sowie die Beiträge in K. Merten, S.J. Schmidt & S. Weischenberg (Hg.) (1994).

19 Weshalb dann konservative Kulturkritiker wie etwa D. Bell (1976) eine Rückkehr zur Religion oder zur Metaphysik anraten; ähnlich auch einige Beiträger in P. Koslowski et al. (Hg.) (1986).

turellen Bereich, wie einige Postmoderne-Theoretiker meinen.[20] Denn Dauerbeobachtung und reflexive kommunikative Thematisierung verändern zwangsläufig den Status, das Selbstverständnis und die Identitätspolitik jedes observierten Systems oder Bereichs. Darum macht es gleichermaßen Sinn, Postmoderne als konsequentes Resultat von Modernisierung wie als deren Antithese zu bestimmen. Postmodern, so könnte man sagen, wird ein Segment von Gesellschaft immer dann, wenn es die Kontingenz seines kulturellen (semantischen) Programms durchschaut.[21]

Es ist sicher kein Zufall, daß Theoriediskurse wie der (radikale) Konstruktivismus, Postmoderne oder (Luhmannsche) Systemphilosophie gerade in dieser Phase gesellschaftlicher Entwicklung Konjunktur haben, weil sie alle die Gesellschaft darauf aufmerksam machen, was sie sich leistet, wenn sie sich ein reflexives Mediensystem leistet,[22] das die individuelle wie gesellschaftliche Konstruktion von Wirklichkeit beobachtbar macht. Und weil alle drei Diskurse – richtig verstanden – ihre Kontingenzbeobachtung auf sich selber anwenden (müssen), wollen sie nicht zu neuen „Meistererzählungen" verkommen, heißen sie m.E. sinnvollerweise „postmodern".[23] Postmodernes Bewußtsein ist, so gesehen, in der Tat reflexiv gewordene Moderne, die sich Latenzbeobachtung leistet und dabei bemerkt, daß die blinden Flecken ihres Kulturprogramms, die die Gründe für Modernitätsansprüche und Modernisierungshoffnungen in Gestalt positiver Gewißheiten (Evidenzen) als Selbstverständlichkeiten maskiert mitgeführt haben, ihrerseits gute Gründe brauchen – und so fort: also bestenfalls gute und keinesfalls letzte Gründe haben können. Postmodernes Bewußtsein ist geprägt von globaler Erfahrung, daß die dialektische Entwicklung hin zu Modernisierungszielen Beobachtungsverhältnisse geschaffen hat, die die Dialektik jedes einzelnen Modernisierungstrends (etwa Urbanisierung oder Alphabetisierung) und a fortiori deren Interdependenz evident gemacht hat – die domestizierte Natur muß wieder gerettet und naturalisiert werden, das emanzipierte Subjekt giert nach Bindung, der ubiquitäre Kapitalismus erstickt an der Schattenwirtschaft von Drogen, Glücksspiel und Prostitution, usf.[24]

*

Wenn die oben skizzierte Rolle der Medien in postmodernen Medienkulturgesellschaften auch nur annähernd plausibel ist, dann kann die Bedeutsamkeit der zunehmenden

---

20 Tendenzen wie eine Pluralisierung von Lebensstilen, soziale Individualisierung, Wertewandel, Enttraditionalisierung oder Erosion von Klassenstrukturen waren ja bereits im Modernisierungskonzept bzw. in Modernisierungstendenzen angelegt.

21 Diese Kontingenzthese kann zum Teil anschließen an Theorien der reflexiven Modernisierung, wie sie U. Beck, A. Giddens oder J. Coleman entwickelt haben (cf. dazu S. Lash 1992). Beck etwa unterscheidet zwei Stadien der Moderne. Die erste Moderne will Unkalkulierbares kalkulierbar machen und setzt auf das Versicherungsprinzip (Wohlfahrtsstaat, System der Sozial- bzw. Privatversicherungen); die zweite Moderne muß ohne Versicherungsprinzip bei globaler Gefährdung auskommen, also mit hoher Kontingenz in einer komplexen und unkontrollierbaren Welt leben. Nach Beck zwingt die Erosion natürlicher Ordnungen zu Selbststeuerung, Reflexivität und ständigem Entscheidungsdruck.

22 ... um Luhmanns bekannte Phrase (1990a: 58) zu paraphrasieren.

23 Cf. dazu ausführlich S.J. Schmidt & B. Spieß (1996: Kap. III).

24 Cf. dazu etwa R. Kurz (1991).

Kommerzialisierung der medienvermittelten Kommunikation in unserer Gesellschaft kaum überschätzt werden. Denn Kommunikationsinhalte und -stile werden in den Medien, die via Werbung längst von der Wirtschaft abhängig geworden sind, primär ökonomisch evaluiert, erst dann sozial, politisch oder kulturell.[25] Wenn man darüber hinaus beobachtet, daß Werbemaßnahmen immer differenzierter werden, indem Marketing-, Finanzierungs- und Werbestrategien untereinander gekoppelt werden, und daß die Grenzen zwischen Werbung, Programm und PR-Maßnahmen immer fließender werden, dann stellt sich die alte Frage nach der Wirklichkeit(skonstruktion) der Medien neu in einer doppelten Version:

- Welche Rolle spielen Medienangebote in der Proliferation von Wirklichkeiten, deren Konstruktion sie (intendiert oder nicht) insinuieren?
- Welche Rolle spielen die handlungsleitenden Wirklichkeitskonstrukte, die die Konstruktion von Medienangeboten insinuieren?

Um Antworten auf solche Fragen zu (er-)finden, müssen wir wohl mehr beobachten als „die Medien", nämlich – so scheint mir – zumindest das Zusammenspiel von Kognition, Kommunikation, Medien und Kultur, wobei kognitive Autonomie wie soziale Kontrolle (bzw. Orientierung) gleichermaßen zu berücksichtigen sind.[26]

25 „Die Zuschauerquoten sind die Wertschöpfung, die das kommerzielle Programm erzeugen soll, damit der Sender möglichst hohe Preise für Zuschauerkontakte/Tausend erzielen kann. Dem Zuschauer, ganz gleich, was seine Kommunikationsinteressen sein mögen, kommt also eine Doppelrolle zu: Er ist die Ware, die der Sender an die Werbewirtschaft verkauft und Adressat ihrer Botschaft. Das Programm ist hierfür nur ein Mittel zum Zweck, ein Medium." (P.M. Spangenberg 1995a: 53) – Wie plausibel diese Einschätzung ist, zeigt die Angabe des ZAW (Jahrbuch 1995: 261), daß 1994 der Anteil der Privatsender am TV-Werbemarkt bei 89,5% lag!

26 Cf. dazu S.J. Schmidt (1994) sowie Kap. I.

Kap. IV Stille und laute Bilder. 13 Anmerkungen zur Medienkonkurrenz

1 Medienkonkurrenz

Im Gegensatz zu (meist kulturkonservativ inspirierten) Thesen vom Medien-Darwinismus kann man spätestens seit den Arbeiten M. McLuhans wissen, daß Medien sich gegenseitig nicht verdrängen, sondern sich jeweils im Gesamtmediensystem ihre Funktionsmöglichkeiten und Spezifika zuordnen[1]. Warum, so fragt man doch, sollte denn das Mediensystem moderner funktional differenzierter Gesellschaften auch ein Interesse an Entdifferenzierung haben?

Die Mediengeschichte belegt die in der Forschung seit langem diskutierten reichhaltigen Varianten der Medieninteraktion und -integration, der Konkurrenz und Komplementarität von Text, Bild, Foto, Film, AV und Digitalem – bis hinein ins Internet. Erst in dieser Konkurrenz werden neu auftretende Medien gezwungen, Medienspezifik hinsichtlich Themenbesetzung, Darstellungs- und Inszenierungsstilen sowie Reflexivität (Selbst- und Fremdbeobachtung bzw. Selbst- und Fremdreferenz) zu entwickeln. Erst dadurch, daß durch Auftreten eines neuen Mediums Differenzbeobachtungen forciert werden, werden auch die Beobachtungen von Folgen, Konsequenzen und Implikaturen der immer stärker selektiv werdenden Nutzung der jeweiligen Medien im Mediensystem trennschärfer: Wahrnehmungswandel, Modifikationen der Sozialisation, semantische wie kategoriale Verschiebungen elementarer Kategorien der Wirklichkeitskonstruktion usw. Mit der Komplizierung des Feldes der Differenzen erweitern sich auch die Nutzungsmöglichkeiten dieser Differenzen (man könnte gelegentlich von einem Rücklauf der Differenzen sprechen).[2] Wie im vorigen Kapitel geschildert, wird im Medium Musik die längst in den Medien verschwundene Naturerfahrung in den Medien als medial unvermittelte Naturerfahrung simuliert. Der Siegeszug der Fotografie motiviert in der Bildenden Kunst Bemühungen um Anti-Fiktion (Installation, Ready-made) und Abstraktion, die wiederum differenzausnutzende Tendenzen wie Hyperrealismus und Dokumentarismus provozieren, deren Anspruch wiederum – differenzsetzend – durch Übermalung, Zerstörung, Inszenierung konterkariert werden kann, usf. Differenz konstituiert Bedeutung, Bedeutsamkeit, ja Wirklichkeit, wenn und insofern sie als solche bemerkt,

1 Cf. dazu Kap. I, Anmerkung 8.

2 Ein Meister des Differenzmanagements im Bereich der Plakatmalerei ist Renaro Casaro, der die Inkunablen kunstgeschichtlicher Ikonographie mit den Idolen der Unterhaltungsbranche bevölkert, cf. Abb. 11.

Abb. 11

beobachtet und erlebt wird. Und die Werbung instrumentalisiert zugleich amerikanische Institutionen wie die Freiheitsstatue und Marilyn Monroe, um für Cola und Smirnov Vodka Reklame zu machen (Abb. 12).

Glauben noch viele, mit dem Triumph des Fernsehens sei z.B. das Ende der Fotographie gekommen, weil das starre Foto gegenüber der agilen AV-Telepräsenz endgültig ins Hintertreffen geraten sei (so etwa P. Virilio 1991), so entwerfen andere Beobachter ein anderes Szenario. K. Honnef verweist z.B. darauf, daß einerseits ab Ende der 60er Jahre illustrierte Zeitschriften vom Markt verschwanden und Magazinen Platz machten, daß die Umsatzzahlen der Fotoindustrie stagnierten und die Amateurfotografie zum Knipsen stereotyper Buntbilder verflachte; daß aber andererseits das Interesse der Künstler am Medium Fotografie sprunghaft stieg.[3] Und dieser Interessenwandel setzte genau an der Differenz an, die bis dato Kunst und Fotografie voneinander geschieden hatte: am „... kategorialen Imperativ der klassischen Fotografie, die grundsätzlich der Wiedergabe der äußeren Wirklichkeit verpflichtet gewesen ist." (1986: 183) Aber nicht nur die neuerliche Diskussion altbekannter Probleme im Hinblick auf die Fotografie (Vor-/Abbild, Referenz, Zeit, Verdinglichung) vor der Folie der Kunst erwies sich als stimulierend. Auch der geschärfte Blick für Differenzen der Produktion und Rezeption sowie der Rolle medialer Bedingungsfaktoren verwandelte den Fotografie-Diskurs nachhaltig.

An dieser Stelle setzt N. Bolz (1995) mit der griffigen Formulierung von der „transzendentalen Kraft des Anachronismus" ein und fragt, ob das alte Medium Fotografie neue Effekte im Medienverbund erzeugen kann. Auch er greift bei seinen Überlegungen auf die Differenz Fotografie-Kunst zurück mit der These: Während sich unter dem Druck der Fotografie im 19. Jahrhundert die Malerei der Erforschung der Sichtbarkeit und ihrer Bedingungen zuwandte, erforscht die Fotografie unter dem modernen Druck des elektronischen Picture Processing „die Tiefe des stillen Bildes" als eine der

3 Cf. etwa die Dokumentationen zum Thema Kunst und Fotografie in den Bänden 83, 84, 91 und 121 der Zeitschrift KUNSTFORUM International.

4 Teile
(Cola)
SMIRNOFF
1 Teil
(Smirnoff)
WELCOME TO THE WILD SIDE
SMIRNOFF
SMIRNOFF
VODKA

Abb. 12

„fundamentalen Strategien des Kommunikationsdesigns in der elektronischen Bilderflut". Und das große stille Bild überlebt für Bolz vor allem in der *Werbung*, der krisenfrei laufenden „Ikonenmaschinerie unserer Zeit".

2 Die Erfindung der Fotografie

„Die Daguerreotypie ist nicht nur ein Instrument zum Nachzeichnen der Natur [...] sie verleiht ihr die Fähigkeit, sich selbst zu reproduzieren." (Louis Daguerre 1839)

„Die Erfindung der Photographie ist mindestens mit vier bedeutsamen Namen verbunden: Neben Louis J.M. Daguerre sind es Joseph Nicéphore Niépce, dem es 1822 gelang, ein photographisches Bild permanent festzuhalten (Heliographie), und auf dessen Kenntnissen und Erfahrungen Daguerre aufbauen konnte. Hippolyte Bayard, der seine Photographien einen Monat vor Daguerre präsentierte, der jedoch aufgrund der breiten öffentlichen Aufmerksamkeit, die Daguerre zuteil wurde, in Vergessenheit geriet, und William Henry Fox Talbot, ein englischer Gentleman-Wissenschaftler, der 1840 das Negativ-Positiv-Verfahren entwickelte (Kaloptypie), das im Prinzip bis heute weiter verwendet wird und mit dem er eine umfangreiche Sammlung von Papierbildern erzeugte (von Amelunxen 1988). Die Öffentlichkeit verbindet die Erfindung der Photographie jedoch vor allem mit Daguerre, ein Bühnenmaler und Betreiber von Dioramen, der 1839 das Verfahren der Daguerrotypie – eine Technik zur Erzeugung von photographischen Unikaten, denen sensibilisierte versilberte Kupferplatten als Träger dienten – der Öffentlichkeit übergibt. Schon der Gestus, mit dem er seine Methode, von der er weiß, daß ihre Grundprinzipien kaum länger geheimzuhalten sind, vor der französischen Akademie der Wissenschaften im August 1839 'der Menschheit übergibt', sichert ihm sofort weltweite Popularität.

Obwohl die noch recht langen Belichtungszeiten die Aufnahmen von Personen zunächst erschweren, ist man von der Exaktheit und dem Detailreichtum der Daguerrotypien überwältigt, die durch ihre gefällige Präsentation und ihren Unikat-Charakter in die Nähe der Malerei, also in den Kontext der Kunst rücken. Die Exaktheit der Repräsentation, die als technisch-apparative Externalisierung des Sehens gefeiert wird, setzt Maßstäbe für die mimetischen Bemühungen der Kunst – und somit auch der Literatur –, deren Position jedoch noch derart gefestigt ist, daß das neue visuelle Medium zunächst keine Konkurrenz darstellt.

In der Technikgeschichte der Photographie beginnt nun die Suche nach geeigneten Trägermaterialien – Glas, Papier, Metallplatten – für die lichtempfindliche Schicht. Produktionstechnisch als aussichtsreich erweist sich die Verwendung von durchsichtigen Zelluloidbahnen, mit denen handliche Rollfilme hergestellt werden können. Auf den Produktionsprozeß für den Zelluloidfilm meldete Hannibal Goodwin, ein amerikanischer Geistlicher und passionierter Amateurphotograph, am 2. Mai 1887 ein Patent an, doch es kommt hierüber mit George Eastman zu einem Rechtsstreit, der sich bis 1914 hinzog und schließlich die Originalität von Goodwins Erfindung – Jahre nach dessen Tod – bestätigte. George Eastman, ebenfalls ein Autodidakt und zunächst Amateurphotograph, beschäftigte sich seit 1877 ebenfalls mit der Herstellung von lichtempfindlichen Emulsionen, die er erst auf Glas- oder Papierunterlagen aufträgt. Schließlich entwickelt er ein Verfahren für eine Gießmaschine zum Auftrag einer Gelatineschicht, wozu er gebeizte Walzen benutzt. Eastman gründet mit einem Teilhaber eine eigene Firma und stellt mit seinem Verfahren zunächst photographische Platten her, die sich erfolgreich verkaufen lassen. Darauf folgt 1885 eine Gießmaschine für Negativpapier, das in fortlaufenden Bahnen hergestellt wird.

Der aus diesen Bahnen hergestellte Film – das Wort ist bereits vor dem Zelluloid-Rollfilm in der Photographie ein Begriff, es bezeichnete jedoch im Gegensatz zur heutigen Verwendung nur die lichtempfindliche Emulsion – und die dazugehörigen Kodak-Kameras werden ein großer kommerzieller Erfolg. Damit ist der Grundstein für die 1833 neu gegründete *Eastman Dry Plate & Film Co. of Rochester* gelegt. In ihrer Forschungsabteilung wird unter der Leitung von Henry M. Reichenbach ein Herstellungsverfahren für einen Zelluloidfilm entwickelt, das 1892 patentiert wird und zu dem erwähnten Rechtsstreit mit Goodwin führt. Seit 1897 gehört auch der ständig weiter entwickelte Kinofilm zum Produktionsprogramm der expandierenden Eastman-Kodak-Company (Zglinicky 1956, 154–163)." (P.M. Spangenberg 1995, 51–52)

William Henry Fox Talbot, der die Fotografie als Pencil of Nature bezeichnete, schreibt 1839 in einem Brief an die Literary Gazette: „Wenn man einer Person, die mit dem Verfahren nicht bekannt ist, sagt, daß nichts von all dem von Hand ausgeführt worden ist, muß sie glauben, daß einem der Geist aus Aladins Wunderlampe dienstbar ist. Und tatsächlich könnte man fast sagen, daß es etwas Derartiges ist. Er ist ein kleines Stück an wahrgewordener Magie – an Naturmagie ..." (zit. nach H. von Amelunxen 1988: 33)

3 BILDER LESEN

„Aus der Tatsache der Fovea-Sicht läßt sich der Schluß ziehen, daß wir ein Bild tatsächlich physisch wie auch mental lesen, genau wie wir eine Seite lesen." (J. Monaco 1980: 137)[4] Entgegen einer noch immer weitverbreiteten Auffassung, Bilder seien „auf einen Blick" und „leicht" zu verstehen (im Gegensatz zur sequentiellen und schweren Lektüre von Texten), betonen heute viele Medientheoretiker die Notwendigkeit des Bilder*lesens*.[5] Betrachten wir einige Forschungsergebnisse.

„Meine Augen bewegen sich ständig in meinem Kopf, wobei sich diese Bewegungen aus dem hochfrequenten und völlig unbewußten Augentremor, den unwillkürlichen Augensuchbewegungen und den willkürlich gesteuerten Augenbewegungen zusammensetzen. Hinzu kommen die Bewegungen des Kopfes und des Körpers. All dies bewirkt eine ständige Bewegung des Bildes relativ zur Netzhaut." (G. Roth 1992: 310)

Die Eindrücke beim Bildersehen sind, wie U. Neisser schon 1979 betont hat, einseitig in der Perspektive, „„... einmalig und neu in jedem Moment, verändern [...] sich mehrmals in der Sekunde radikal und haben weder mit dem wirklichen Gegenstand, von dem sie herrühren, noch mit dem Erfahrungsgegenstand, den der Wahrnehmende konstruiert, eine nennenswerte Ähnlichkeit." (1974: 19)

Offenbar lassen sich bei der Bildwahrnehmung drei Aspekte voneinander unterscheiden: Aufmerksamkeitsweckung, Figuren- und Musterinterpretation und die Ermittlung der globalen Bedeutung des Bildes.

Wie beim Textlesen dient auch beim Bildlesen kulturspezifisches kollektives Wissen als Verstehensgrundlage. Auch hier müssen – intuitiv oder explizit – (u.a.) folgende Fragen geklärt werden:

4 Zur analogen Diskussion über Fernsehnutzung cf. u.a. G. Salomon (1979).

5 Cf. ähnlich auch F. Rötzer 1995a: 62.

- In welchem Sozialsystem (funktional differenzierter Gesellschaften) laufen Prozesse der Produktion, Distribution, Rezeption und Verarbeitung von Bildern ab, und welche Funktion wird von solchen Prozessen erwartet bzw. ihnen attribuiert?
- Welchem Diskurs, welcher Gattung und welcher Thematik können solche Prozesse zugeordnet werden?
- Welche Rolle spielt der jeweils relevante Distributionskanal in sozioökonomischen Kontexten (z.B. Produktions- und Verwertungszusammenhänge)?
- Welche Art von Metaphorik wird aufgrund der Antwort auf die vorausgehenden Fragen wahrscheinlich?

Aber auch wenn alle diese Fragen beantwortet sind, erzwingt kein Bild (und kein Foto) seine Interpretation. Die Konstruktivität des Bilderlesens ist in aller Regel kreativ. Andererseits: wir können kein Bild (kein Foto) anschauen, ohne es zu deuten. Wie G. Wersig betont, dominiert in der visuellen Kommunikation die agonistische Grundstruktur die verständigungsorientierte der schriftlichen Kommunikation: „In visuellen Angeboten konkurrieren einzelne Komponenten miteinander, visuelle Angebote konkurrieren miteinander und mit anderen Angebotsmodi um die Aufmerksamkeit im komplexen kommunikativen Feld. Bilder bleiben immer etwas Eigenes, das sich nur bedingt dem Verständigungspostulat unterordnen läßt.“ (1993: 380

Schon nach einem ersten Blick auf ein stehendes Bild (nach ca. drei Zehntel Sekunden) besteht in der Regel eine globale inhaltliche Orientierung, die dann die nachfolgende aktive Detailauswertung mit Blicksprüngen und Augenfixationen steuert (Abb. 13), die einen begrenzten Ausschnitt des Bildes auf die Stelle des schärfsten Sehens (Fovea) bringt.[6] Die Auswertung inhaltlicher Bilddetails wird gesteuert von Erwartungen, Absichten, Alter, Kulturzugehörigkeit und Erfahrung im Umgang mit Bildern, also – wie beim Sprachverstehen auch – von einer Fülle von „Wissen“. „Die Interpretationen von Figuren und Mustern trennt die Figuren von den Hintergründen, zieht Schlüsse aus perspektivischen Darstellungen, Schatten, Konturen oder Linien. Das jeweils kulturell geprägte Weltwissen bestimmt dabei, wie solche Figuren und Muster wahrgenommen werden. Dieses kulturell bestimmte Weltwissen mit Inhalten, Erwartungen, Erinnerungen, Vorurteilen und Abneigungen ist in kognitiven Schemata organisiert.“ (D. Meutsch 1990: 53) Hinzu kommt der emotionale Aspekt, der bei Bildern meist noch stärker bemerkt wird als bei Texten: Bilder lösen spontan Interesse, Motivation, Abwehrreaktionen oder Gefallen aus, wirken stärker emotional als Worte.

Bildverstehen kann also in Abhängigkeit von ganz verschiedenen Faktoren „gesehen“ werden, u.a. in Abhängigkeit von Dispositionsfaktoren der Rezipienten, in Abhängigkeit von Bildmerkmalen oder von Merkmalen der Wahrnehmungssituation bzw. einer Nutzungssituation, in der die Inhalte eines Bildes erneut genutzt werden. Wichtig ist dabei, daß der Beobachter eines Bildes je nach Interesse seinen „Blickpfad“ selbst wählen kann, während Texte die Reihenfolge der wahrzunehmenden Elemente rigide sequentiell vorgeben.

---

6 In einer interessanten Umkehr der Verwendung von Eye mark recorders hat Jochem Hendricks 1992 gezeigt, wie man mit diesem Verfahren auch mit Augenbewegungen zeichnen kann. (Abb. 14)

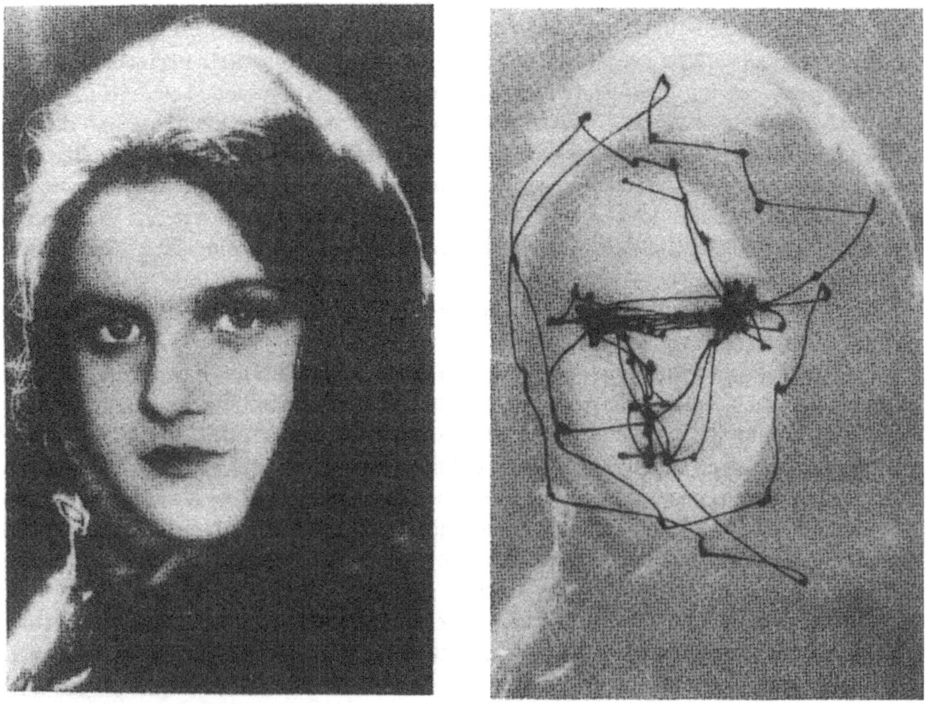

Abb. 13

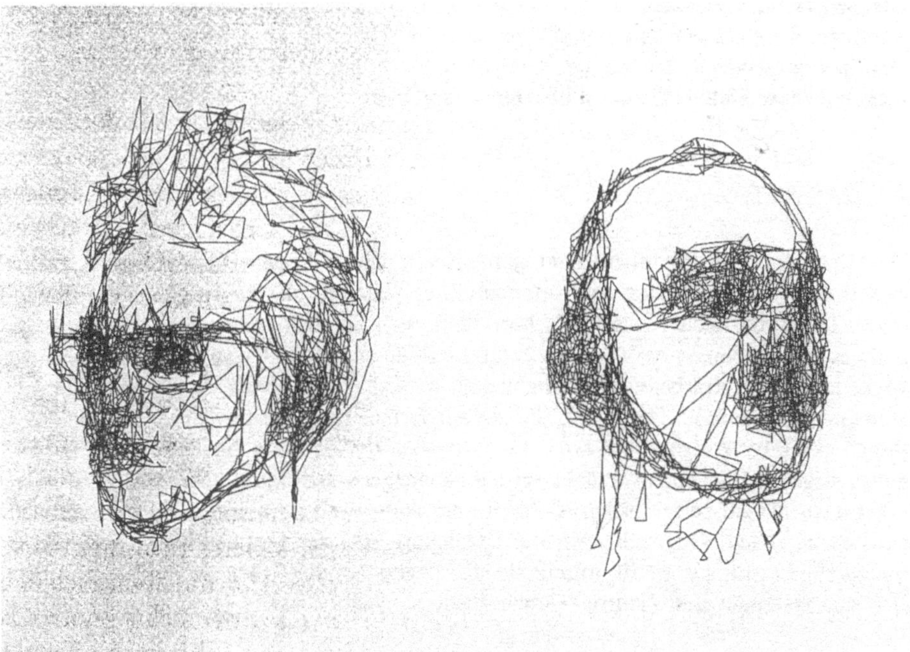

Abb. 14

Wir alle erfahren im Alltag, daß wir in der Regel sehen, was wir wissen bzw. was wir zu erwarten und zu deuten gelernt haben. Das läßt sich experimentell nachweisen, wenn Versuchspersonen mit unvollständigen Bildern konfrontiert werden. Solche Bilder werden erst „lesbar“, wenn die Versuchspersonen ein „Wissen“ aktivieren können, das die fehlenden Bildelemente zu ergänzen erlaubt. B. Weidenmann hat dabei vor allem auf sogenannte ökologische Modelle hingewiesen, die unsere Auseinandersetzung mit der Umwelt steuern: „Selbst abstrakte Bilder oder Zufallsbilder werden von den Betrachtern zunächst auf 'realistische' Verweisungen abgesucht. [...] Die ökologische 'Normalisierung' von Informationen verläuft daher überwiegend *automatisch*, d.h. ohne bewußte kognitive Kontrolle. Lediglich die Ergebnisse dieser automatischen Verstehensprozesse dringen ins Bewußtsein.“ (1989: 141)

Hinsichtlich der Frage, wie wir Bilder im Gedächtnis behalten bzw. erinnern, geht der Forschungskonsens in der Psychologie dahin, daß Bildgedächtnis und -erinnern eng gebunden sind an die Intensität unserer Auseinandersetzung mit Bildern. „Kurz gesagt: Je mehr wir uns mit einem Bild geistig auseinandersetzen, desto mehr lernen wir mit dem Bild und desto unerheblicher wird die Tatsache, daß es sich bei diesem Lernprozeß um einen Vorgang handelt, der durch das Bild begonnen wurde. [...] Je intensiver die Auseinandersetzung mit einem Bild, desto intensiver und weitreichender wird eigenes Wissen in den Kognitionsprozeß eingebracht.“ (D. Meutsch 1990: 69f.)

St.-P. Ballstaedt et al. haben darauf verwiesen, daß sich in der kulturellen Evolution die Schrift aus einfachen Abbildungen entwickelt hat. Deshalb nehmen sie an, daß sich die Verbindung von Bild und Text auch im Gehirn strukturell niedergeschlagen hat: „Das Lesezentrum im Gyrus angularis liegt zwischen den visuellen Rindenfeldern und dem sensorischen Sprachzentrum.“ (1989: 105) Außerdem nehmen sie an, daß die Unterschiede beim Lesen und Betrachten nicht entscheidend sind. Erst auf den höheren Verarbeitungsebenen und bei der Speicherung werden die Unterschiede gravierend – und eben diese Unterschiede sind bis heute ungeklärt.

4 Das Auge

„Das Auge wird oft mit einem Photoapparat verglichen. Angemessener wäre es jedoch, es mit einer Fernsehkamera mit automatischer Nachführung zu vergleichen, also mit einem Gerät, das sich von selbst scharf stellt, sich automatisch an die Lichtstärke anpaßt, ein selbstreinigendes Objektiv besitzt und einen Computer speist, der so hochentwickelte Parallelverarbeitungsmöglichkeiten aufweist, daß unsere Ingenieure erst jetzt anfangen, sich für die Hardware, die sie entwerfen, ähnliche Strategien auszudenken. Welch gewaltige Aufgabe es ist, das Licht, das auf die zwei Netzhäute fällt, in ein sinnvolles visuelles Bild umzuwandeln, wird eigenartigerweise häufig übersehen. Als ob wir nicht mehr als ein perfekt scharfes Abbild der Außenwelt auf unserer Netzhaut bräuchten, um zu sehen! Obgleich auch die Erzeugung scharfer Netzhautbilder keine unbeträchtliche Leistung darstellt, nimmt sie sich gegenüber der Arbeit des Nervensystems – also von Netzhaut und Gehirn – doch recht bescheiden aus. [...] Keine menschliche

Erfindung, einschließlich computergestützter Kameras, kommt dem Auge auch nur annähernd gleich." (David H. Hubel, 1989: 43)

Angesichts dieser deutlichen Worte muß über die oft bemühte Analogie zwischen Auge und Fotoapparat wohl noch einmal gründlich nachgedacht werden. Das gilt auch für J.-L. Comollis These, der Fotoapparat sehe anstelle des Auges: „At the very same time that it is thus fascinated and gratified by the multiplicity of scopic instruments which lay a thousand views beneath its gaze, the human eye looses its immortal privilege; the mechanical eye of the photographic machine now sees *in its place*, and in certain aspects with more sureness. The photograph stands as at once the triumph and the grave of the eye." (J.-L. Comolli 1980: 123)

Das Auge, das Sehen und visuelle Metaphern haben in der Philosophie – von der Erkenntnistheorie bis hin zur politischen Theorie – in Europa stets eine große Rolle gespielt, etwa bei Debatten über Ideologie und die Herrschaft des Auges: „Daß Marx sich zur Unterscheidung richtiger und verkehrter Erkenntnis einer visuellen Metapher bediente, ist weder überraschend noch ungewöhnlich, hat doch das abendländische Denken seit langem das Sehen als denjenigen Sinn gepriesen, der uns am ehesten über die Wahrheit der äußeren Welt in Kenntnis zu setzen vermag. Ob in der Verkleidung platonischer Ideen, die vor 'das Auge der Seele' treten, ob wie bei Descartes als 'klare und deutliche Einsichten', die sich dem 'festen geistigen Blick' offenbaren, oder ob wie bei Bacon als Beobachtungen, die in 'der Treue der Augen' empirisch begründet sind, unsere einflußreichsten Erkenntnistheorien waren seit je aufs Auge zentriert. Entsprechend wurde, wie Hans Blumenberg gezeigt hat, das Licht zur wichtigsten Metapher für Wahrheit und Aufklärung." (M. Jay, 1995: 41)

Aber daneben gibt es auch eine gegenläufige Argumentationstradition, die das Auge als Quelle ständiger Täuschungen beargwöhnte. Platon und Descartes, Carlyle und Augustinus: ganz heterogen motiviert agierte die Gruppe der Gegner des Okulozentrismus, der dann in unserem Jahrhundert endgültig seine Vormachtstellung verloren hat – zumindest im philosophischen Diskurs, der das Vertrauen in die Wahrhaftigkeit des Sehens zu einem Zeichen ideologischer Verblendung diffamierte. Mit dem Sehen gerät auch die Reflexion (Spiegelung, Spekulation) in Verruf[7] bis hin zu feministischen Positionen, die – etwa bei Luce Irigaray[8] – den reflexiven Spiegel der abendländischen Metaphysik in Verbindung bringen mit der phallozentrischen Privilegierung männlicher Subjektivität. Und schließlich wird die Depotenzierung des Auges und des Sehens in der Philosophie historisch korreliert mit der „Entfesselung des Blicks" (G.J. Lischka) in der (Trivial?-)Kultur: Diarama, Foto, Plakat, Illustrierte, Film usw. Die Metapher vom gefräßigen Augenmenschen kommt in Umlauf, der spätestens im Cyberspace seinen Augen nicht mehr trauen kann.

---

7 Cf. etwa R. Rortys Titel „Der Spiegel der Natur. Eine Kritik der Philosophie". Frankfurt/M. 1987.

8 L. Irigaray, „Speculum. Spiegel des anderen Geschlechts". Frankfurt/M. 1980.

5 DAS SEHEN

Es hat sich herumgesprochen, daß ein abbildtheoretischer erkenntnistheoretischer Realismus, der von einer verläßlichen Wiedergabe äußerer Geschehnisse in unserer Wahrnehmung ausgeht, angesichts neuer neurowissenschaftlicher Forschungsergebnisse unplausibel geworden ist.

Den Forschungsstand hat G. Roth (1994) wie folgt zusammengefaßt. Sinnesrezeptoren und Sinnesorgane übersetzen physikalische und chemische Umweltreize in die Sprache des Gehirns, also in Membran- und Aktionspotentiale der Neurotransmitter und Neuropeptide, also in eine neutrale Sprache bzw. in die Neutralität des neuronalen Codes. (Cf. das „Gesetz der spezifischen Sinnesorgane", das bereits der Begründer der Sinnesphysiologie, Johannes Müller (1801–1858), formuliert hatte.) Gehirn und Sinnesorgane haben offenbar gar nicht – wie viele Philosophen gemeint haben – die Aufgabe, die Umwelt möglichst exakt und vollständig abzubilden. Vielmehr müssen sie hinreichend Verläßliches über die Umwelt erfahren, um dem Organismus ein überlebensförderndes Verhalten in der Umwelt zu ermöglichen. Dabei sind vor allem fünf Eigenschaften der Umweltreize für das Gehirn wichtig: Reizmodalität (visuell, auditorisch usw.); Qualität innerhalb einer Modalität (z.B. Farbe oder Tonhöhe); Reizintensität; die Zeitstruktur und der Ort des Reizes, die durch komplizierte Gehirnoperationen „errechnet" werden.

Beim Übergang von der physiko-chemischen Umwelt zu den *Wahrnehmungszuständen* des Gehirns vollzieht sich also ein radikaler Bruch. Die „Sprache des Originals", die Komplexität der Umwelt wird vernichtet durch ihre Zerlegung in Erregungszustände von Sinnesrezeptoren, aus denen das Gehirn durch komplexe Mechanismen die überlebensrelevante Komplexität der Umwelt erschließen muß. Weil nun im Gehirn der signalverarbeitende und der bedeutungserzeugende Teil eins sind, können Signale nur das bedeuten, was ihnen entsprechende Gehirnareale an Bedeutung zuweisen. Bei dieser Bedeutungszuweisung operiert das Gehirn auf der Grundlage früherer Erfahrungen und stammesgeschichtlicher Festlegungen. Darum ist, wie Roth immer wieder betont, unser Gedächtnis unser wichtigstes Sinnesorgan, aber gleichwohl ist es, wohlgemerkt, nur *ein* Glied im Kreisprozeß von Wahrnehmung, Gedächtnis, Aufmerksamkeit, Erkennen, Handeln und Bewerten. Da im Gedächtnis diejenigen neuronalen Netzwerke gebahnt sind, die Gestaltwahrnehmungen repräsentieren, sind alle bewußten Wahrnehmungen *Gedächtnisbilder*, d.h. Hervorhebungen von momentan korrelierten neuronalen Ereignissen aus dem allgemeinen Aktivitätszustand.

Roth bilanziert die gegenwärtige Forschungslage wie folgt: Wahrnehmung hängt zwar mit Umweltereignissen über die Erregung verschiedener Sinnesorgane zusammen. Aber sie operiert nicht abbildend, sondern *konstruktiv*. Solche Konstruktionen vollziehen sich aber keineswegs willkürlich, sondern nach teils angeborenen, teils frühkindlich oder in späteren Erfahrungen erworbenen Kriterien, die nicht unserem subjektiven Willen unterworfen sind. Dies aber, so betont Roth, macht sie in aller Regel zu verläßlichen Konstrukten im Umgang mit der Umwelt.

Diese Konstruktivität kann auch als Kreativität beschrieben werden: Die konstruktiv operierende Wahrnehmung erlaubt einen systemverträglichen Umgang mit einer komplexen, komplizierten und oft überraschenden Umwelt. Unter diesem Aspekt bestimmt Roth Wahrnehmungen als schnell gebildete „Hypothesen über die Umwelt“, die verläßlich sein aber auch scheitern können, wobei solche Hypothesenbildungen den (von den Gestaltpsychologen formulierten) „Gesetzen des Sehens“ und dem Prinzip der Gliederung unserer visuellen Wahrnehmung in Objekte und Szenen folgen. Die grundlegende kognitive Konstruktionsleistung eines Gehirns im und für seinen Organismus besteht also in der Zusammenfassung der durch Umweltereignisse in den Sinnesorganen hervorgerufenen neuronalen Erregungen zu Objekten und Prozessen, in deren Bewertung und schließlich in deren Überführung in überlebensförderndes Verhalten.

6 FOTO(BILD)

Über Fotografie und Foto ist seit 1822 viel geredet worden. Immer wieder werden umfassende Theorien oder doch zumindest zutreffende Definitionen gefordert oder in Aussicht gestellt; aber die dann vorgelegten Entwürfe desavouieren sich oft schon selbst.

Fragen des Typs „Was *ist* Photographie?“ sind zu Recht aus der Mode gekommen. In Mode sind beobachtungs- bzw. beobachterzentrierte Strategien, die Beobachtungsperspektiven auf ‘Fotos’ genannte Gegenstände und ihre Kontexte durchspielen. Eben dies soll auch im Folgenden angeboten werden. Es geht um Beobachtungen von Aspekten von Fotografie ebenso wie um Beobachtungen bisher angestellter einschlägiger Beobachtungen. Erwartbar sind bei diesem Verfahren versuchsweise koordinierte Anläufe, akzeptable Beiträge zu einem kultürlich unbegrenzbaren Themenensemble zu liefern, also nicht etwa geschlossene Theorien oder hinreichende Definitionen.

Man kann diese Einstellung auch philosophisch (über-)pointieren und mit D. Kamper sagen: „Gerade die einfachen Theorien sind seit langem schuld am Desaster der Welt.“. Oder man kann andererseits die ent- und belastende Skepsis R. Debrays teilen, der tiefsinnig konstatiert: „Tout cela est vrai, et son contraire aussi.“

Oder man formuliert das gewählte Verfahren so: Es handelt sich um ein Sampling[9] von bedeutungsbeanspruchenden Textteilen, in die gewissermaßen ab-fotografierte Textteile (sog. Zitate) einmontiert sind, die zugleich auf sich und auf andere Textteile verweisen (sollen, können), wenn der beobachtende Leser dies vollzieht.

„Nicht so ist es, daß das Vergangene sein Licht auf das Gegenwärtige oder das Gegenwärtige sein Licht auf das Vergangene wirft, sondern Bild ist dasjenige, worin das Gewesene mit dem Jetzt *blitzhaft* zu einer *Konstellation* zusammentritt. Mit anderen Worten: Bild ist die Dialektik im Stillstand. Denn während die Beziehung der Gegenwart zur Vergangenheit eine rein zeitliche, kontinuierliche ist, ist die des Gewesenen

9 Zum Thema Sampling cf. H.U. Reck & M. Fuchs (Hg.) 1995: „Eine interessante Strategie wird Sampling gerade nicht im Hinblick auf das, was es leisten kann, sondern nur im Hinblick auf das, was es nicht vermag. Es bewältigt die positive Ordnung der Enzyklopädie, nicht aber die Ambivalenz des Hieroglyphischen. Solange Sampling ein Interesse an der Generierung von etwas Neuem hat, müßte es Zufälle ermöglichen; das verweist auf das Hieroglyphische, obwohl Sampling doch eindeutig zur strategischen und methodologischen Welt der Enzyklopädie gehört.“ (Umschlagseite)

zum Jetzt dialektisch: ist nicht Verlauf sondern Bild, sprunghaft." (W. Benjamin 1963: 576f.)

„Fotografie: ... das absolut BESONDERE, die unbeschränkte, blinde und gleichsam unbedarfte KONTINGENZ, sie ist das BESTIMMTE (eine bestimmte Photographie, nicht *die* Photographie), kurz, die TYCHE, die GELEGENHEIT, das ZUSAMMENTREFFEN, das WIRKLICHE in seinem unerschöpflichen Ausdruck." (R. Barthes 1985: 12)

„Bilder sind bedeutende Flächen. Sie deuten – zumeist – auf etwas in der Raumzeit 'dort draußen', das sie uns als Abstraktionen (als Verkürzungen der vier Raumzeit-Dimensionen auf die zwei der Fläche) vorstellbar machen sollen." (V. Flusser 1983: 9)

„Das Foto und die visuelle Welt sind Sicherheitszonen der Gefühllosigkeit." (M. McLuhan 1994: 309)

„Die Fotografie spiegelt die äußere Welt automatisch und gibt uns ein reproduziertes Vorstellungsbild. Sie arbeitet dabei höchst genau. Sie dringt in Körperinneres vor, miniaturisiert, vergrößert, detailliert, hält fest, wohin das menschliche Auge nicht reicht. Sie lenkt die Aufmerksamkeit auf psychische und physische Haltungen, bringt ans Licht, was vorher der Trägheit des Auges oder der Unmöglichkeit der Präsenz verlorenging. Sie deckt Strukturen auf und hält Bewegungsabläufe fest. Raum und Zeit werden aufgehoben, Grenzen, kulturelle Schranken überwunden." (D. Kloock 1995: 123)

„Der zufällige Charakter der Fotografien bestätigt, daß alles vergänglich ist; die Beliebigkeit der fotografischen Aussage weist darauf hin, daß die Realität letztlich unklassifizierbar ist. Realität wird in eine Summe von beiläufigen Bruchstücken zusammengefaßt – eine unaufhörlich verlockende, streng reduzierende Methode, mit der Welt fertig zu werden." (S. Sontag 1978: 78)

Die Fotografie „... ist ein automatisch von programmierten Apparaten im Verlauf eines auf Zufall beruhenden Spiels notwendigerweise erzeugtes und distribuiertes Bild eines magischen Sachverhalts, dessen Symbole ihre Empfänger für ein unwahrscheinliches Verhalten informieren." (V. Flusser 1983: 52)

„Ich sehnte mich danach, alle Schönheit, die mir vor Augen kam, festzuhalten, und schließlich ist diese Sehnsucht befriedigt worden." (Julia Margaret Cameron)

„Seit ihrer Verwendung durch die Polizei bei der mörderischen Razzia auf die Pariser Kommunarden 1871 wurden Fotos zum Werkzeug moderner Staaten bei der Überwachung und Kontrolle einer zunehmend mobilen Bevölkerung." (S. Sontag 1978: 11)

7 WERBEFOTOS BEOBACHTEN

René Magritte, der zeitlebens auch für die Werbung gearbeitet hat, verwirrt noch heute mit seinem Pfeifenbild die Gemüter („Ceci n'est pas une pipe", 1928; weitere Versionen 1948, 1964 und 1964; Version mit Apfel „Ceci n'est pas une pomme" 1964; cf. Abb. 15)[10]

10 Und daß man auch hier wieder erfolgreich mit Differenzmanagement punkten kann, zeigt Ian Hamilton Finlay (Abb. 15a).

RENÉ MAGRITTE. La trahison des images, 1948

RENÉ MAGRITTE. Les deux mystères, 1966

RENÉ MAGRITTE. L'air et la chanson, 1964

Abb. 15

Abb. 15a

G. Böhme hat jüngst in einer Bildanalyse darauf verwiesen, daß die Darstellungskonvention, der Magritte in der 1928er Version folgt, die Konvention der *Werbung* ist (cf. Kap. III). Magritte, so Böhme, problematisiert in diesem Bildtyp die Grenzziehung zwischen Kunst und Nicht-Kunst, Darstellungsweisen, Text-Bild-Relation, ja den Gebrauch von Bildern überhaupt. In der wachsenden Bilderflut des Kapitalismus degenerieren die Bilder durch unbeschränkte Reproduktion und den Zwang zur raschen Erkennbarkeit zu Schemata oder Bilderschriften. Dieser extensive Bildgebrauch erzeugt, so Böhmes These, eine Hyperrealität, in der alles deutlicher, prägnanter, ausgesprochener ist als in der gewöhnlichen Erfahrungswirklichkeit: Die Bilder schieben sich vor die Dinge: „Wir beziehen uns im entfalteten Kapitalismus nicht mehr auf Dinge, sondern auf Marken, auf Typen, auf Signets, auf Signale." (1995: 176)

Es gibt jenseits der Bilder keine Dinge mehr, so wie wir sie „wirklich" sehen. Wir sehen nach den Schemata der Bilder(Werbung). Die Dinge werden zu Zeichen, und wir sprechen die Zeichen als Dinge an. Die Warenwelt der Bilder geriert sich als wahre Welt (das ist ihr Verrat). „Das Geheimnis, das sie aufmerksamen Betrachtern ausplaudern, ist das ihrer Herkunft, der Ökonomie." (1995: 176)

„Durch die Handlungen der Agenturen wird das Produkt des außenorientierten Konsums [...] zu einem Produkt des innenorientierten Konsums ästhetisiert [= für Erlebniszwecke hergerichtet]. Dies bedeutet, daß die Werbeagenturen den subjektiven, innenorientierten Prozeß der Erlebniskonstruktion veräußern und als solchen in ihren werblichen Medienangeboten präsentieren. [...] Das Produkt Werbespot wird zu einem Erlebnisangebot zweiter Ordnung, das, so meine These, das beworbene Produkt in seiner Eigenschaft als Erlebnisangebot beobachtbar werden läßt." (J. Tropp 1995: 86)

Susan Sontag bemerkt: „Die Wirkung der Fotografie besteht vor allem darin, daß sie die Welt in ein Warenhaus oder ein Freilichtmuseum verwandelt, in dem alles zum Konsumartikel abgewertet, zum Gegenstand der ästhetischen Würdigung erhoben ist. Durch die Kamera werden die Menschen zu Kunden oder Touristen der Realität – oder der *Réalités* [...] denn Realität wird als pluralistisch erlebt" (1978: 104).

8 BEZIEHUNGSVERHÄLTNISSE

„Man ist versucht, die Photographie nicht als Symbol der Erinnerung zu sehen [...] , sondern vielmehr als Chiffre der Vergeblichkeit einer jeden Re-Präsentation."
(H. von Amelunxen 1988: 45)

Der traditionelle Diskurs – vor allem der Philosophen – um „das Wesen des Bildes" kreist um immer dieselben Themen bzw. Kategorien: Vorbild/Urbild/Abbild, Darstellung, Mimesis, Ähnlichkeit, Repräsentation usw.[11]

Kaum einer der Diskursteilnehmer dreht die Beobachtungsperspektive einmal um und fragt: Warum ist etwas für wen ein Bild und zu welchem Zweck? Wir kennen die Szene: Ein Foto, wechselnde Beobachter, wechselnde Reaktionen: „Das Foto zeigt einen alten Mann." – „Auf dem Foto ist ein südtiroler Bergbauer dargestellt." – „Das ist das letzte Foto von Hans Obkircher." – „Mein Vater." – „Das bin ja ich!"

Wie Bilder insgesamt, existieren auch Fotos als Bilder nur als nach außen projizierte Bilder im Kopf. Die Projektion nach außen ist ein anderer Ausdruck für das, was 'Referenz' oder 'Repräsentation' genannt wird: Fremdreferenz. Also: die Relation ist unser Produkt, wir machen das als Bild Erlebte irgendwo in der Umwelt „da draußen" fest. Dafür gibt es viele Gründe: Erinnerung, Wiedererkennen, Erwartung, Gewohnheit usw. Man darf nicht vergessen: Bilder sind immer stark emotional besetzt, sie haben eine Stimmung, eine Atmosphäre, eine Art von Faszination. (Es fällt ebenso schwer wegzusehen, wenn ein Bild auftaucht, wie wegzuhören, wenn gesprochen wird.)

Wer ein Foto ansieht und dann behauptet, es sei doch unbezweifelbar, daß das Foto etwas abbildet (und zwar naturgetreu), wiederholt eine Trivialität. „Die Technik der Fotografie ist eine Ausweitung unseres menschlichen Wesens", schreibt M. McLuhan (1994: 295), genauer: einer bestimmten nach-renaissancehaften Variante unserer Seh- und Darstellungsgewohnheiten. Das Foto überzeugt uns notwendigerweise von seinem „Realitätsgehalt", seiner Authentizität, weil der Foto-Apparat *seiner Funktion nach* (nicht etwa hardware-mäßig) den Modus unserer Wahrnehmungskonstruktion wie

11 Cf. etwa O.R. Scholz 1991.

Wahrnehmungsprüfung simuliert und daher vom Ergebnis scheinhaft bestätigt. (Nebensächlichkeiten werden dabei großzügig übersehen: der (fast) immer rechteckig gerahmte Ausschnitt; schwarzweiß als Farbigkeit; die Reduktion von Drei- in Zweidimensionalität; technische Tricks wie Zoom oder Weitwinkel; die Erfahrung, daß Bilderkennen *gelernt* werden muß, usf.). Fotos sind Materialisationen der Theorie der Optik.

Man darf eines nicht vergessen: Alle, die an der Produktion wie Rezeption von Fotos beteiligt sind, operieren konstruktiv, nicht passiv. Mensch und Apparat bilden beim Fotografieren eine Einheit (Flusser 1983: 22), beide erproben sozusagen die Grenzen der Leistungsfähigkeit des anderen. Der Fotografierende selegiert und rahmt Gegebenheiten zu Sachverhalten. Zu recht betont V. Flusser, daß nur Sachverhalte fotografierbar sind: „Die Fotografie ist ein Bild von Begriffen." (1983: 27) Der Fotograf arrangiert und inszeniert, wenn dies mit „abzubildenden" Menschen sinnvoll erscheint, oder er friert – im Schnappschuß – vorgeblich Unwillkürliches ein – weshalb die Fotos geprägt sind von Gebärden, von Gestik, Mimik und Symbolik (= Realistik der Inszenierungen). Fotos sind Vergegenwärtigungen, nicht Wahrnehmungen.

„Die fotografierte Welt steht zur wirklichen im gleichen, grundsätzlich schiefen Verhältnis wie das Standfoto zum ganzen Film. Im Leben geht es nicht um bedeutsame Details – einmal kurz belichtet und für immer festgehalten. Auf Fotografien geht es um nichts anderes." (S. Sontag 1978: 79)

Mir scheint, im Vordergrund des Fotografier-Interesses (abseits der Kunst-Fotografie) steht nicht ein Abbildungs- und Memorierungsinteresse (wie beim Polizeifoto und beim Paßfoto), sondern der Wunsch, einen wie auch immer überwältigenden Eindruck „festzuhalten"[12]: Weite, Höhe, Einsamkeit, Schönheit, Erschrecken usf. Die Bildfläche des Fotos soll in Zukunft zum „magischen Modell für das Verhalten seines Betrachters" werden (V. Flusser 1983: 48), indem es genügend Anlässe für das Ingangsetzen kognitiver wie emotiver Prozesse bietet.

Walter Benjamin etwa schreibt bei der Betrachtung der „Fischerfrauen von New Haven" von David Octavius Hill und Robert Adamson (1845, Abb. 16) in der „Kleinen Geschichte der Fotografie" 1931: „Bei der Photographie aber begegnet man etwas Neuem und Sonderbarem; in jenem Fischweib aus New Haven, das mit so lässiger, verführerischer Scham zu Boden blickt, bleibt etwas, was im Zeugnis für die Kunst des Photographen Hill nicht aufgeht, etwas, was nicht zum Schweigen zu bringen ist, ungebärdig nach dem Namen derer verlangend, die da gelebt hat, die auch hier noch wirklich ist und niemals gänzlich in die »Kunst« wird eingehen wollen."

Welches Betrachterverhalten tatsächlich eintritt, das hängt bekanntermaßen von vielen Faktoren ab: von persönlichen Dispositionen, vom Distributionskanal, vom Rezeptionskontext usw. Offenbar wird jedes Bild vor allem danach beurteilt, ob es und wie es mit dem korrespondiert, wonach wir bewußt oder unbewußt *Ausschau halten*, worin unsere Obsessionen kulminieren. Und schließlich wird jedes Bild auch daraufhin abgeprüft, ob es zum Erinnern, zum Vergessen oder zum Verdrängen taugt.

---

12 R. Barthes geht viel weiter: „... so ist die PHOTOGRAPHIE doch eine Art urtümlichen Theaters, eine Art von 'Lebendem Bild': die bildliche Darstellung des reglosen, geschminkten Gesichtes, in der wir die Toten sehen." (1985: 41)

ELBEO
Strumpfhosen

ELBEO
Strumpfhosen

Freiheit, die man hautnah spürt.
ELBEO
Strumpfhosen

Freiheit, die man hautnah spürt.
ELBEO
Strumpfhosen

Abb. 16

Anders als die Wahrnehmung irgendeines beliebigen optischen Eindrucks fixiert das Foto-Wahrnehmen immer ein (und einen) Moment besonderer Wahrnehmung, weil ein Beziehungsverhältnis komplexer Art emergiert: die Konstruktion von Repräsentation, Suggestion und Evaluation. Insofern ist der Umgang mit jedem Foto ein Test unserer Wirklichkeitsgewißheit. Insofern muß auch jede Möglichkeit der Bildproduktion ohne Vorwand außerhalb des Bildes als Angriff auf diese Wirklichkeitsgewißheit des Beobachters erster Ordnung empfunden werden. Deshalb protestieren wir auch intuitiv gegen N. Hansons neurobiologische Botschaft „cameras and eyeballs are blind" als einen Anschlag des Beobachters zweiter Ordnung auf unsere Erlebniswirklichkeit.

Die Bilder vor der Fotografie haben unverbrüchlich festgehalten an der Sicherheit ihres Gemachtseins und an der Differenz von wirklich und fiktiv. Medienbilder dagegen suggerieren seit dem Foto Authentizität und tilgen sorgfältig alle Spuren des Gemachtseins und des Subjektiven ihrer Herkunft.

Jochen Gerz (1985) hat definitiv konstatiert: „Den Medien den Rücken kehren, man kann es nicht."

Wenn man annimmt, daß Kommunikation Selektion selegiert (und damit Kontingenz verstärkt), dann wird dieser Mechanismus noch einmal reproduziert in den Medien, die aus dem im Kommunikationsbereich Verfügbaren noch einmal nach ihren mediensystem-spezifischen Kriterien selegieren und Kontingenz noch einmal erhöhen. Das zentrale Problem im Blick auf die Medien ist daher Authentizität und nicht die Frage nach der Wirklichkeit. Aus dem Bild der Wirklichkeit ist in den AV-Medien und im Computer die Wirklichkeit des Bildes geworden,[13] das Bild ist, ohne abzubilden.
Damit wird der Umgang mit technisch erzeugten Bildern aller Art heute kompliziert. Medien-Realitäten werden temporalisiert. ('Jetzt' ist die Kategorie ihrer produzierenden und rezipierenden Konstruktion.) Referenz und Authentizität (von Referenz*zuschreibungen*) richten sich nach bild-externen Indikatoren wie Kontextfaktoren, Mediengattungen, der Attribution von Glaubwürdigkeit, nach Programmplätzen, dem Renommee von Publikations-Organen usf. Wir sehen also Bilder und machen daraus (unterschiedlichste) Ab-Bilder. Oder wir lassen es bleiben und stellen fest, daß wirklich nur das ist, was wir nicht sind. Unsere eigene Wirklichkeit aber können wir nicht (ontologisch) beurteilen, weil wir aufgrund des blinden Flecks die Bedingungen unserer Selbstinszenierung nicht sehen.

Offenbar sind wir in einer von technischen Bilderzeugungsmedien geprägten Erfahrungswirklichkeit ständig damit beschäftigt, operativ und pragmatisch zu definieren (zu de-terminieren, also auf Zeit), was wir *als Wirklichkeit verwirklichen.* Wir erfinden immer neue Möglichkeiten des Bilder-Gebrauchens, weil uns berechtigte Skepsis hinsichtlich der Bildmimetik zum Abschied von der Authentizität der Bilder bewegt. Die „Realität", an der die technisch erzeugten Bilder gemessen werden könnten, hat sich in der

---

13 „Die neuen Techniken der Bilderzeugung, beispielsweise Bildschirmtext, Bildplatte, hoch auflösendes Fernsehen, Holographie, Computergrafik und -animation oder Telematik, sind einerseits perfektionierte Mittel 'realistischer', aber nicht mehr auf Analogie oder Mimesis beruhender Abbildung, und andererseits solche zur Erzeugung vollkommener Illusion. [...] die 'apparatfrei' wahrgenommene 'unmittelbare Wirklichkeit' wird [so Baudrillard] zur 'blauen Blume im Land der Technik'." (F. Rötzer 1991: 42)

Dynamik möglicher Bilderzeugungsverfahren verflüchtigt. Damit wird die Differenz wirklich/fiktiv nicht einfach zum Verschwinden gebracht, sondern ausdifferenziert, pluralisiert, ironisiert, reflexiv operationalisiert, usf. Als Kriterien für 'Wirklichkeit' kommen zunehmend nicht-ontologische und nicht-räumliche Kriterien ins Spiel, so Herstellungsmethode, Anwendungsspezifik, Differenzerfahrung, Erlebnisgewinne u.ä.m. 'Multiversum' heißt die neue Leitmetapher, 'kreative ontologische Indifferenz' die neue Mentalität.[14]

Wie heißt es so treffend bei S. Sontag: „Fotografien vermitteln nicht einfach – auf eine realistische Weise – Realität. Die Realität wird vielmehr danach befragt und bewertet, inwieweit sie der Fotografie entspricht. [...] Statt ganz einfach die Wirklichkeit wiederzugeben, ist das Foto zum Maßstab der Art und Weise geworden, in der uns die Dinge erscheinen, und hat damit dem Begriff der Wirklichkeit als solchem – und das heißt zugleich dem Begriff des Realismus – einen neuen Inhalt gegeben." (1978: 83) – Und eben diese Entwicklung hat die Medienentwicklung seit der Fotografie beschleunigt und verstärkt: Je authentischer die Medien Wirklichkeit technisch darzustellen vermochten, desto problematischer wurde der Wirklichkeitsbegriff – bis hin zur Allegorie.

Auf erstaunlich moderne Art hatte bereits W.H.F. Talbot (in *Pencil of Nature* 1844–46) auf die konstitutive Interaktion von Foto und Betrachter verwiesen und betont, daß die Fotografie nicht nur Reales erkennbar präsentiert, sondern eher als Übersetzung zu betrachten ist, „... in der ein Wirkliches sich im Bezug mit dem Betrachter in endlosen Abwandlungen immer wieder neu herstellt. Nicht das Reale ist bedeutend, sondern die in der Wahrnehmung der Photographie ausgewiesene Differenz, die fortwährende Abschaltung des einst Gewesenen. Nicht *das* Reale, *seine* Wirklichkeit hat sich der Betrachter in der Anschauung der Photographie einzubilden. Das Reale ist nur ein Glanz, ein Funke, der die Photographie werden läßt und *zugleich* im photographischen Akt erlischt." (H. von Amelunxen 1988: 60) Talbot sah die Fotografie (noch?) in Analogie zur Schrift. Beide sind darauf angewiesen, daß ihr Sinn durch Rezipienten konstituiert (aktualisiert?) wird, da beide Vergangenes nicht einfach äußerlich fixieren oder neutral einkleiden. Lesen und Sehen entfalten im Rezeptionsprozeß die Subjektivität der Rezipienten. Andererseits räumte Talbot der Fotografie erhebliche Vorteile gegenüber der schriftlichen Beschreibung etwa von seltsamen oder phantastischen Formen ein.

9 ZEITVERHÄLTNISSE

„Die Geschichte der Medien ist eine Geschichte wachsender symbolischer Verfügung über nicht-anwesende ferne Zeiten und ferne Räume. Das Aufkommen der technischen Bild-Medien im 19. Jahrhundert hat das über Jahrhunderte stabile System symbolischer Repräsentation von Raum und Zeit erschüttert. [...] Schon die Fotografie als erstes technisches Bild-Medium setzt eine neue Codierung von Raum und Zeit durch" (G. Großklaus 1994: 36).

14 Davon unbeschadet bleibt vieles beim alten. „Cloquet haßte die Wirklichkeit, aber er sah ein, daß es nach wie vor die einzige Gegend war, wo man ein richtiges Steak kriegen konnte." (W. Allen, in: *Side Effects*)

Mit den Zeitverhältnissen des Mediums Fotografie hat sich – in teilweise emphatischen Formulierungen – vor allem R. Barthes befaßt. Ich kann nicht umhin, ihn zu Wort kommen zu lassen.

„Die PHOTOGRAPHIE sagt (zwangsläufig) nichts über *das, was nicht mehr ist,* sondern nur und mit Sicherheit etwas über *das, was gewesen ist.* Diese feine Unterscheidung ist ausschlaggebend." (1985: 95) Beim Anblick eines Fotos, so Barthes, schlägt das Bewußtsein nicht unbedingt den nostalgischen Weg der Erinnerung ein, sondern den der Gewißheit: „... das Wesen der PHOTOGRAPHIE besteht in der Bestätigung dessen, was sie wiedergibt." (1985: 95) *Referenz* ist das Grundprinzip der Fotografie: Es-ist-so-gewesen, es läßt sich nicht leugnen, „daß *die Sache dagewesen ist*" (1985: 86f.). Seit der Fotografie „... ist die Vergangenheit so gewiß wie die Gegenwart" (1985: 97).

Aber natürlich stellt auch Barthes die technischen Bedingungen des Fotografierens in Rechnung, und zwar sowohl die photographische Optik, die der ganz und gar historischen Perspektive Albertis untergeordnet ist, als auch die Belichtung der Filmschicht, die aus einem dreidimensionalen Gegenstand ein zweidimensionales Bild macht (1985: 99). Gleichwohl ist s.E. der analogische Charakter der Fotos nicht zu leugnen. Aber dieser analogische Charakter macht die Fotografie nicht etwa zu einer Kopie des Wirklichen, sondern zu einer „*Emanation des vergangenen Wirklichen*: als *Magie* und nicht als Kunst. Wichtig ist, daß das photographische Bild eine bestätigende Kraft besitzt und daß die Zeugenschaft der PHOTOGRAPHIE sich nicht auf das Objekt, sondern auf die Zeit bezieht. [...] das Bestätigungsvermögen [hat] den Vorrang vor der Fähigkeit zur Wiedergabe." (1985: 99) Ergo ist das Tempus des Fotos eher der Aorist, nicht das Perfekt, magisches Präsens (Zeitzeugenschaft), nicht nostalgische Erinnerung.[15]

„Jede Fotografie ist eine Art *memento mori*, Fotografieren bedeutet teilnehmen an der Sterblichkeit, Verletzlichkeit und Wandelbarkeit anderer Menschen (oder Dinge). Eben dadurch, daß sie diesen einen Moment herausgreifen und erstarren lassen, bezeugen alle Fotografien das unerbittliche Verfließen der Zeit." (Sontag 1978: 21)

In dieser magischen Präsenz von Ferne wird, wie G. Großklaus betont, der zeitliche Zwischenraum, die Zwischenzeit verdichtet oder gar aufgehoben: Wir sehen (scheinbar), was gewesen ist.[16]

„... die Zusammenziehung der Geschichts-Zeit zur Gegenwarts-Zeit erscheint umgekehrt als Erweiterung der Gegenwartszeit zum ganzen 'Raum der Geschichte'. Oder: die Verdichtung der Welt-Zeit-Gegenwarten zur Gleichzeitigkeit einer (real-time-)Gegenwart erscheint umgekehrt als Erweiterung einer (real-time-)Gegenwart zu allen Weltzeit-Gegenwarten." (1994: 38) Nicht nur die Gegenwart schrumpft, sondern gleichermaßen die Geschichte – bis beide im Zeitalter ubiquitärer Digitalisierung von Sichtbarkei-

15 „Nicht die Photographie als eine gewesene Gegenwart wird also von Talbot evoziert, sondern die Photographie als ein Ende des Erinnerten, als das Versunkensein des primär Erinnerten." (H. von Amelunxen 1988: 45)

16 Bekanntermaßen wurde die Erfahrung von Schrumpfung und Verdichtung, von Löschung und Akkumulation von Intervallen zuerst im Bereich der Raumwahrnehmung im Zusammenhang mit beschleunigten Eisenbahn-Reisen erfahren. (Cf. dazu unvermeidlich W. Schivelbusch 1977.)

ten ineinanderfließen. – Insofern schafft die Fotografie in der Tat „die Zäsur, die die Welt spaltet". (R. Barthes 1985: 97)

Fotografie vergegenwärtigt zum ersten Mal nicht-narrativ das, was gewesen ist, jenseits des Mythos. Die telekommunikativen Maschinen der folgenden Generationen haben diesen Grundvorgang im wesentlichen nur beschleunigt und damit unser Zeitbewußtsein moduliert: das „Ausmaß der Synchronisierung von Daten im Gegenwartsfeld" hat zugenommen (Großklaus 1994: 90) – Schon das Fernsehen ist bestimmt vom Prinzip rigider Aktualisierung, und in den Bildsimulationen des Computers wird alles in die Sichtbarkeit des Gegenwärtigen überführt: „Die Simulationen vergegenwärtigen vergangene Ereignisabläufe ebenso wie zukünftige: in aktuellen Szenarien." (a.a.O.: 50) Erzeugung von Bildern tritt an die Stelle von Nachahmung und Inszenierung, und diese Erzeugung hat als Zeitdimension stets Gegenwart – so wie auch die neuronale Bildproduktion im kognitiven Bereich. Und auch die technische Bildproduktion von Bildmedien reicht nahe heran an die neuronal-kognitive Konstruktion reproduktiver, antizipierender und imaginärer (Traum-)Bilder. Wie G. Deleuze betont[17], treten wir heute ein in eine Phase der Symbiose von Mensch und Simulationsmaschine, wobei diese Symbiose nicht mehr auf der Ebene von Auge und Natur angesiedelt ist, sondern auf der von Gehirn und Information. „Die Emanzipation von Körper, Natur und Raum und die neue Bedeutung von 'Gehirn' und Zeit läßt den kulturellen Paradigmen-Wechsel erkennen; Körper, Natur und Raum verschwinden nicht, aber sie verlieren ihre paradigmatische Leitfunktion." (a.a.O.: 58)

Wie jedes andere Medium hat auch die Fotografie ihre eigene *Zeitrationalität*, die ihr Nutzungsverhalten bestimmt. Während das Fernsehen lange und noch heute von vielen als Zeitraster benutzt wird und zugleich – als 24-Stunden-Programm – Endloszeit und endlose Linearität suggeriert, revoziert (in Differenz dazu) jedes bewußt betrachtete Foto die moderne Suggestion von Zeit als knapper Ressource. Das Foto als punktuelles Ereignis, als Kopplung von Blick und Bild, zieht Linearitätsmodelle abstrakter Zeitbegriffe in Zweifel. Es entschleunigt die Bildkaskaden der AV-Medien. Es warnt gleichsam vor Distanzverlust.

Beim Betrachten von Fotos eröffnen sich dem Betrachter gewissermaßen Potentiale des Navigierens in Zeit(en). Er betrachtet in seiner Gegenwart die Gegenwart dessen, was er als Wirklichkeit im Foto konstruiert; aber der Zeithorizont des „Abgebildeten" in dessen Gegenwart wandert im Zeithorizont des Betrachters mit und wandert zugleich durch die Modifikationen der synästhetischen Verkopplung von Wahrnehmen, Erinnern, Fühlen und Bewerten des Betrachters.[18] „Das Wissen jedoch um die Authentizität des Augenblicks, das der Photographie unauflöslich anhaftet, läßt der phantasmatischen Projektion des Betrachters in der Photographie nur die Möglichkeit des Blicks in das vergangene Jetzt." (H. von Amelunxen 1988: 46)

17 „Das Zeit-Bild. Kino 2", Frankfurt/M. 1991.

18 „Die aufgehobene Zeit ist die Zeit des Subjekts." – „Im Aufheben des zeitlichen Moments bietet die Photographie eine Gleichzeitigkeit im Schein." (H. von Amelunxen 1988: 60, 50)

10 DAS WERBEFOTO

„Schon mit dem Werbephoto, das einem ins Auge springt, zeichnete sich eine radikale Umkehrung der Beziehungen zwischen Wahrnehmendem und Wahrgenommenem ab. So schrieb Paul Klee: »Jetzt schauen mich die Dinge an.« Denn bereits das Werbephoto ist keine richtige Photographie mehr, keine Gedächtnisstütze, keine Erinnerung an eine mehr oder weniger ferne Vergangenheit; es ist ein Wille: es will nicht mehr die Vergangenheit darstellen, sondern die Zukunft in Beschlag nehmen. Gegen Ende des vorigen Jahrhunderts begann sich dieser Wille mit dem Photogramm herauszukristallisieren, lange Zeit bevor ihn das Videogramm erfüllen sollte.

Damit hat das Werbephoto mehr noch als die Dokumentaraufnahme das phatische Bild der audiovisuellen Medien vorweggenommen: das öffentliche Bild hat heute den öffentlichen Raum abgelöst, in dem die soziale Kommunikation stattfand; die Funktion von Straße und Marktplatz haben jetzt Bildschirme und elektronische Anzeigen übernommen. So brauchen wir bloß noch auf jene »Sehmaschinen« zu warten, die an unserer Stelle sehen und wahrnehmen können." (P. Virilio 1991: 345)

Fotos, so hatte V. Flusser betont, repräsentieren Sachverhalte, Fotos sind Bilder von Begriffen.[19] Werbefotos sind darüber hinaus Ikonen von Emotionen, Bedürfnissen, Sehnsüchten, Obszessionen. Bilder, so Flusser, programmieren die Gesellschaft für ein magisches Verhalten, und Werbefotos sind in ganz distinktem Maße „imperative Fotos" (1983: 38). Man könnte sagen: Nicht das Werbefoto soll den Erfahrungen entsprechen, sondern Erfahrungen sollen den Werbefotos entsprechen, deren Realitätsinszenierungen erwartetermaßen kontrafaktisch sind. Während das „klassische Foto" wie die AV- und Computerbilder seine Konstruiertheit verbirgt, plaudert sie das Werbefoto aus, stolz auf jeden Aufmerksamkeitsgewinn. Gerade die scheinbar natürlichen Slice-of-life-Szenen der Kaffee- oder Waschmittelwerbung berühren viele Seher peinlich durch die Irrealität der dort vor-gestellten Pseudonormalität, während noch die skurrilste Inszenierung zumindest Pluspunkte bezüglich Imagination und Gestaltung einheimsen kann.

Alle Teilnehmer an der Werbekommunikation teilen die Erwartungserwartung, daß Werbung bedingungslos parteilich ist im Interesse der Marke, alles Negative ausblendet und nicht an kritisch abwägender Information interessiert ist.

Das kompliziert (wenn auch nur für den Beobachter zweiter Ordnung) die Referenzfrage. Wer sind die Menschen auf den Werbefotos? Repräsentieren sie Typen (*die* Hausfrau, *den* Bierkenner, *den* Versicherungsfachmann)? Repräsentieren sie, allegorisch etwa, menschliche Fähigkeiten (Klugheit, Ordnungssinn, Umweltbewußtsein)? Oder stehen sie ikonisch für Schönheit, Jugend, Erfolg? Und wie steht es mit abgebildeten Prominenten? Was hat Steffi Graf mit Nudeln zu tun, was Franz Beckenbauer mit Geländewagen? Sollen sie Vertrauen erwecken in die Aussage der Werbung oder gar den Eindruck erwecken, sie lobten das Produkt aufgrund langer und erfolgreicher eigener Erfahrung?

---

19 Man könnte auch mit S. Sontag (1978) sagen: Fotos sind Bilder von Ereignissen. Aber bevor ein Foto ein Bild eines Ereignisses werden kann, muß definiert sein (muß ein Begriff davon gebildet worden sein), was ein Ereignis ist.

Was die Werbung wie bewirkt, ist auch nach jahrzehntelanger Werbewirkungsforschung reichlich unbekannt. Zu unprognostizierbar sind die Reaktionen der kognitiv autonomen Konsumenten/Rezipienten von Werbebotschaften. Daß aber Werbung im weitesten Sinne heute ein integraler Bestandteil der medienvermittelten Kommunikation, des kollektiven Wissens, der Mentalität und der Emotionsinszenierungen ist, bestreitet niemand mehr. Ebensowenig, daß Werbung – wie im vorigen Kapitel entwickelt – maßgeblich beteiligt war und ist an der Kommerzialisierung aller medienvermittelten Kommunikation.

McLuhan behauptet: „Alle Medien sind geschaffen, um unserem Leben künstliche Wahrnehmungen und willkürlich festgelegte Werte zu geben." (1994: 304) N. Bolz behauptet: „Die Bilderverehrung der Gegenwart hat ihren mächtigsten Agenten in der Werbung. Werbung ist die Ikonenmaschinerie unserer Zeit. Sie läuft deshalb krisenfrei, weil Menschen Opfer von Bildködern sind." (1995: 2)

Wie schon gesagt: So wie es unmöglich ist, nicht zu kommunizieren, ist es zumindest schwer, nicht hinzusehen, wenn Bilder im Raum sind bzw. auftauchen. Zugleich gilt: Wir sind umstellt, belagert von Bildern, von Litfaßsäulen bis zu den Graffitis auf den Toiletten. Nachrichtenmagazine wie DER SPIEGEL, Focus oder STERN sind längst Bilderbücher für Erwachsene geworden usw. Das Foto erlaubt, die Flut der Fotos erzwingt den flüchtigen Blick, aus den Augenwinkeln, für Bildernachschub ist ständig gesorgt. Warum fallen Fotos überhaupt noch auf? Die Antwort lautet, wie (fast) immer: Das kommt darauf an. Zum Beispiel durch Wiederholung („wie oft denn noch!"); durch die Wirkung eines kognitiven Schnappverschlusses („mein Typ!"); durch Erwartungsenttäuschung („sieh mal an!"); durch Verärgerung („so ein Blödsinn!") oder Amüsement („echt verrückt!"), usw.

Allemal muß dem kontextlosen Foto ein kognitiver, situativer und emotionaler Kontext attribuiert werden, abhängig von kollektivem Wissen wie von ganz persönlichen Dispositionen (der Bildköder muß sich selbst – voluntarily – zum Köder machen, weil er ja auch das Bild zum Bild macht, auch wenn er das nicht weiß).

Bolz behauptet: „Eine Ware wird begehrenswert, wenn es der Werbung gelingt, das Objekt mit dem Bild, das wir in uns tragen, zur Deckung zu bringen." (1995: 6)

– Werbebilder müssen gleichsam immer frischgezapft aussehen. –

Wie schrieb Susan Sontag so treffend: „So erfolgreich hat die Kamera ihre Rolle als Weltverschönerer gespielt, daß inzwischen nicht mehr die Welt, sondern die Fotografie Maßstab des Schönen ist. [...] Viele Menschen haben Angst davor, fotografiert zu werden, [...] weil sie fürchten, sie könnten der Kamera mißfallen." (1978: 81)

11 WERBUNG ALS THEOLOGISCHE TECHNIK

„Werbung übernimmt die Rolle der Kunst."[20] Diese provokante und bewußt paradoxe These M. Schirners, die ich im letzten Kapitel ausführlich diskutiert habe, hat Wirbel

20 Sebastian Turner im FAZ-Magazin , 29.5.1987.
„S.T.: Warum ist Werbung Kunst, Herr Schirner?

gemacht. Weniger die Überbietungsthese H.U. Recks – dazu ist sie wohl zu komplex, aber spannend genug, um ausführlich zitiert zu werden: „Glauben wir nach dem Zerfall des Schönen noch immer an die Notwendigkeit seiner Funktion? Sind wir nicht fähig, das Häßliche in seiner Konstruktion ohne die Fiktion der Schönheitswürdigkeit von Darstellungsmodellen zu ertragen? Wenn die Kunst als Organ des Heiligen gescheitert ist, dann wird das Feld des Schönen gewissermaßen frei. Deshalb ist nicht die Kunst die Motivationsvorgabe der Werbung, sondern das, worauf noch in Profanierungen und Säkularisationen die Kunst sich bezieht: die Theologie. Nicht mehr die Identifikation des Ästhetischen mit der Technik des Kunstschönen als Ausdruck einer Transzendenz formuliert die Erfahrung der letzten 200 Jahre, sondern die Werbung als Technik einer Theologie der Namen und Marken, einer Montage von Figuren und Verhalten, einer Inszenierung der Verführung zum Göttlichen, einer künstlichen Konstruktion künstlicher Paradiese. Nicht mehr im Namen eines Eigentlichen, sondern im Bezug auf die bloße Fiktion präsentiert die Werbung Formeln nicht bloß für ein Verhalten, sondern mindestens ebensosehr: für den Verlust verbürgter Verhaltensweisen, für Vermutungen über Verhalten, für den Zwang, Verhalten als Anspruch interpretieren und den Interpretationen anderer aussetzen zu müssen. Aber das gilt nur für Ausnahmefälle der Werbeszene, nur für diejenigen, die den Zusammenhang von Fiktion und Theologie der Stilisierung als Verschiebung des Normalverhaltens zu einem Anspruchsverhalten ästhetisch, rhetorisch und formal begriffen haben." (1991: 3)

Reck verkoppelt die Debatte über Kunst, Werbung und Theologie über folgende Thesen: Die Pop Art ebnet die Differenz „Kunst/Nichtkunst" so weit ein, daß es schwierig wird, kulturelle Programmatiken eindeutig einem der beiden Sektoren zuzuordnen. Beide Bereiche lassen sich endlos ineinander kopieren, um- und umcodieren. Reck fragt: „Ist eine Werbung als Kunst (Brillo, Campbell in der Zubereitung durch Warhol) nicht bloß wieder eine Werbekampagne für eine Aufhebung von Kunst zugunsten der undurchdringlichen Trivialität der absoluten Konsumgesellschaft?"

Reck wäre nicht Reck, drehte er diese Argumentationsspirale nicht noch einige Drehungen weiter: „Und ist die Darstellung dieses Sachverhaltes in der Werbung, die mit den Kunstattitüden Warhols und nicht selten mit seinen Prinzipien und Motiven weitergearbeitet hat, nicht eine kulturelle Manifestation, die insgesamt den Funktionszusammenhang von Kunst und Gesellschaft verändert hat? Und kann nicht dieser Funktionszusammenhang wieder ein Gegenstandsbereich für eine weitere Meta-Sprache von künstlerischen wie werberischen Techniken werden, womit die semiotische Spirale von Umcodierung, Ausgrenzung und Überlagerung prinzipiell zu einer Mythisierung der Mythen werden könnte und damit zu einer eigentlichen Technik eines Emanzipationstrainings, das den Handlungsbedarf über die Einsicht in die Künstlichkeit der Modelle, aber nicht mehr durch simple Beschwörung ihres Bannes, ihrer magisch wirkenden Gegenständlichkeit und Unmittelbarkeit entwickelt?" (1991: 5)

M.S.: Weil ich sie dazu erklärt habe. Die Werbung hat heute die Funktion übernommen, die früher die Kunst hatte: die Vermittlung ästhetischer Inhalte ins alltägliche Leben. Diese Funktion hat die moderne Kunst nicht mehr. Sie findet unter Ausschluß der Öffentlichkeit statt. Die massenkulturellen Ausdrucksformen wie Werbung, Pop-Musik oder Mode sind an die Stelle der früheren Kunst getreten."

An dieser Stelle bringt Reck die Werbearbeiten M. Schirners ins Spiel, der Werbung als PR-Technik mit elaborierten semiotischen und konzeptuellen Verfahren optimiert. Seine These von der Werbung als der wahren Kunst unserer Tage beschreibt eine gesamtkulturelle Tendenz: Ästhetische Qualität kann nach dem Verschwinden der Kunst-Nichtkunst-Differenz und der (in der Konzeptkunst praktizierten) Ersetzung der Werkgestalt durch die Artikulation einer Idee (die dann der Rezipient zu realisieren hat) nur noch darin bestehen, die öffentliche Aufmerksamkeit von Rezipienten zu erregen, die längst die „Projektionsmodelle des Fiktiven" im Umgang mit Bildmedien und Kulturindustrie zu durchschauen gelernt haben. Und dann folgt Recks kühner Schluß: „Insofern kann man die Aussage, der rhetorische Ausdruck der Mythisierung der Mythen sei die Werbung als Theologie der Gegenwart, nicht als Beschreibung nehmen, sondern als Aufgabe: Die Werbung muß sich den Anforderungen unterwerfen, welche die Theologie als ständigen Druck einer präzisierenden und flexiblen Ausdeutung alles Existierenden und einer Anverwandlung von Problemen über lange Jahrhunderte erfahren hat. Es ist die Struktur der Vermittlung, welche die Werbung aktueller macht als die Unmittelbarkeitspräsentation der jüngsten Kunst." (1991: 6)

– Aber das ganze Argumentationsschiff läßt sich offenbar – ebenso wortgewandt – auch in eine andere Richtung steuern, wie man sieht: „'Darin besteht auch die Katastrophe des Sinns: das folgenlose Ereignis zeichnet sich dadurch aus, daß ihm jedwede Ursache einfach wahllos zugeschrieben werden kann.' [J. Baudrillard, Die fatalen Strategien, München 1985: 20] Schirner verdeutlicht die Wichtigkeit dieses Aspekts: 'Es ist eine Qualität, daß wir für zwei Sekunden arbeiten – und dann arbeiten wir für die nächsten zwei Sekunden.' Diese Flüchtigkeit mache die Werbung der Konzeptkunst überlegen und ermögliche eine breite ästhetische Wirksamkeit von Modellen, die durchaus gegen vorgeblich und vermeintlich etablierte Konsumneigungen durchsetzungsfähig sind. Das setzt aber voraus, daß es keine abschließend definierten Bereiche einer privilegierten Zugehörigkeit von Zeichen und Werken mehr gibt. Es gibt nur noch den Zugriff auf zirkulierende Sektoren, die der Verwertung durch Gestaltungsentscheide alle gleich nahestehen. Eine solche Entgrenzung, eine solche Vorherrschaft bestimmter Logotechniken und Strategien, eine solche Zentralisierung durch die Verfügung über Zeichen und damit eine neue Art von Kontrolle über das Symbolische bezeichnet Baudrillard als das Prinzip des Obszönen, für das die Modellbildung der Public Relations, allerdings nur auf dem Niveau dieser Zusammenhänge, das Beispiel schlechthin abgibt." (1991: 8)

Womit, so zumindest kann man es auch sehen, sich auch die Theoriebildung ihren Anteil am Prinzip des Obszönen, vulgo an der Werbung, vulgo an der Theologie ... sichert.

12 DAS STILLE BILD

Präsentierte das Werbebild „früher" (in der guten alten Werbezeit) lautstark den Gebrauchswert der Ware („lautes Bild"), so liegt der Akzent seit den 70er Jahren zunehmend in der Erzeugung von Atmosphären bei starker Zurücknahme des beworbenen

Objekts in seiner Gebrauchsmaterialität. Abgekoppelt vom plakativen ökonomischen Zweck simuliert das Werbebild für Konsumenten eine Situation freier Interpretation (und simuliert insofern traditionelle Kunst-/Museumsbedingungen): Es biedert sich als stilles (tiefes) Bild an, bei dem nur (noch) die gesetzlich vorgeschriebenen Hinweise auf die Ware stören (Abb. 17) und die Differenz zur Kunst-Fotografie markieren (Abb. 18).

Aber: Hat N. Bolz recht mit seiner Prognose, das (klassische) Foto könne „... mit einer Bildunterschrift versehen zur Allegorie der Postmoderne werden" (1995)?

Meyers kleines Lexikon Literatur (1986) belehrt uns: „Allegorie [von griechisch allegoría, eigentlich 'das Anderssagen']: in der Dichtung wie in der bildenden Kunst die sinnlich und verstandesmäßig faßbare Darstellung eines abstrakten Begriffes durch ein Bild, häufig mit Hilfe der Personifikation, z.B. der 'Justitia' (der personifizierten Gerechtigkeit) als einer blinden Frau. Trotz gewisser Überschneidungen ist die Allegorie zu unterscheiden vom ↑Symbol und von der ↑Metapher. – Schon die Antike kannte eine ganze Reihe in der Literatur immer wieder verwendeter und daher ohne weiteres geläufiger Allegorien: Justitia, fortuna, das Glücksrad usw. Im Mittelalter, in dem allegorisierende Interpretationen (↑Allegorese) besonders beliebt waren, tauchten immer neue Allegorien auf (z.B. in den spätmittelalterlichen Jedermannspielen), ebenso in der Barockzeit (z.B. im ↑Jesuitendrama). Allegorien finden sich u.a. noch in den Fabeln und Parabeln von G.E. Lessing und in Goethes 'Faust II' (1832). Besonders hingewiesen sei auf die ↑'blaue Blume' von Novalis, die als allegorisch-symbolische Mischform interpretiert wird. Auf die moderne Dichtung ist der Begriff Allegorie kaum anwendbar, da die verschiedenen Möglichkeiten der Verschlüsselung kombiniert werden, so daß die Bezeichnung ↑Chiffre eher angebracht erscheint."

Aber wie steht es dann mit dem Anspruch der Kunst-Fotos, Allegorie zu sein? (Cf. B. Prinz „Zwei Allegorien"; Abb. 19) Oder haben wir es eher mit Emblemata[21] zu tun, mit kleingedruckter Inscriptio? („Die EG-Gesundheitsminister warnen").

Bleiben wir bescheidener beim Beobachtungsthema.

Fotos als stille Bilder, von der Werbung bis zur Kunst (altmodisch gesprochen?) gewinnen Profil durch Differenzen zu den bewegten Bildern, zu audiovisuellen semiotischen Kompaktangeboten in Film und Fernsehen sowie zu digital erzeugten *Bildsurfaces.*

Es dürfte genügen, die einschlägigen Gesichtspunkte zu erwähnen.

Fotos erlauben eine individuelle Dosierung der *Rezeption* nach Dauer, Intensität, emotionalem Response u.ä.m. Die endlos multiplizierbaren Fotos sind endlos wiederholbare Rezeptionsanlässe, die sich jeder Nutzungsvariante anbequemen.

Die Rezeptionsmodalität prägt auch die *Interpretation* von Fotos – wenn sie denn als Anlaß kognitiven Mehraufwands gewürdigt werden. Fotos fügt man selbst immer etwas hinzu (Bewertung von Details, Erinnerungen usw.), wozu man beim bewegten Bild (vor allem dem TV-Bild) kaum Zeit findet.

Rezeption wie Interpretation sind geprägt durch die Verlangsamung kognitiver Prozesse, die noch wirksam unterstützt wird durch die *Rahmung*. „Fotos", so betont S. Sontag,

21 G. Rieck berichtet, der Art Director Gerd Hiegler berichte, er klaue „ungeniert" aus Emblemhandbüchern (1993: 85).

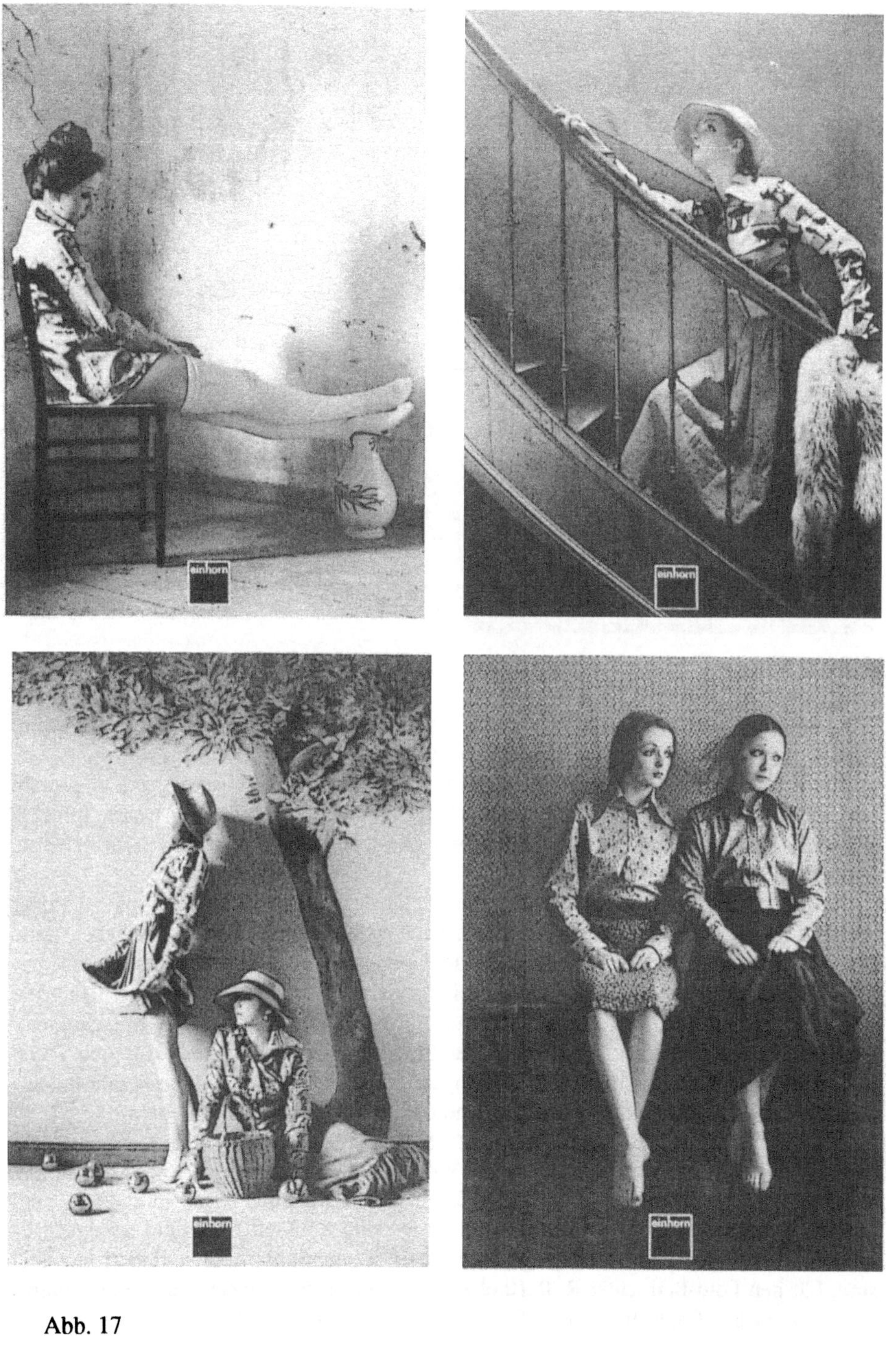

Abb. 17

Abb. 18

„sind einprägsamer als bewegliche Bilder – weil sie nur einen säuberlichen Ausschnitt und nicht das Dahinfließen der Zeit zeigen." (1978: 22)

Fotos (allen voran Schwarzweißfotos) *veralten* nicht wie die überwiegende Mehrzahl der TV-Bilder: sie gewinnen vielmehr scheinbar unvermeidlich im Alterungsprozeß, selbst das „Geknipste" bekommt Patina und greift ans Herz: Zeit wird sichtbar, Tod, Schönheit, Erinnerung, Trauer.

Fotos erzwingen geradezu ein lebhaftes Spiel der *Gemütsvermögen*, von affektiver Abwehr bis zu erotischer Emphase. Ein einmal wahrgenommenes (= gesehenes) Foto läßt uns nicht kalt. Indifferenz als Rezeptionsmodus ist eher dem Fernsehen vorbehalten, bei dem ein Bild das andere hastig weiterschiebt. Rezeptionsemphase stellt sich vor allem ein bei Fotos, die auf gesellschaftliche Bild-Archetypen (zu) verweisen (scheinen), die COMMEMORIA aufrufen. (Nur so ist der öffentliche Aufruhr, ja der Abscheu gegen Benettons Pietà-Kampagne mit David Kirby zu erklären, der sich auf die basale Inkompatibilität von „Reklame für Klamotten" und tiefem menschlichem Leid beruft.)

Man mag theoretisch darüber streiten, ob der Volksmund Recht hat, wenn er behauptet, ein Bild sage mehr als tausend Worte – manchmal spricht die Anschauung deutlich für diese These. Foto-Bilder, so kann man schließlich sagen und sehen, sind immer Gegenwart, immer *vollständig* und immer ohne Zukunft, während bewegte Bilder extrem zeit- und kontextabhängig sowie auf Sequentialität und Serialität angelegt sind. Für den Foto-Betrachter R. Barthes rühren daher ihre Melancholie wie ihr Pathos. Zugleich machen Fotos die Posenhaftigkeit auch und gerade von TV-Bildern lesbar.

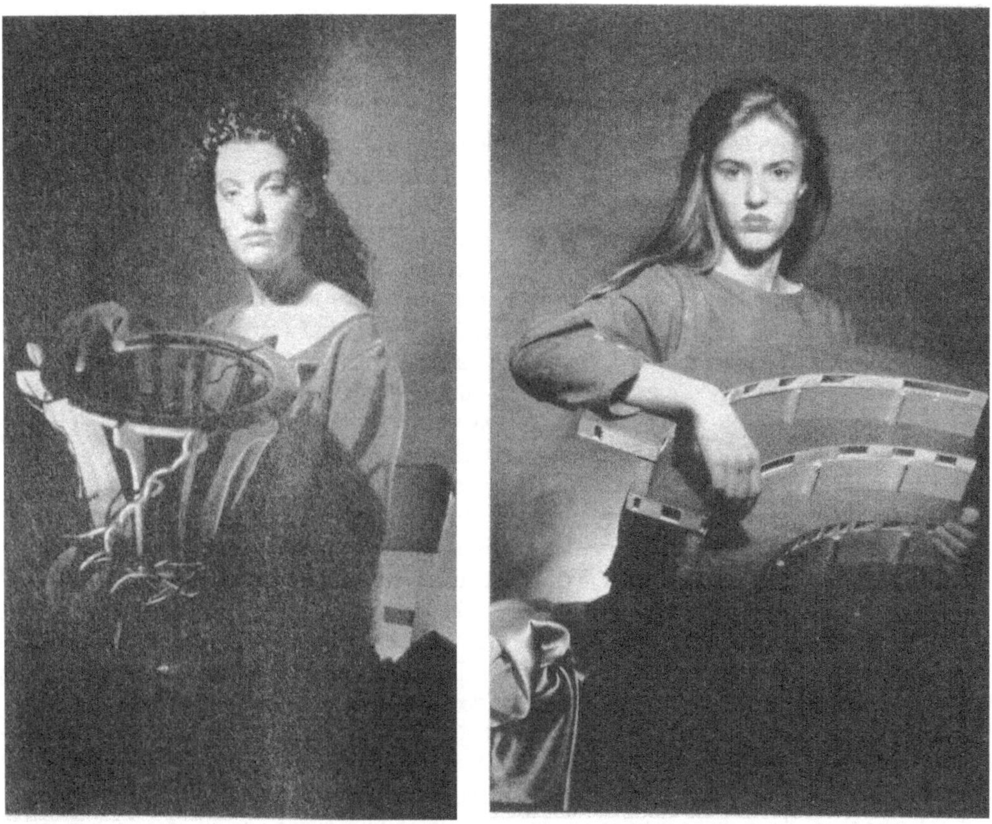

Abb. 19

P. Virilio hat darauf hingewiesen, daß Fotos und Sehnsüchte eng zusammengehören: „Bilder ersetzen nicht die konkrete Erfahrung vor Ort, aber sie führen dorthin, indem sie Sehnsucht dorthin erzeugen, eine Sehnsucht nach starker Intensität, nach nicht simuliertem Leben.“ (Zit. in E.-O. Lantermann 1992: 99)

Zugleich aber ruft jedes (scheinbar) nicht inszenierte Foto den Eindruck einer eigentümlichen Banalität hervor: Es friert ein, was wir unermüdlich vor Augen haben, ohne es (offensichtlich) zu verdoppeln. *Ceci n'est pas la réalité.* („die fotografie der kopie ist das original zweifach verdichtet“, sagt H. Zauner 1995: 77.) Zugleich erinnert jedes Foto an bereits gesehene Bilder, ja die Fotografie lebt vom déjà vu und „triggert“ déjà vu.

Irgendwo, irgendwie haben wir jedes Bild schon mal gesehen, und je höher der Grad optischer Bildung, desto geringer stehen die Chancen für Überraschungen – wobei der Wert der Wiederholung, der Wiederkehr des Bekannten für unseren psycho-physischen (kognitiven) Komfort nicht gering veranschlagt werden sollte.

Fotos verändern – darauf hat S. Sontag verwiesen – die Anschauung und die Vorstellung von dem, was anschauenswert ist und was wir zu beobachten ein Recht haben (beanspruchen). Gerade in ihrer scheinbaren *Passivität* sind Fotos aggressiv. Und ein Teil dieser Aggressivität besteht darin, daß das industrialisierte Foto jede Erfahrung in Bilder übersetzt und dort einfriert; der Weg zurück wird zunehmend riskanter. Die massenhafte Fotografie versetzt die Erfahrungswirklichkeit endgültig in den Zustand des Kaleidoskops ohne Zentralperspektive (die Gesellschaft ist unbeobachtbar geworden, wie P. Fuchs, 1992, beredt beklagt).[22]

Die Schriftkultur hat ihre Beobachter lange mit dem Thema der Referentialität der Semiose beschäftigt. Schrift repräsentiert die Krise der Repräsentation. Diese Krise ist im Foto sinnlich geworden, indem jedes Foto die Modularität und Konstruktivität von (semantischer wie emotionaler) Referenzattribuierung repräsentiert. Jedes Foto macht sich selbst zur Kamera, und der Beobachter wird zum Schnappschuß; es schaut den Betrachter an und schließt ihn definitiv aus. Das *Werbefoto* als stilles Bild wird durch zwei Schraubstöcke zu einer gewünschten (aber kaum erzwingbaren) Funktionstüchtigkeit gezwungen: durch den Kontext, der – bis hin zur rechtlichen Erzwingbarkeit – als *Werbekontext* gekennzeichnet sein muß; und durch die Textelemente. Je weniger Werbefotos (plus Text) den Spielraum auch einander widersprechender An- und Einsichten beschränken, desto mehr werden sie zu Tafelbildern und reizen uns zu entsprechenden „ästhetischen“ Rezeptionshaltungen.

So gesehen ist es kein Zufall, daß die Ästhetisierung (= Zurichtung auf Kommunikationsqualitäten) der Werbung in den 80er Jahren in der Printwerbung am weitesten getrieben worden ist und die Textanteile konsequent reduziert hat.[23]

Nur in eine Richtung weisen Werbefotos unbeschränkt: Sie entwerfen eine Welt des Möglichen, Wünschbaren, und machen damit die Erfahrungswirklichkeit (zu der sie gehören!) zu einer konkurrierenden Welt unter anderen.

---

22 Die Masse des Zitierfähigen versetzt den eigenen Text endgültig in den Zustand des Samplings ohne Originalitätsansprüche – wie diesen Buchtext hier, geneigte LeserIn, möchte man sagen.

23 Cf. dazu die Untersuchungen von J. Bolten 1996.

Werbefotos markieren die Differenz zu anderen Fotos deshalb nicht zuletzt dadurch, daß sie eine Realität konstruieren, die das Unsichtbare nicht erträgt. (Strategie des Kommunikationsdesigns?) Sie sind reine Oberfläche, während noch der geknipste Schnappschuß auf Nicht-Sichtbares neugierig macht.

Das alles wird noch ersichtlicher beim großen, ortsfesten stillen Bild, beim Werbeplakat, das blitzschnell („aus den Augenwinkeln") erfaßbare Signale setzen muß; da bleibt keine Zeit zum Geschichtenerzählen.

Schirner, der Meister des Plakats, hat laut darüber nachgedacht. Zum Nachlesen (1991: 21ff.) hier einige seiner Thesen: Das Medium des Plakats ist die Außenwelt. Die stärkste Konkurrenz für das Plakat ist das Plakat nebenan – und die Konkurrenz der Dinge drum herum. Unsere Städte sind Bilderlandschaften, die Plakatlandschaften fast verschlucken. Das Straßenbild ist das nicht-reduzierte Bild: voll, glatt, heiß. Das Plakat muß das Gegenteil sein: leer, rauh, kalt. Reduktion ist das Gestaltungsprinzip guter Plakate. Plakat ist nahezu null Information. Plakate sind instant. Plakattexte sind Seh-, keine Lesetexte. Reduzierte Plakate sind Do-it-yourself-Plakate: Der Betrachter füllt die Leerstellen des (aus Reduktion gewonnenen) Plakats auf, wird vom Konsumenten zum Produzenten der Werbung: „Pfanni. Das jüngste Gericht."

Schirners Phantasien zum Mehrwert des stillen großen Werbebildes sollen diese Ausflüge ins Thema „stilles Bild" beschließen.

> „Plakatwelt.
>
> Stellen Sie sich Deutschlands größtes Museum vor: Es ist so groß wie Deutschland, im Norden umspülen es Nord- und Ostsee, im Süden gehen die Alpen durch das Museum. Beim Verlassen des Hauses betreten Sie das Museum, Sie steigen in den Wagen. Sie fahren die Straße entlang. Sie können so weit fahren, wie Sie wollen – Sie bewegen sich überall auf Museumsgelände, denn alle Straßen gehören zum Museum. Stellen Sie sich vor, daß die Plakatwände in den Straßen die Kunst sind, die ausgestellt wird in dem Museum, das alle zehn Tage mit einer neuen Ausstellung eröffnet wird. Es gibt Sekt und Orangensaft auf den Straßen. Das Publikum macht einen Plakatbummel, die Verkehrspolizisten, die Wärter des Museums, regeln den Besucherstrom. Am nächsten Tag kann man im Feuilleton die Besprechungen der Plakate nachlesen. Stellen Sie sich die ehrgeizigen Plakatkünstler vor, die die schönsten Plakate im Lande machen wollen und die ehrgeizigen Auftraggeber, die für ihre schönen Produkte die schönsten Plakate haben wollen. Das Schöne an dieser Kunst ist, daß sie für alle Leute gemacht wird, daß sie jedem etwas sagt, daß sie hilft, schöner zu essen, zu wohnen, zu waschen. Die Kunstwerke sind immer modern. Sie haben keine Zeit zu veralten, weil sie alle zehn Tage neu überklebt werden. Der flotte Wechsel macht sie zu der modernsten Kunst, die es gibt. Und stellen Sie sich dann noch vor, daß die Plakate nicht die einzige Kunst sind im größten Museum Deutschlands; die Autos, die drin herumfahren, sind ebenso Kunst wie die Schlager, die aus dem Radio kommen, die ebenso Kunst sind wie die Sonnenbrille, die ebenso Kunst ist wie das Fußballspiel, das im Fernsehen übertragen wird, wie überhaupt alles Kunst ist, was es in unserem Museum gibt." (M. Schirner 1991: 19)

Das große stille Bild – einmal gesehen, verführt es uns unweigerlich. In der Bilderflut unseres täglichen Lebens aber schreibt uns kein Bild mehr seinen Gebrauch vor. Wir massenhaft Einzelne müssen auch hier für uns selber sorgen. Aber eine Erfahrung bleibt: Je länger wir ein Bild anschauen, desto fremder blickt es zurück. Was haben wir gesehen?

13 Vom Auraverlust zum Cyberspace

„Eine Film- und besonders eine Tonfilmaufnahme bietet einen Anblick, wie er vorher nie und nirgends denkbar gewesen ist. Sie stellt einen Vorgang dar, dem kein einziger Standpunkt mehr zuzuordnen ist, von dem aus die zu dem Spielvorgang als solchen nicht zugehörige Aufnahmeapparatur, die Beleuchtungsmaschinerie, der Assistentenstab usw. nicht in das Blickfeld des Beschauers fiele. Das Theater kennt prinzipiell die Stelle, von der aus das Geschehen nicht ohne weiteres als illusionär zu durchschauen ist. Der Aufnahmeszene im Film gegenüber gibt es diese Stelle nicht. Dessen illusionäre Natur ist eine Natur zweiten Grades; sie ist ein Ergebnis des Schnitts. Das heißt: *Im Filmatelier ist die Apparatur derart tief in die Wirklichkeit eingedrungen, daß deren reiner, vom Fremdkörper der Apparatur freier Aspekt das Ergebnis einer besonderen Prozedur, nämlich der Aufnahme durch den eigens eingestellten photographischen Apparat und ihrer Montierung mit anderen Aufnahmen von der gleichen Art ist.* Der apparatfreie Aspekt der Realität ist hier zu ihrem künstlichsten geworden und der Anblick der unmittelbaren Wirklichkeit zur blauen Blume im Land der Technik." (W. Benjamin 1963: 31)

Was W. Benjamin hier beschreibt, beschäftigt noch und immer wieder die Medientheoretiker: Beobachtung und ihr blinder Fleck; Inszenierung und Simulation heißen heute die einschlägigen Überschriften. Die Invisibilisierung von Beobachtern und Beobachtungsinstrumenten; die Bricolage der Cutterin, die der Sequenz von Puzzlebildchen den Finish des Identischen verleiht; das Überspielen von Selektion und Inszenierung durch Vertrauen in das Bild als Realitätsfetisch; das Bemühen, Sichtbarkeit und Ersichtlichkeit von Wirklichkeit zusammenfallen zu lassen: Alles das, was Benjamin hier am Film beobachtet, ist heute auf die diversen audiovisuellen Medien zu übertragen und läßt für eine Unschuld der Medien keinen Raum. Vielmehr gilt: Fällt unser Blick auf die Wirklichkeit – fällt unser Blick auf die Medienwirklichkeit – fällt unser Medienblick auf die Medienwirklichkeit: dann dämmert uns gelegentlich die Einsicht in die Kompliziertheit der Wirklichkeitsinszenierungen in unserer Gesellschaft, die um so frag-würdiger werden, je größer ihr Anspruch auf Authentizität ist.[24] Die große Konstruktionsmaschine „Weltgesellschaft" arbeitet an der Konstruktion der Wirklichkeiten. Und die Milliarden Menschen, die sie dabei beschäftigt, sind jeder einzelne kaum weniger komplizierte Konstruktionsmaschinen, jeder für sich wieder ein Wirklichkeitskonstrukteur. „Das Sein ist das Delirium vieler" (R. Musil). Und so wie schon jede einzelne Konstruktionsmaschine ihrer Erkennbarkeit sich erfolgreich entzieht, wird die große Weltmaschine immer uneinsichtiger. Und wir brauchen immer mehr Geschichten, Blaupausen und Theoriefiktionen, um die gigantische Pluralität von Wirklichkeiten, die uns die Medien unbefragt in unser Leben spülen, in handliche Pluralitäten zu fingieren, die uns zwar nie mehr die trotzige Gewißheit erlauben „So muß es doch sein", aber dafür die tröstliche Maxime „Es geht weiter". Die Kunst macht da keine Ausnahme. Niemand überblickt heute mehr als nur immer kleiner werdende Ausschnitte aus einer Pluralität, die längst

24 Das zeigt – in prekärer Komplexität – die Video-Kunst in ihrem Schwanken zwischen der Virtualisierung der Existenz als ständige Gegenwart und der Tendenz zur Introspektion, ja zum Video-Narzißmus (Rosalind Krauss). Cf. dazu M. Perniola 1990.

kein Ganzes mehr ist, weil sie es für niemanden ist. Aber die Medien inszenieren jeden noch so kleinen Ausschnitt für wenige Minuten als Totalität, die für diesen flüchtigen Augenblick die abstrakt gewordene Einsicht verdrängt, es könnte alles auch ganz anders sein. Und so erzählen wir, jeder für uns und alle gemeinsam, ein Stückchen aus der unendlichen Geschichte – und danach geht es weiter. („If it moves they will watch it", sagte Andy Warhol.)

*

„Innerhalb großer geschichtlicher Zeiträume verändert sich mit der gesamten Daseinsweise der menschlichen Kollektiva auch die Art und Weise ihrer Sinneswahrnehmung. Die Art und Weise, in der die menschliche Sinneswahrnehmung sich organisiert – das Medium, in dem sie erfolgt –, ist nicht nur natürlich, sondern auch geschichtlich bedingt." (1963: 14)

W. Benjamin selbst beschreibt in seinem Essay, daß zu diesen geschichtlichen Bedingungen die Medien gehören: Zeitlupe und Großaufnahme machen im Film neue Strukturbildung in der Materie sichtbar, optisch Unbewußtes wird deutlich. (1963: 36)

„Tagtäglich macht sich unabweisbarer das Bedürfnis geltend, des Gegenstands aus nächster Nähe im Bild, vielmehr im Abbild, in der Reproduktion, habhaft zu werden." (1963: 15)

Den Gesichtern auf alten Porträtfotos billigt Benjamin noch Aura zu. Im Film, vollends dann im Fernsehen, scheint diese Aura verschwunden. Das Bedürfnis nach schamloser Nähe von Prominenten, von Leid und Tod, von Angst und Tränen in entsetzten Gesichtern als Bild wird zwischen Infotainment, Reality TV und Simulation heute massenhaft bedient und bedingt. Endgültigen Auraverlust, Körperlosigkeit und Anonymität befürchten Medienpsychologen für die Teilnehmer in den Kommunikationsnetzen interaktiver Medien. Andererseits führt die gemeinsame spielerische Nutzung technischer Medien offenbar auch zu neuen Formen von Telesozialität, die Modi parasozialer (anonymer und abstrakter) Beziehungen entstehen läßt.[25] Spezialkulturen mit Diskursuniversen, in denen eigene Normen und Präferenzen gelten, erweitern die selbst wählbaren Selbstdarstellungsmuster und erhöhen den Spezialisierungsgrad der außerberuflichen, persönlichen und privaten Identitäten. Insofern können Computer und Datennetze Kommunikation nicht nur zerstören, sondern sie auch in überlokalen und spezialisierten Formen provozieren.

14 NACHSATZ

Damit kehren wir an den Anfang unserer Überlegungen zurück. Mit der Fotografie hat die progressive Visualisierung unserer Erfahrungswirklichkeit begonnen, und die Fotografie spielt immer noch eine wichtige Rolle im hyperkomplexen Mediensystem unserer Gesellschaft und in der immer schärfer werdenden Medienkonkurrenz von Print bis PC. Visualität als Erfahrungsangebot und Visualisierung als Erfahrungsmoden bestimmen unsere „Weisen der Welterzeugung" (N. Goodman), die – wie G. Wersig (1993: 370)

25 Cf. dazu u.a. die Beiträge in F. Rötzer (Hg.) 1995.

formuliert hat - zu der heute zu beobachtenden „visuellen Weltenagglomeration“ geführt hat. Welt differenziert sich aus

- in viele Welten *unter* dieser Welt, die nur im Elektronenmikroskop sichtbar werden;
- in viele Welten *über* dieser Welt, die nur Satellitenaufnahmen zugänglich machen;
- in viele Welten *in* dieser Welt, die Infrarot- und Ultraschallfotografie eröffnen;
- in Welten *hinter* unserer Welt, die nur in Statistiken und abstrakten Schemata gedacht und dann visualisiert werden.

Es gibt *mögliche* und *virtuelle* Welten, die nur als visuelle Computersimulationen vorliegen, und *unmögliche* Welten, die Computeranimation erzeugen. Es gibt *unbegreifliche* Welten, die sich nur technisch illuminieren lassen (wie die Mandelbrot-Menge), und *kognitive* Welten, die wir uns durch Multimedia- und Hyper-Technologien sichtbar machen. Alle diese Welten, so betont Wersig, realisieren sich für uns in Form visueller Angebote und fordern von uns – oder fordern uns auf –, sie sinnvoll zusammenzubringen. –

Wo ist das „Gewicht der Welt“ geblieben?

Literatur

Acham, Karl, 1990. „Der Mensch im Zeitalter des kulturellen Pluralismus". In: A. Huter (Hg.), Zukunft des Fernsehens – Ende der Kultur? Innsbruck–Wien: Tyrolia, 31–61.

Adrian X, Robert, 1989. „Elektronischer Raum". In: KUNSTFORUM International, Bd. 103, 142–147.

Alfes, Henrike F., 1995. Literatur und Gefühl. Emotionale Aspekte literarischen Schreibens und Lesens. Opladen: Westdeutscher Verlag (Konzeption Empirische Literaturwissenschaft Bd. XIX) (zugl. Essen, Univ., Diss., 1995).

Amelunxen, Hubertus von, 1988. Die aufgehobene Zeit. Die Erfindung der Photographie durch William Henry Fox Talbot. Berlin: Nishen.

Art Directors Club für Deutschland (Hg.), Jahrbuch 1992. Düsseldorf: ADC-Verlag.

Ascott, Roy, 1989. „Gesamtdatenwerk, Konnektivität, Transformation und Transzendenz". In: KUNSTFORUM International, Bd. 103, 100–109.

Assmann, Aleida & Dietrich Hardt (Hg.), 1991. Mnemosyne. Formen und Funktionen der kulturellen Erinnerung. Frankfurt/M.: Fischer.

Assmann, Jan & Tonio Hölscher (Hg.), 1988. Kultur und Gedächtnis. Frankfurt/M.: Suhrkamp.

Badura, Bernhard (Hg.), 1976. Seminar: Angewandte Sozialforschung. Studien über Voraussetzungen und Bedingungen der Produktion, Diffusion und Verwertung sozialwissenschaftlichen Wissens. Frankfurt/M.: Suhrkamp.

Baecker, Dirk, 1990. „Die Kunst der Unterscheidungen". In: Ars Electronica (Hg.), Im Netz der Systeme. Berlin: Merve, 7–39.

Ballstaedt, Steffen-Peter; Molitor, Sylvie & Heinz Mandl, 1989. „Wissen aus Text und Bild". In: J. Groebel & P. Winterhoff-Spurk (Hg.), Empirische Medienpsychologie. München: Psychologie-Verlagsunion, 105–133.

Balzer, Wolfgang, 1985. „Stufen der Empirizität". In: SPIEL, Jg. 4, Nr. 1/1985, 135–153.

Barthes, Roland, 1985. Die helle Kammer. Bemerkungen zur Photographie. Frankfurt/M.: Suhrkamp. (frz. La chambre claire. Notes sur la photographie. Paris: Gallimard/Le Seuil 1980)

Baumhauer, Otto A., 1982. „Kulturwandel. Forschungsbericht". In: DVjs, Sonderheft „Kultur, Geschichte und Verstehen", Jg. 56, 1982, 1–167.

Beckmann, Ericka, 1992. „Virtual Reality. Auswirkungen auf Interaktivität und Film". In: G.J. Lischka (Hg.), 1992, 317–336.

Bell, Daniel, 1976. Die Zukunft der westlichen Welt. Kultur und Technologie im Widerstreit. Frankfurt/M.: Fischer.

Bender, Christiane, 1994. „Selbstorganisation in Systemtheorie und Konstruktivismus". In: G. Rusch & S.J. Schmidt (Hg.), Konstruktivismus und Sozialtheorie. DELFIN 1993. Frankfurt/M.: Suhrkamp, 263–281.

Benjamin, Walter, 1963. Das Kunstwerk im Zeitalter seiner technischen Reproduzierbarkeit. Drei Studien zur Kunstsoziologie. Frankfurt/M.: Suhrkamp.

Bentele, Günter, 1993. „Wie wirklich ist die Medienwirklichkeit? Einige Anmerkungen zum Konstruktivismus und Realismus in der Kommunikationswissenschaft". In: G. Bentele & M. Rühl (Hg.), Theorien öffentlicher Kommunikation. Problemfelder, Positionen, Perspektiven. München: Ölschläger, 152–171.

Berger, John, 1990. Das Leben der Bilder oder die Kunst des Sehens. Berlin: Wagenbach.

Bleicher, Joan K., 1994. Auf dem Weg in die virtuelle Fernsehunterhaltung. Zur Rolle selbstreferentieller Sendungen im Unterhaltungsprogramm der 80er und 90er Jahre. Arbeitspapier, sfb 240, Universität-GH Siegen.

Blöbaum, Bernd, 1994. Journalismus als soziales System. Geschichte, Ausdifferenzierung, Verselbständigung. Opladen: Westdeutscher Verlag.

Blunder, Jay & Elihu Katz (Hg.), 1974. The uses of mass communication. Current perspectives in gratification research. Beverly Hills: o.V..

Böckelmann, Frank, 1975. Theorie der Massenkommunikation. Das System hergestellter Öffentlichkeit, Wirkungsforschung und gesellschaftliche Kommunikationsverhältnisse Frankfurt/M.: Suhrkamp.

Böhme, Gernot, 1995. „Das ist doch eine Pfeife. Über Kunst und Werbung bei Magritte". In: KUNSTFORUM International, Bd. 129, 166–177.

Bollmann, Stefan (Hg.), 1995. Kursbuch Neue Medien. Trends in Wirtschaft und Politik, Wissenschaft und Kultur. Mannheim: Bollmann.

Bolten, Jürgen, 1996. „Werbewandel – Wertewandel. Werbegeschichte als Kommunikationsgeschichte". In: UNIVERSITAS, Nr. 2/1996, 127–142.

Bolz, Norbert, 1993. „Wer hat Angst vorm Cyberspace? Eine kleine Apologie für gebildete Verächter". In: K.H. Bohrer & K. Scheel (Hg.), Medien, Neu? Über Macht, Ästhetik und Fernsehen. Sonderheft Merkur, Jg. 47, Nr. 9–10/1993, 897–904.

Bolz, Norbert, 1993a. „Mensch-Maschine-Synergetik unter neuen Medienbedingungen". In: Symptome, Nr. 11/1993, 34–37.

Bolz, Norbert, 1995. Das große stille Bild im Medienverbund (Vortragsmanuskript).

Bolz, Norbert 1996. „Weltkommunikation. Über die Öffentlichkeit der Werbung". In: R. Maresch (Hg.), Medien und Öffentlichkeit. München: Boer, 77–88.

Bourdieu, Pierre, 1990. Was heißt sprechen? Die Ökonomie des sprachlichen Tausches. Wien: Braunmüller.

Brock, Roland, 1995. „Realität durch Visualisierung oder visualisierte Realität. Die Darstellung von Molekülstrukturen". In: M. Fehr, C. Krümmel & M. Müller (Hg.), Platons Höhle. Das Museum und die elektronischen Medien. Köln: Wienand, 107–120.

Buchli, Hanns, 1970. „Geschichte der Werbung". In: K.C. Behrens (Hg.), Handbuch der Werbung. Wiesbaden: Gabler, 11–24.

Burian, Richard M., 1980. „Empirismus". In: J. Speck et al. (Hg.), Handbuch wissenschaftstheoretischer Begriffe, Bd. 1. Göttingen: Vandenhoeck & Ruprecht, 150–158.

Burkart, Roland, ²1995. Kommunikationswissenschaft. Grundlagen und Problemfelder. Wien–Köln–Weimar: Böhlau.

Burke, Peter, 1987. „Stärken und Schwächen der Mentalitätsgeschichte". In: U. Raulff (Hg.), Mentalitäten-Geschichte. Zeithistorische Rekonstruktion geistiger Prozesse. Berlin: Wagenbach, 127–145.

Carpenter, Edmund, 1972. Oh! What a blow that phantom gave me! Toronto–New York–London: Bantum Book.

Ceccato, Silvio, 1962/64. Un tecnico fra i filosofi. 2 Bde. Padua: o.V.

Ciompi, Luc, ³1986. „Zur Integration von Fühlen und Denken im Licht der 'Affektlogik'. Die Psyche als Teil eines autopoietischen Systems". In: K.P. Kisker et al. (Hg.), Psychiatrie der Gegenwart, Bd. I, Berlin–Heidelberg–New York: Springer, 373–410.

Coleman, James S., 1990. Foundations of Social Theory. Cambridge/Mass.–London: The Belknap Press of Harvard University Press.

Comolli, Jean-Louis, 1980. „Machines of the Visible". In: T. de Laureties & St. Heath (Hg.), The Cinematic Apparatus. New York: St. Martin's Press, 121–142.

Coy, Wolfgang, 1995. „Die Turing-Galaxis-Computer als Medien". In: K.P. Dencker (Hg.), Weltbilder - Bildwelten. Computergestützte Vision. Hamburg: Hans-Bredow-Institut, 48–53.

Debray, Régis, 1992. Vie et mort de l'image. Une histoire du regard en Occident. Paris: Gallimard.

Degler, Hans-Dieter, 1993. „Wissenszwerge unter Druck". In: Die Erde 2000. SPIEGEL-Spezial, Nr. 14/1993, 98–107.

Doelker, Christian, 1989. Kulturtechnik Fernsehen: Analyse eines Mediums. Stuttgart: Klett Cotta.

Dröge, Franz & Gerd G. Kopper, 1991. Der Medien-Prozeß. Zur Struktur innerer Errungenschaften der bürgerlichen Gesellschaft. Opladen: Westdeutscher Verlag.

Eckert, Roland; Vogelsang, Waldemar & Thomas A. Wetzstein, 1993. „Computer und Kultur". In: G. Kaiser et al. (Hg.), 1993, 38–47.

Eichhorn, Erik, 1995. „Virtuelle Realität - Medientechnologie der Zukunft?". In: S. Bollmann (Hg.), 1995, 203–220.

Endrös, Stefan, 1995. „Ich war ein Markenzeichen". In: DIE ZEIT Magazin, Nr. 6/1995.

Esser, Hartmut, 1989. „Verfällt die 'soziologische Methode'?". In: Soziale Welt, Nr. 1–2/1989, 57–75.

Esser, Hartmut, 1994. „Kommunikation und 'Handlung'". In: G. Rusch & S.J. Schmidt (Hg.), Konstruktivismus und Sozialtheorie. DELFIN 1993. Frankfurt/M.: Suhrkamp, 172–204.

Faßler, Manfred & Wulf R. Halbach (Hg.), 1994. Cyberspace-Gemeinschaften, Virtuelle Kolonien, Öffentlichkeiten. München: Fink.

Faulstich, Werner, 1991. „Stars: Idole, Werbeträger, Helden". In: Funkkolleg Medien und Kommunikation, Studienbrief 7, Weinheim–Basel: Beltz, 39–79.

Fedrowitz, Jutta; Matejovski, Dirk & Gerd Kaiser (Hg.), 1994. Neuroworlds. Gehirn – Geist – Kultur. Frankfurt/M.–New York: Campus.

Feilke, Helmuth, 1994. Common-sense-Kompetenz. Überlegungen zu einer Theorie „sympathischen" und „natürlichen" Meinens und Verstehens. Frankfurt/M.: Suhrkamp.

Felsenberg, Alexander; Kind, Thomas; Schanze, Helmut & Peter Tabeling, 1995. Statusbericht zur Situation der deutschen Pilotprojekte zum „Interaktiven Fernsehen". Arbeitshefte Bildschirmmedien, Nr. 56/1995, Universität-GH Siegen.

Fisher, Scott, 1993. „Die Frage, inwieweit man seinen Körper in die virtuelle Welt hineinnehmen will, ist zentral". In: KUNSTFORUM International, Bd. 124, 190–193.

Flusser, Vilém, 1983. Für eine Philosophie der Fotografie. Göttingen: European Photography.

Flusser, Vilém, 1993. „Vom Virtuellen". In: F. Rötzer & P. Weibel (Hg.), 1993, 65–71.

Foerster, Heinz von, 1993. Wissen und Gewissen. Versuch einer Brücke. Hg. v. S.J. Schmidt. Frankfurt/M.: Suhrkamp.

Foerster, Heinz von, 1993a. „Für Niklas Luhmann: Wie rekursiv ist Kommunikation?". In: Teoria Sociologica, Nr. 1–2/1993, 66–85.

Foucault, Michel, 1990. „Andere Räume". In: K. Barck et al. (Hg.), Aisthesis. Wahrnehmung heute oder Perspektiven einer anderen Ästhetik. Leipzig: Reclam, 34–46.

Fraassen, Bas C. van, 1980. The Scientific Image. Oxford: Clarendon Press.

Früh, Werner, 1980. Lesen, verstehen, urteilen. Untersuchungen über den Zusammenhang von Textgestaltung und Textwirkung. Freiburg, München: Alber.

Fuchs, Peter, 1992. Die Erreichbarkeit der Gesellschaft. Zur Konstruktion und Imagination gesellschaftlicher Einheit. Frankfurt/M.: Suhrkamp.

Gangloff, Tilman P., 1994. „Virtuelle Realität und die Realität des Fernsehens". In: H.-P. Burmeister (Hg.), Medienmacht und Medienmarkt. Audiovisuelle Medien im neuen Europa. Loccum: Loccumer Protokolle, Nr. 5/1994, 75–83.

Gehrke, Ralf, 1994. „Was leistet der Radikale Konstruktivismus für die Literaturwissenschaft?". In: DVjs, Nr. 68/1994, 170–188.

Gerz, Jochen, 1985. „Vorlesung über Emphase und Fotografie". In: J. Gerz, Texte. Ein Künstlerbuch. Hg. v. E. Franz. Bielefeld: Kerber, 139–143.

Gieseking, Friedhelm, 1995. „Unternehmensberater. Unerwünschte Eindringlinge". In: w&v Background, Nr. 14/1995, 84–85.

Goodman, Nelson, 1990. Weisen der Welterzeugung. Frankfurt/M.: Suhrkamp.

Görke, Alexander & Mathias Kohring, 1996. „Unterschiede, die Unterschiede machen: neuere Theorieentwürfe zu Publizistik, Massenmedien und Journalismus". In: Publizistik, Jg. 41, H. 1, 1996, 15–31.

Grassmuck, Volker, 1991. „Otaken. Japanese Kids colonize the realm of information and media". In: Mediamatic, Jg. 5, Nr. 4/1991, 197–219.

Grimm, Jürgen, 1995. „Wirklichkeit als Programm? Zuwendungsattraktivität und Wirkung von Reality-TV". In: G. Hallenberger (Hg.), Neue Sendeformen im Fernsehen. Ästhetische, juristische und ökonomische Aspekte. Arbeitshefte Bildschirmmedien, Universität-GH Siegen, Nr. 54/1995, 79–111.

Groeben, Norbert & Brigitte Scheele, 1977. Argumente für eine Psychologie des reflexiven Subjekts. Paradigmawechsel vom behavioralen zum epistemologischen Menschenbild. Darmstadt: Steinkopff.

Großklaus, Götz, 1994. „Medien-Zeit". In: M. Sandbothe & W.Ch. Zimmerli (Hg.), Zeit – Medien – Wahrnehmung. Darmstadt: Wissenschaftliche Buchgesellschaft, 36–59.

Großmann, Rolf, 1995. Abbild, Simulation, Aktion – Paradigma der Medienmusik. Universität-GH Siegen, Manuskript.

Habermas, Jürgen, 1990. Strukturwandel der Öffentlichkeit. Untersuchungen zu einer Kategorie der bürgerlichen Gesellschaft. Frankfurt/M.: Suhrkamp.

Haefner, Klaus, 1993. „Von der sozialen zur soziotechnischen Welt". In: G. Kaiser et al. (Hg.), 1993, 48–53.

Hansen, Klaus P., 1995. Kultur und Kulturwissenschaft. Eine Einführung. Tübingen–Basel: Francke.

Harth, Dietrich (Hg.), 1991. Die Erfindung des Gedächtnisses. Eine Anthologie. Frankfurt/M.: Keip.

Hartmann, Peter & Siegfried J. Schmidt, 1972. „Theory and philosophy of language". In: Th.A. Sebeok (Hg.), Current Trends in Linguistics. Vol. 9: Linguistics in Western Europe. The Hague–Paris: Mouton, 3–81.

Hauptmeier, Helmut, 1986. „Probleme einer Angewandten Literaturwissenschaft". In: Arbeitsgruppe NIKOL (Hg.), Angewandte Literaturwissenschaft. Braunschweig–Wiesbaden: Vieweg, 3–120.

Hauptmeier, Helmut & Gebhard Rusch, 1984. Erfahrung und Wissenschaft. Überlegungen zu einer konstruktivistischen Theorie der Erfahrung. Universität-GH Siegen, LUMIS-Schriften Nr. 4/1984.

Hauptmeier, Helmut; Meutsch, Dietrich & Reinhold Viehoff, 1989. „Empirical research on understanding literature". In: Poetics Today, Jg. 10, Nr. 3/1989, 563–604.

Hejl, Peter M., 1982. Sozialwissenschaft als Theorie selbstreferentieller Systeme, Frankfurt/M.–New York: Campus.

Hejl, Peter M., 1987. „Konstruktion der sozialen Konstruktion: Grundlinien einer konstruktivistischen Sozialtheorie". In: S.J. Schmidt (Hg.), 1987, 303–339.

Hejl, Peter M., 1988. Durkheim und das Thema der Selbstorganisation. Universität-GH Siegen, LUMIS-Schriften Nr. 18/1988.

Hejl, Peter M., 1989. Self-regulation in social systems: Explaining the process of research. Universität-GH Siegen, LUMIS-Schriften Nr. 21/1989.

Hejl, Peter M., 1991. „Wie Gesellschaften Erfahrungen machen oder: Was Gesellschaftstheorie zum Verständnis des Gedächtnisproblems beitragen kann". In: S.J. Schmidt (Hg.), 1991, 293–336.

Hejl, Peter M., 1992. „Politik, Pluralismus und gesellschaftliche Selbstregelung". In: H. Bußhoff (Hg.), Politische Steuerung: Steuerbarkeit und Steuerungsfähigkeit. Beiträge zur Grundlagendiskussion. Baden-Baden: Nomos, 107–142.

Hejl, Peter M., 1995. „Ethik, Konstruktivismus und gesellschaftliche Selbstregelung". In: G. Rusch & S.J. Schmidt (Hg.), Konstruktivismus und Ethik. DELFIN 1995. Frankfurt/M.: Suhrkamp, 28–121.

Hejl, Peter M., 1995a. „Autopoiese or Co-Evolution? Reconceptualizing the Relation between Individuals and Societies“. In: Paraprana, Nr. 4/1995, 294–314.

Heuser, Uwe Jean, 1994. „Bits ohne Grenzen – Auf dem Weg zum integrierten Medienmarkt“. In: H. Hoffmann (Hg.), Gestern begann die Zukunft! Entwicklung und gesellschaftliche Bedeutung der Medienvielfalt. Darmstadt: Wissenschaftliche Buchgesellschaft, 57–70.

Hickethier, Knut, 1991. Die Fernsehserie und das Serielle Fernsehen (Kultur Medien Kommunikation. Lüneburger Beiträge zur Kulturwissenschaft, Bd. 2.) Lüneburg: Universität Lüneburg.

Hickethier, Knut, 1994. „'Bruderschaft der entzündeten Augen'. Eine kleine Geschichte der Fernsehkritik in Deutschland“. In: H. Kreuzer & Chr.W. Thomsen (Hg.), Geschichte des Fernsehens in der Bundesrepublik Deutschland. Bd. 5: Vom „Autor“ zum Nutzer: Handlungsrollen im Fernsehen. Hg. v. W. Faulstich. München: Fink, 237–306.

Honnef, Klaus (Hg.), 1986. Inszenierte Fotografie Teil II. KUNSTFORUM International, Bd. 84.

Horkheimer, Max & Theodor W. Adorno, 1947. Dialektik der Aufklärung. Philosophische Fragmente. Amsterdam: Querido.

Horx, Mathias, 1993. „Die Krise der Werbung. Warum eine Zunft in Schwierigkeiten gekommen ist“. In: agenda, Nr. 10/1993, 22–23.

Hubel, David H., 1989. Auge und Gehirn: Neurobiologie des Sehens. Heidelberg: Spektrum-der-Wissenschaft-Verlagsgesellschaft. (amerikan.: Eye, Brain and Vision. New York: The Scientific American Library 1988).

Hymes, Dell (Hg.), 1964. Language in Culture and Society. A Reader in Linguistics and Anthropology. New York u.a.: Harper and Row.

Iglhaut, Stefan; Rötzer, Florian & Elisabeth Schweeger (Hg.), 1995. Illusion und Simulation. Begegnung mit der Realität. Ostfildern: Cantz.

Jäger, Georg, 1994. „Systemtheorie und Literatur. Teil I. Der Systembegriff der Empirischen Literaturwissenschaft“. In: IASL, Jg. 19, Nr. 1/1994, 95–125.

Jahraus, Oliver & Benjamin Marius, 1995. Systemtheorie und Dekonstruktion. Vergleich zweier Supertheorien. Universität München: Manuskript.

Janich, Peter, 1992. „Die methodische Ordnung von Konstruktionen. Der Radikale Konstruktivismus aus der Sicht des Erlanger Konstruktivismus“. In: S.J. Schmidt (Hg.), 1992, 24–41.

Janich, Peter, 1995. „Die methodische Konstruktion der Wirklichkeit durch die Wissenschaften“. In: H. Lenk & H. Poser (Hg.), Neue Realitäten – Herausforderung der Philosophie (XVI. Dt. Kongreß f. Philosophie. Berlin 20.–24. September 1993). Berlin: Akademie Verlag, 460–475.

Jay, Martin, 1995. „Was steckt hinter dem Spiegel? Ideologie und die Herrschaft des Auges“. In: Leviathan, Jg. 23, Nr. 1/1995, 41–55.

Jensen, Stefan, 1994. „Im Kerngehäuse“. In: G. Rusch & S.J. Schmidt (Hg.), Konstruktivismus und Sozialtheorie. DELFIN 1993. Frankfurt/M.: Suhrkamp, 47–108.

Kabel, Peter, 1994. „Das Fernsehen wird zur Bäckerblume“. In: HORIZONT, Nr. 13/1994, 7.

Kaiser, Gerd et al. (Hg.), 1993. Kultur und Technik im 21. Jahrhundert. Frankfurt/M., Campus.

Katz, Elihu & Daniel Foulkes, 1962. „On the use of the mass media as 'escape': Clarification of a concept". In: Public Opinion Quarterly, Nr. 26/1962, 377–388.

Kellner, Joachim & Werner Lippert, 1991. Werbefiguren. Geschöpfe der Warenwelt. Berlin: Westermann Kommunikation.

Kellner, Joachim; Kurth, Ulrich & Werner Lippert (Hg.), 1995. 1945–1995. 50 Jahre Werbung in Deutschland. Ingelheim: Westermann.

Kepplinger, Hans Mathias, 1992. Ereignismanagement: Wirklichkeit und Massenmedien. Zürich: Edition Interform, Osnabrück: Fromm.

Keusen, Kai-Peter, 1995. „Die werbetreibende Wirtschaft auf der Suche nach der 'zappingfreien Zone' – Zur Ausdifferenzierung der Werbeformen und ihren rundfunkrechtlichen Bestimmungen". In: S.J. Schmidt & B. Spieß (Hg.), 1995, 165–193.

Kiefer, Erich, 1993. „Leonardos Traum. Auf dem Weg zum intelligenten virtuellen Realitätssystem". In: F. Rötzer & P. Weibel (Hg.), 1993, 214–255.

Kittler, Friedrich, 1986. Grammophon, Film: Typewriter. Berlin: Brinkmann & Bose.

Kittler, Friedrich, 1990. „Fiktion und Simulation". In: K. Barck u.a. (Hg.), Aisthesis. Wahrnehmung heute oder Perspektiven einer anderen Ästhetik. Leipzig: Reclam, 196–213.

Klier, Peter, 1989. „Warum man die Öffentlichkeit so schlecht belügen kann (De incorrupta rei publicae fide pudoris causa)". In: P. Klier & J.-L. Evard (Hg.), Mediendämmerung. Zur Archäologie der Medien. Berlin: Ed. Tiamat, 40–51.

Klix, Friedhart & Herbert Hagendorf (Hg.), 1986. Human Memory and Cognitive Capabilities. Mechanisms and Performances. Amsterdam u.a.: North-Holland.

Kloepfer, Rolf & Hanne Landbeck, 1991. Ästhetik der Werbung. Der Fernsehspot in Europa als Symptome neuer Macht. Frankfurt/M.: Fischer.

Kloock, Daniela, 1995. „Bild, Text und Zeichen in aktuellen Medientheorien". In: K.P. Dencker (Hg.), Weltbilder – Bildwelten. Computergestützte Visionen. Hamburg: Hans-Bredow-Institut, 120–125.

Kluge, Franz W., 1991. „Schwindelgefühle. 'Imagina '91' – Zehnte Schau der Computer-Bilder". In: medium, Nr. 2/1991, 11–15.

Klüver, Jürgen, 1988. Die Konstruktion der sozialen Realität Wissenschaft: Alltag und System. Braunschweig–Wiesbaden: Vieweg. (Wissenschaftstheorie. Wissenschaft und Philosophie Bd. 25).

Klüver, Jürgen, 1990. „Auf der Suche nach den Kaninchen von Fibonacci oder: Wie geschlossen ist das Wissenschaftssystem?" In: W. Krohn & G. Küppers (Hg.), Selbstorganisation. Aspekte einer wissenschaftlichen Revolution. Braunschweig–Wiesbaden: Vieweg, 201–230

Knorr-Cetina, Karin, 1989. „Spielarten des Konstruktivismus. Einige Notizen und Anmerkungen". In: Soziale Welt. Jg. 40, Nr. 1–2/1989, 86–96.

Knorr-Cetina, Karin, 1992. „Zur Unterkomplexität der Differenzierungstheorie. Empirische Anfragen an die Systemtheorie". In: Zeitschrift für Soziologie, Jg. 21, Nr. 6/1992, 406–419.

Koslowski, Peter; Spaemann, Robert & Reinhard Löw (Hg.), 1986. Moderne oder Postmoderne? Zur Signatur des gegenwärtigen Zeitalters. Weinheim: VCH Acta Humanica.

Köster, Werner, 1993. „Ein Nomade zwischen Kunst und Wissenschaft. Über Peter Weibel als Vertreter des Techno-Diskurses". In: K.H. Bohrer & K. Scheel (Hg.), Medien. Neu? Über Macht, Ästhetik, Fernsehen. Sonderheft Merkur, 47. Jg., Nr. 9–10/1993, 795–806.

Krippendorff, Klaus, 1989. „On the Ethics of Constructing Communication". In: B. Dervin, L. Grassberg, B.J. O'Keefe & E. Wartella (Hg.), Rethinking Communication. Vol. 1: Paradigma Issues. Newbury Park–London–New Delhi: Sage, 66–96.

Krippendorff, Klaus, 1989/90. „Eine häretische Kommunikation über Kommunikation über Kommunikation über Realität". In: DELFIN XIII, Jg. 7, Nr. 1/1989–90, 52–67.

Krippendorff, Klaus, 1990. „Der verschwundene Bote. Metaphern und Modelle der Kommunikation". In: Funkkolleg Medien und Kommunikation. Konstruktionen von Wirklichkeit, Studienbrief 3. Weinheim–Basel: Beltz, 11–50.

Krippendorff, Klaus, 1993. „Schritte zu einer konstruktivistischen Erkenntnistheorie der Massenmedien". In: G. Bentele & M. Rühl (Hg.), Theorien öffentlicher Kommunikation. München: Ölschläger, 19–58.

Krohn, Wolfgang & Günter Küppers, 1989. Die Selbstorganisation der Wissenschaft. Frankfurt/M. Suhrkamp.

Krohn, Wolfgang & Günter Küppers (Hg.), 1992. Emergenz: Die Entstehung von Ordnung, Organsation und Bedeutung. Frankfurt/M.: Suhrkamp.

Krueger, Myron W., 1993. „Kunstgeschichte der künstlichen Realität". In: F. Rötzer & P. Weibel (Hg.), 1993, 289–304.

Kruse, Peter, 1988. „Stabilität – Instabilität – Multistabilität. Selbstorganisation und Selbstreferentialität in kognitiven Systemen". In: DELFIN XI, 1988, 35–57.

Kurz, R., 1991. Der Kollaps der Modernisierung. Vom Zusammenbruch des Kasernensozialismus zur Krise der Weltökonomie. Frankfurt/M.: Eichhorn.

Lash, Scott, 1992. Ästhetische Dimensionen Reflexiver Modernisierung. Soziale Welt, Nr. 43/1992, 261–277.

Lepsius, Rainer M., 1977. „Soziologische Theoreme über die Sozialstruktur der ‹Moderne› und der ‹Modernisierung›". In: R. Koselleck (Hg.), Studien zum Beginn der modernen Welt. Stuttgart: Klett-Cotta, 10–29.

Lerg, Winfried B., 1981. „Verdrängen oder ergänzen die Medien einander? Innovation und Wandel in Kommunikationssystemen". In: Publizistik, Jg. 26, Nr. 2/1981, 193–201.

Liebmann, Hans-Peter, 1995. „Kundenwünsche werden wahr". In: w&v Background, Nr. 15/1995, 63.

Lischka, Gerhard Johann, 1992. „Der entfesselte Blick". In: G.J. Lischka (Hg.), 1992, 8–11.

Lischka, Gerhard Johann (Hg.), 1992. Der entfesselte Blick. Bern: Benteli.

Löffelholz, Martin, 1993. „Beschleunigung, Fiktionalisierung, Entertainisierung. Krisen (in) der 'Informationsgesellschaft'". In: M. Löffelholz (Hg.), 1993, 49–64.

Löffelholz, Martin (Hg.), 1993. Krieg als Medienereignis. Grundlagen und Perspektiven der Krisenkommunikation. Opladen: Westdeutscher Verlag.

Lohmann, Georg, 1994. „›Beobachtung‹ und Konstruktion von Wirklichkeit. Bemerkungen zum Luhmannschen Konstruktivismus“. In: G. Rusch & S.J. Schmidt (Hg.), 1994, 205–219.

Loo, Hans van der & Willem van Reijen, 1992. Modernisierung. Projekt und Paradox. München: dtv.

Luckmann, Thomas, 1989. „Kultur und Kommunikation“. In: M. Haller, H.-J. Hoffmann-Nowotny & W. Zapf (Hg.), Kultur und Gesellschaft. Frankfurt/M.–New York: Campus, 33–45.

Luhmann, Niklas, [2]1985. Soziale Systeme. Grundriß einer allgemeinen Theorie. Frankfurt/M.: Suhrkamp.

Luhmann, Niklas, 1986. Ökologische Kommunikation. Kann die moderne Gesellschaft sich auf ökologische Gefährdungen einstellen? Opladen: Westdeutscher Verlag.

Luhmann, Niklas, 1988. „Wie ist Bewußtsein an Kommunikation beteiligt?“. In: H.U. Gumbrecht & K.L. Pfeiffer (Hg.), Materialität der Kommunikation. Frankfurt/M.: Suhrkamp, 884–905.

Luhmann, Niklas, [2]1989. Die Wirtschaft der Gesellschaft. Frankfurt/M.: Suhrkamp.

Luhmann, Niklas, 1990. Die Wissenschaft der Gesellschaft. Frankfurt/M.: Suhrkamp.

Luhmann, Niklas, 1990a. Soziologische Aufklärung 5. Konstruktivistische Perspektiven. Opladen: Westdeutscher Verlag.

Luhmann, Niklas, 1992. „Kontingenz als Eigenwert der modernen Gesellschaft“. In: N. Luhmann, Beobachtungen der Moderne. Opladen: Westdeutscher Verlag, 93–128.

Luhmann, Niklas, 1994. „Der radikale Konstruktivismus als Theorie der Massenmedien“. In: Communicatio Socialis, Nr. 27/1994, 7–12.

Luhmann, Niklas, 1995. Die Kunst der Gesellschaft. Frankfurt/M.: Suhrkamp.

Luhmann, Niklas, 1995a. „Dekonstruktion als Beobachtung zweiter Ordnung“. In: H. de Berg & M. Prangel (Hg.), Differenzen. Systemtheorie zwischen Dekonstruktion und Konstruktivismus. Tübingen–Basel: Francke, 9–35.

Luhmann, Niklas, 1995b. Die Realität der Massenmedien. Opladen: Westdeutscher Verlag.

Lüsebrink, Hans-Jürgen, 1995. „Die ‘Genese des Panthéons’ – Nationalliterarische Kanonisierungs- und Ausgrenzungsprozesse im Frankreich der Spätaufklärung und der Französischen Revolution“. In: A. Poltermann (Hg.), Literaturkanon – Medienereignis – Kultureller Text. Formen interkultureller Kommunikation und Übersetzung. Berlin: Schmidt, 121–143.

Lyotard, Jean-François, 1986. Das postmoderne Wissen. Ein Bericht. Graz u.a.: Böhlau.

Marcinkowski, Frank, 1993. Publizistik als autopoietisches System. Politik und Massenmedien. Eine systemtheoretische Analyse. Opladen: Westdeutscher Verlag.

Martens, Wil, 1991. „Die Autopoiese sozialer Systeme“. In: KZfSS, Nr. 43/1991, 625–646.

Martens, Wil, 1992. „Die partielle Überschneidung autopoietischer Systeme“. In: KZfSS, Nr. 44/1992, 143–145.

Maturana, Humberto R., [2]1985. Erkennen: Die Organisation und Verkörperung von Wirklichkeit. Braunschweig–Wiesbaden: Vieweg.

Maturana, Humberto R. & Francisco J. Varela, 1987. Der Baum der Erkenntnis. Bern: Scherz, 85 (span.: El árbol del conocimiento, 1984).

McLuhan, Marshall, 1994. Die magischen Kanäle. Understanding Media. Dresden–Basel: Verlag der Kunst (amerikan.: Understanding Media, McGraw Hill 1964).

Merten, Klaus, 1977. Kommunikation. Eine Begriffs- und Prozeßanalyse. Opladen: Westdeutscher Verlag.

Merten, Klaus, 1995. „Konstruktivismus als Theorie für die Kommunikationswissenschaft". In: Medien Journal, Nr. 4/1995, 3–20.

Merten, Klaus, 1995a. „Konstruktivismus in der Wirkungsforschung". In: S.J. Schmidt (Hg.), Empirische Literatur- und Medienforschung. Beobachtet aus Anlaß des 10jährigen Bestehens des LUMIS-Instituts 1994. Universität-GH Siegen, LUMIS-Schriften Sonderreihe VII/95, 72–86

Merten, Klaus; Schmidt, Siegfried J. & Siegfried Weischenberg (Hg.), 1994. Die Wirklichkeit der Medien. Eine Einführung in die Kommunikationswissenschaft. Opladen: Westdeutscher Verlag.

Merten, Klaus & Joachim Westerbarkey, 1994. „Public Opinion und Public Relations". In: K. Merten, S.J. Schmidt & S. Weischenberg (Hg.), 1994, 140–160.

Meutsch, Dietrich, 1990. „Ein Bild sagt mehr als tausend Worte? Befunde zum Bildverstehen". In: Funkkolleg Medien und Kommunikation. Studienbrief 4. Weinheim–Basel: Beltz, 45–83.

Meyer, Benno, 1993. Analyse und Kritik der Grundlagen der Luhmannschen Theorie sozialer Systeme aus der Sicht der allgemeinen Systemtheorie. Braunschweig–Wiesbaden: Vieweg (im Druck). (Phil. Diss., Leipzig 1993).

Meyer, Benno, 1993a. Thesenzusammenfassung der Dissertation (Manuskript).

Meyrowitz, Joshua, 1987. Die Fernseh-Gesellschaft. Wirklichkeit und Identität im Medienzeitalter. Weinheim u.a.: Beltz (amerikan.: No Sense of Place. The impact of the electronic media on social behavior. New York et al.: Oxford University Press 1985).

Mitterer, Josef, 1992. Das Jenseits der Philosophie. Wider das dualistische Erkenntnisprinzip. Wien: Passagen Verlag.

Monaco, James, 1980. Film verstehen. Kunst, Technik, Sprache, Geschichte und Theorie des Films. Reinbek b. Hamburg: Rowohlt (amerikan.: How to Read a Film, Oxford UP London/New York 1977).

Neisser, Ulric, 1974. Kognitive Psychologie. Stuttgart: Klett (amerikan.: Cognitive Psychology, New York 1967).

Neverla, Irene, 1994. „Zeitrationalität der Fernsehnutzung als Zwang und Emanzipation". In: M. Sandbothe & W.Ch. Zimmerli (Hg.), Zeit – Medien – Wahrnehmung. Darmstadt: Wissenschaftliche Buchgesellschaft, 79–88.

Nickel, Volker, 1994. Deutschland in der Werbekrise? Probleme, Defizite und Stärken der Marktkommunikation. Vortragsmanuskript, Fachhochschule Bochum v. 24.4. 1994.

Nowotny, Helga, 1992. „Kommunikation, Zeit, Öffentlichkeit". In: W. Hömberg & M. Schmolke (Hg.), Zeit Raum Kommunikation. München: Ölschläger, 17–29.

Nündel, Ernst & Werner Schlotthaus, 1978. Angenommen: Agamemnon. Wie Lehrer mit Texten umgehen. München–Wien–Baltimore: Urban & Schwarzenberg.

Oeser, Erhard & Franz Seitelberger, 1988. Gehirn, Bewußtsein und Erkenntnis. Darmstadt: Wissenschaftliche Buchgesellschaft (Dimensionen der modernen Biologie, Bd. 2).

Paslack, Rainer, 1991. Werbegeschichte der Selbstorganisation zur Archäologie eines wissenschaftlichen Paradigmas. Braunschweig–Wiesbaden: Vieweg. (Wissenschaftstheorie. Wissenschaft und Philosophie Bd. 32).

Pasternack, Gerhard, 1994. „Empirische Literaturwissenschaft und ihre wissenschaftsphilosophischen Voraussetzungen". In: A. Barsch, G. Rusch & R. Viehoff (Hg.), Empirische Literaturwissenschaft in der Diskussion. Frankfurt/M.: Suhrkamp, 55–85.

Patzig, Günther, 1980. Tatsachen, Normen, Sätze. Aufsätze und Vorträge. Stuttgart: Reclam.

Perniola, Mario, 1990. „Videokulturen als Spiegel". In Ars Electronica (Hg.), Im Netz der Systeme. Berlin: Merve, 50–74.

Pichler, Franz, 1990. „Netzfunktionen. Skizzen zur Zeitbestimmung in elektronischen Kommunikationsnetzen". In: Ars Electronica (Hg.), Im Netz der Systeme. Berlin: Merve, 75–94.

Plumpe, Gerhard, 1995. Epochen moderner Literatur. Ein systemtheoretischer Entwurf. Opladen: Westdeutscher Verlag.

Plumpe, Gerhard & Niels Werber (Hg.), 1995. Beobachtungen der Literatur. Aspekte einer polykontexturalen Literaturwissenschaft. Opladen: Westdeutscher Verlag.

Quéau, Philippe, 1995. „Die virtuelle Simulation: Illusion oder Allusion? Für eine Phänomenologie des Virtuellen". In: S. Iglhaut et al. (Hg.) 1995, 61–70.

Reck, Hans-Ulrich, ²1991. „Werbung als Ausspruchsmodell". In: M. Schirner, Werbung ist Kunst. München: Klinkhardt, 3–11.

Reck, Hans Ulrich (Hg.), 1993. Zur Zukunft des Erinnerns in der Medienkultur. Arbeitsbericht I der Lehrkanzel für Kommunikationstheorie. Wien: Hochschule für angewandte Kunst.

Reck, Hans Ulrich, 1994. Zugeschriebene Wirklichkeit. Alltagskultur, Design, Kunst, Film und Werbung im Brennpunkt von Medientheorie. Würzburg: Königshausen & Neumann.

Reck, Hans Ulrich (Hg.), 1994. Konstruktionen des Erinnerns. Transitorische Turbulenzen I. KUNSTFORUM International, Bd. 127 u. 128.

Reck, Hans Ulrich & Mathias Fuchs (Hg.), 1995. Sampling. Wien: Hochschule für angewandte Kunst.

Rees, Cees J. van, 1986. Literary theory and criticism. Conceptions of literature and their application. Universität Amsterdam, Proefschrift.

Rempeters, Georg, 1994. Die Technikdroge des 21. Jahrhunderts. Virtuelle Welten im Computer, Frankfurt/M.: Fischer.

Renckstorf, Klaus, 1973. „Alternative Ansätze der Massenkommunikationsforschung: Wirkungs- vs. Nutzenansatz". In Rundfunk und Fernsehen, Nr. 21/1973, 183–197.

Reulecke, Jürgen, 1987. „Probleme einer Sozial- und Mentalitätsgeschichte der Nachkriegszeit“. In: Geschichte im Westen, Nr. 2/1987, 7–25.

Rheingold, Howard, 1994: Virtuelle Gemeinschaft. Soziale Beziehungen im Zeitalter des Computers. Bonn, Paris u.a.: Addison-Wesley. (1993 amerik.: The virtual Community.)

Richter, Michael, 1994. „Kann denn Werben Sünde sein?“. In: Bertelsmann Briefe, Nr. 132/1994, 76–78.

Rieck, Gabriela, 1993. Tendenzen der bundesdeutschen Printwerbung von 1983–1990. Kunsthistorische Untersuchung einer Bildgattung. Frankfurt/M. u.a.: Lang (Europ. Hochschulschriften, Reihe 28, Kunstgeschichte, Bd. 169).

Riepl, Wolfgang, 1913. Das Nachrichtenwesen des Altertums mit besonderer Rücksicht auf die Römer. Leipzig–Berlin: o.V. (Nachdruck 1972 bei Olms/Hildesheim u.a.)

Ropohl, Günter, 1978. „Einführung in die allgemeine Systemtheorie“. In: H. Lenk & G. Ropohl (Hg.), Systemtheorie als Wissenschaftsprogramm. Königstein/Ts.: Athenäum, 9–49.

Ros, Arno, 1993. Bemerkungen zum Verhältnis zwischen Neurophysiologie und Psychologie (Ms., Universität des Saarlandes, Saarbrücken).

Roth, Gerhard, 1986. „Selbstorganisation – Selbsterhaltung – Selbstreferentialität“. In: A. Dress et al. (Hg.), Selbstorganisation: Die Entstehung von Ordnung in Natur und Gesellschaft: München: Piper, 149–180.

Roth, Gerhard, 1992. „Das Konstruktive Gehirn: Neurobiologische Grundlagen von Wahrnehmung und Erkenntnis“. In: S.J. Schmidt (Hg.), 1992, 277–336.

Roth, Gerhard, 1994. Das Gehirn und seine Wirklichkeit. Kognitive Neurobiologie und ihre philosophischen Konsequenzen. Frankfurt/M.: Suhrkamp.

Roth, Gerhard & Helmut Schwegler, 1992. „Kognitive Selbstreferenz und Selbstreferentialtität des Gehirns: Ein Beitrag zur Klärung des Verhältnisses zwischen Erkenntnistheorie und Hirnforschung“. In: H.J. Sandkühlern (Hg.), Wirklichkeit und Wissen. Frankfurt/M. et al.: Lang, 105-117.

Rötzer, Florian (Hg.), 1991. Digitaler Schein. Ästhetik der elektronischen Medien. Frankfurt/M.: Suhrkamp.

Rötzer, Florian, 1995. „Vom Bild zur Umwelt“. In: K.P. Dencker (Hg.), Weltbilder – Bildwelten. Computergestütztes Wissen. Hamburg: Hans-Bredow-Institut, 54–67.

Rötzer, Florian, 1995a: „Bilder in Welten – oder: vom Bild zur virtuellen Welt“. In: M. Fehr, C. Krümmel & M. Müller (Hg.), Platons Höhle. Das Museum und die elektronischen Medien. Köln: Wienand, 57–75.

Rötzer, Florian, 1995b. „Interaktion – das Ende herkömmlicher Massenmedien“. In: S. Bollmann (Hg.), 1995, 57–78.

Rötzer, Florian (Hg.), 1995. Schöne neue Welten? Auf dem Weg zu einer neuen Spielkultur. München: Boer.

Rötzer, Florian & Peter Weibel (Hg.), 1993. Cyberspace. Zum medialen Gesamtkunstwerk. München: Boer.

Rusch, Gebhard, 1984. „Verstehen verstehen – Ein Versuch aus konstruktivistischer Sicht“. In: N. Luhmann & K.E. Schorr (Hg.), Zwischen Intransparenz und Verstehen. Fragen an die Pädagogik. Frankfurt/M.: Suhrkamp, 40–71.

Rusch, Gebhard, 1987. Erkenntnis, Wissenschaft, Geschichte. Von einem konstruktivistischen Standpunkt. Frankfurt/M.: Suhrkamp.

Rusch, Gebhard, 1990. „Verstehen verstehen. Kognitive Autonomie und soziale Regulation". In: Funkkolleg Medien und Kommunikation, Studienbrief 4. Weinheim–Basel: Beltz, 11–44.

Rusch, Gebhard, 1991. „Zur Systemtheorie und Phänomenologie von Literatur. Eine holistische Perspektive". In: SPIEL. Jg. 10, Nr. 2/1991, 305–339.

Rusch, Gebhard, 1993. „Phänomene, Systeme, Episteme. Zur aktuellen Diskussion systemtheoretischer Ansätze in der Literaturwissenschaft". In: H. de Berg & M. Prangel (Hg.), Kommunikation und Differenz. Systemtheoretische Ansätze in der Literatur- und Kommunikationswissenschaft. Opladen: Westdeutscher Verlag, 228–244.

Salomon, Gavriel, 1979. „Media and Symbol Systems as Related to Cognition and Learning". In: Journal of Educational Psychology, Jg. 2/1979, 131–148.

Sandbothe, Mike, 1996. „Interaktivität – Hypertextualität – Transversalität. Eine medienphilosophische Analyse des Internet". In: G. Vattimo & W. Welsch (Hg.), Media-Transforming Reality. Stanford: Stanford University Press (im Druck).

Saxer, Ulrich, 1992. „Systemtheorie und Kommunikationswissenschaft". In: R. Burkart & W. Hömberg (Hg.), Kommunikationstheorien: ein Textbuch zur Einführung. Wien: Braunmüller.

Saxer, Ulrich, 1992a. „Thesen zur Kritik des Konstruktivismus". In: Communicatio Socialis, Nr. 25/1992, 178–183.

Saxer, Ulrich, 1995. 6 Thesen zum Thema „Konstituenten einer Medienwissenschaft". (Vortrag zur Jahrestagung des sfb 240, Universität-GH Siegen, 11./12.12.1995).

Saxer, Ulrich & Marianne Landolt, 1995. Medien–Lebensstile. Lebensstilmodelle von Medien für die Freizeit. Universität Zürich: Seminar für Publizistikwissenschaft. (Reihe Diskussionspunkg Bd. 28).

Saxer, Ulrich & Martina Märki-Koepp, 1992. Mediengefühlskultur. Zielgruppenspezifische Gefühlsdramaturgie als journalistische Produktionsroutine. München: Ölschläger (Forschungsfeld Kommunikation, Bd. 3).

Schanze, Helmut, 1995. „Neue Medien – Digitalmedium – Multimedia. Versuch einer Definition". In: Medienwissenschaft, Nr. 4/1995, 345–401.

Schenk, Michael, 1985. Medienwirkungsforschung. Tübingen: Mohr.

Schimank, Uwe, 1985. „Der mangelnde Akteurbezug systemtheoretischer Erklärungen gesellschaftlicher Differenzierung – Ein Diskussionsvorschlag". In: Zeitschrift für Soziologie 14, 1985, 421–434.

Schimank, Uwe, 1988. „Gesellschaftliche Teilsysteme als Akteurfiktionen". In: KZfSS, Nr. 4/1988, 619–639.

Schirner, Michael, 1987. „Die Werbung und das Böse". Niederschrift eines Rundfunkinterviews von M. Frank mit M. Schirner, WDR-Sendung Ohr-Zeit vom 12.7.1987 (Typoskript).

Schirner, Michael, ^{2}1991. Werbung ist Kunst. München: Kleinhardt & Biermann.

Schirner, Michael, 1995. „Art meets ADS". In: S. Iglhaut et al. (Hg.), 1995. 71–75.

Schivelbusch, Wolfgang, 1977. Geschichte der Eisenbahnreise. Zur Industrialisierung von Raum und Zeit im 19. Jahrhundert. München: Hanser.

Schlosser, Gerhard, 1993. Einheit der Welt und Einheitswissenschaft. Grundlegung einer allgemeinen Systemtheorie. Braunschweig–Wiesbaden: Vieweg. (Wissenschaftstheorie: Wissenschaft und Philosophie Bd. 37).

Schmidt, Siegfried J., 1968. Sprache und Denken als sprachphilosophisches Problem von Locke bis Wittgenstein. Den Haag: Nijhoff.

Schmidt, Siegfried J., 1976. „German philosophy of language in the late 19th century". In: H. Parret (ed.), History of linguistic thought and contemporary linguistics. Berlin–New York.

Schmidt, Siegfried J., 1980. Grundriß der Empirischen Literaturwissenschaft. Bd. 1. Braunschweig–Wiesbaden: Vieweg.

Schmidt, Siegfried J., 1982. Foundations for the Empirical Study of Literature. Vol. I: The Components of a Basic Theory. (Übersetzt und bearbeitet von R. de Beaugrande) Hamburg: Buske.

Schmidt, Siegfried J., 1987. „Abschied vom Kanon? Thesen zur Situation der gegenwärtigen Kunst". In: A. & J. Assmann (Hg.), Kanon und Zensur. Archäologie der literarischen Kommunikation II. München: Fink, 336–347.

Schmidt, Siegfried J. (Hg.), 1987. Der Diskurs des Radikalen Konstruktivismus. Frankfurt/M.: Suhrkamp.

Schmidt, Siegfried J., 1989. Die Selbstorganisation des Sozialsystems Literatur im 18. Jahrhundert. Frankfurt/M.: Suhrkamp.

Schmidt, Siegfried J., ^{2}1991. Grundriß der Empirischen Literaturwissenschaft. Frankfurt/M.: Suhrkamp.

Schmidt, Siegfried J. (Hg.), 1991. Gedächtnis. Probleme und Perspektiven der interdisziplinären Gedächtnisforschung. Frankfurt/M.: Suhrkamp.

Schmidt, Siegfried J., 1992. „Radikaler Konstruktivismus. Forschungsperspektiven für die 90er Jahre". In: S.J. Schmidt (Hg.), 1992, 7–23.

Schmidt, Siegfried J., 1992a. „Why literature is not enough, or: literary studies as media studies". In: G. Cupchik & J. Laszlo (Hg.), Emerging visions of the aesthetic process. Cambridge: CUP, 227–243.

Schmidt, Siegfried J. (Hg.), 1992. Kognition und Gesellschaft. Der Diskurs des Radikalen Konstruktivismus 2. Frankfurt/M.: Suhrkamp.

Schmidt, Siegfried J., 1993. „Literaturwissenschaft als interdisziplinäres Vorhaben". In: J. Janota (Hg.), Vielfalt der kulturellen Systeme und Stile. Vorträge des Augsburger Germanistentags 1991, Bd. 2. Tübingen: Niemeyer, 3–19.

Schmidt, Siegfried J., 1993a. „Zur Ideengeschichte des Radikalen Konstruktivismus". In: E. Florey & O. Breidbach (Hg.), Das Gehirn – Organ der Seele? Zur Ideengeschichte der Neurobiologie. Berlin: Akademie Verlag, 327–349.

Schmidt, Siegfried J., 1993b. „Kommunikationskonzepte für eine systemtheoretische Literaturwissenschaft". In: S.J. Schmidt (Hg.), 1993, 241–268.

Schmidt, Siegfried J. (Hg.), 1993. Literaturwissenschaft und Systemtheorie. Positionen, Kontroversen, Perspektiven. Opladen: Westdeutscher Verlag.

Schmidt, Siegfried J., 1994. Kognitive Autonomie und soziale Orientierung. Konstruktivistische Bemerkungen zum Zusammenhang von Kognition, Kommunikation, Medien und Kultur. Frankfurt/M.: Suhrkamp.

Schmidt, Siegfried J., 1994a. „Konstruktivismus in der Medienforschung". In: K. Merten, S.J. Schmidt & S. Weischenberg (Hg.), 1994, 592–629.

Schmidt, Siegfried J., 1994b: „'System' and 'Observer'. Two key concepts in (future) literary studies". In: Universität–GH Siegen, LUMIS-Schriften Nr. 39/1994.

Schmidt, Siegfried J., 1995. „Wirkliche Realität ist immer unrealistisch. (Franz Kafka). Konstruktivistische Überlegungen zur Empirie". (in Vorbereitung)

Schmidt, Siegfried J. & Dietrich Meutsch, „On the role of conventions in understanding literary texts". In: POETICS, Nr. 15/1986, 551–574.

Schmidt, Siegfried J. & Brigitte Spieß, 1994. Die Geburt der schönen Bilder. Fernsehwerbung und Medienkultur. Opladen: Westdeutscher Verlag.

Schmidt, Siegfried J. & Brigitte Spieß (Hg.), 1995. Werbung, Medien und Kultur. Opladen: Westdeutscher Verlag.

Schmidt, Siegfried J. & Brigitte Spieß, 1996. Die Kommerzialisierung der Kommunikation. Fernsehwerbung und sozialer Wandel 1956–1989. Frankfurt/M.: Suhrkamp.

Schmidt, Siegfried J. & Peter Vorderer, 1995. „Kanonisierung in Mediengesellschaften". In: A. Poltermann (Hg.), Literaturkanon – Medienereignis – Kultureller Text. Formen interkultureller Kommunikation und Übersetzung: Berlin: Schmidt, 144–159.

Schmidt-Wulffen, Stephan 1986/87. Spielregeln. Tendenzen der Gegenwartskunst. Köln: DuMont.

Schneider, Wolfgang Ludwig, 1994. Die Beobachtung von Kommunikation. Zur kommunikativen Konstruktion sozialen Handelns. Opladen: Westdeutscher Verlag.

Scholz, Oliver R., 1991. Bild, Darstellung, Zeichen. Philosophische Theorien bildhafter Darstellung. Freiburg i.Br.–München: Alber.

Schroeder, Peter, 1993. „Virtuelle Realität – Ein langer Marsch". In: F. Rötzer & P. Weibel (Hg.), 1993, 203–213.

Schulte-Sasse, Jochen, 1988. „Von der schriftlichen zur elektronischen Kultur: Über neuere Wechselbeziehungen zwischen Mediengeschichte und Kulturgeschichte". In: H.U. Gumbrecht & K.L. Pfeiffer (Hg.), Materialität der Kommunikation. Frankfurt/M.: Suhrkamp, 429–453.

Schulze, Gerhard, 1992. Die Erlebnisgesellschaft. Kultursoziologie der Gegenwart. Frankfurt/M.–New York: Campus.

Seel, Martin, 1993. „Vor dem Schein kommt das Erscheinen. Bemerkungen zu einer Ästhetik der Medien". In: K.H. Bohrer & W. Scheel (Hg.), Medien. Neu? Über Macht, Ästhetik, Fernsehen. Sonderheft Merkur, Jg. 47, Nr. 9–10/1993, 770–783.

Segers, Rein T. & Reinhold Viehoff, 1996: Kultur – Europa – Identität. Frankfurt/M: Suhrkamp. (erscheint vorraussichtlich Herbst 1996)

Smith, Brian Reffin, 1989. „Post-Computer-Kunst: Vorwärts zur Revolution?". In: KUNSTFORUM International, Bd. 103, 334–337.

Sontag, Susan, 1978. Über Fotografie. München–Wien: Hanser (amerik.: On Photography. New York: Farrar, Straus & Giroux 1977).

Spangenberg, Peter M., 1993. „Stabilität und Entgrenzung von Wirklichkeiten. Systemtheoretische Überlegungen zu Funktion und Leistung der Massenmedien". In: S.J. Schmidt (Hg.), 1993, 66–100.
Spangenberg, Peter M., 1994. „Beobachtungen zu einer Medientheorie der Gedächtnislosigkeit". In: H.U. Reck (Hg.), 1994, 120–123.
Spangenberg, Peter M., 1995. „Mediengeschichte – Medientheorie". In: J. Fohrmann & H. Müller (Hg.), Literaturwissenschaft. München: Fink, 31–76.
Spangenberg, Peter M., 1995a. Mediengeschichte: Fernsehen. Ms. Universität-GH Siegen.
Spangenberg, Peter M., 1995b. „Über die soziale Unmöglichkeit, die technischen Bilder auszublenden". In: K.P. Dencker (Hg.), Interface II. Weltbilder – Bildwelten. Computergestützte Visionen. Hamburg: Hans-Bredow-Institut, 108–117. (auch in: Medienjournal, Nr. 4/1995, 36–46.)
Stachowiak, Herbert, 1973. Allgemeine Modelltheorie. Wien–New York: Springer.
Stadler, Michael & Peter Kruse, 1990. „Über Wirklichkeitskriterien". In: V. Riegas & Chr. Vetter (Hg.), Zur Biologie der Kognition. Frankfurt/M.: Suhrkamp, 133–158.
Stegmüller, Wolfgang, ^{2}1969. Metaphysik, Skepsis, Wissenschaft. Berlin–Heidelberg–New York: Springer.
Steinmüller, Karlheinz, 1993. „Versuch über den Cyberspace. Spekulative Bemerkungen zu einer neuen Technik". In: K. Steinmüller (Hg.), 1993, 129–147.
Steinmüller, Karlheinz (Hg.), 1993. Wirklichkeitsmaschinen. Cyberspace und die Folgen. Weinheim–Basel: Beltz.
Sterbling, Anton, 1991. Modernisierung und soziologisches Denken. Analysen und Betrachtungen. Hamburg: Krämer.
Stipp, Horst, 1995. „Eine Revolution wird vertagt". In: Tele-Images, Nr. 1/1995, 20–27.
Stolz, Markus, 1995. „Die Zukunft gehört den Prosumenten". In: w&v Background, Nr. 15/1995, 60–63.
Teichert, Will, 1972. „Fernsehen als soziales Handeln: zur Situation der Rezipientenforschung". In: Rundfunk und Fernsehen, Nr. 20/1972, 421–439.
Teichert, Will, 1973. „Fernsehen als soziales Handeln (IMI): Entwürfe und Modelle zur dialogischen Kommunikation zwischen Publikum und Massenmedien". In: Rundfunk und Fernsehen, Nr. 21/1973, 356–382.
Terkessidis, Mark, 1993. „Medienphilosophie". In: Symptome, Nr. 11/1993, 38–45.
Teubner, Gunther, 1987. „Hyperzyklus in Recht und Organisation. Zum Verhältnis von Selbstbeobachtung, Selbstkonstitution und Autopoiese". In: H. Haferkamp & M. Schmid (Hg.), Sinn, Kommunikation und soziale Differenzierung. Beiträge zu Luhmanns Theorie sozialer Systeme. Frankfurt/M.: Suhrkamp, 89–128.
Thomsen, Christian W., 1993. „Das Universum der technischen Bilder oder die totale Entropie des Realen?". In: G. Kaiser et al. (Hg.), 1993, 396–405.
Treiber, Bernhard & Norbert Groeben, 1981. „Handlungsforschung und epistemologisches Subjektmodell". In: Zeitschrift für Sozialisationsforschung und Erziehungssoziologie, Jg. 1, Nr. 1/1981, 177–238.
Tropp, Jürgen, 1995. Die Verfremdung der Werbung. Universität-GH Siegen: Phil. Diss. 1995.

Vaassen, Bernd, 1993. Die narrative Gestaltung der Wirklichkeit. Grundlinien einer postmodern orientierten Epistemologie für die Sozialwissenschaften. Braunschweig–Wiesbaden: Vieweg.

Väth, Henriette, 1982. „De Arte Odoleo. Zum wechselseitigen Verhältnis von Reklame und Kunst um die Jahrhundertwende". In: U. Geese & H. Kimpel (Hg.), Kunst im Rahmen der Werbung. Marburg: Jonas, 23–41.

Vipond, Douglas & Russell A. Hunt, 1984. „Point-driven understanding: Pragmatic and cognitive dimensions of literary reading". In: POETICS, Nr. 13/1984, 261–277.

Virilio, Paul, 1991. „Das öffentliche Bild". In: F. Rötzer (Hg.), Digitaler Schein. Ästhetik der elektronischen Medien. Frankfurt/M.: Suhrkamp, 343–345.

Waffender, Manfred (Hg.), 1991. Cyberspace. Ausflüge in virtuelle Wirklichkeiten. Hamburg: Rowohlt.

Weber, Stefan, 1995. „Auswahlbibliographie. Konstruktivismus und Medientheorie". In: Medien Journal, Nr. 4/1995, 57–60.

Weber, Stefan, 1995a. „The message makes the event. Zur Richtung des Denkens in konstruktivistischen Medientheorien". In: Medien Journal, Nr. 4/1995, 21–27.

Weibel, Peter, 1989. „Der Ausstieg aus der Kunst als höchste Form der Kunst". In: KUNSTFORUM International, Bd. 98, 60–75.

Weibel, Peter, 1990. „Vom Verschwinden der Ferne. Telekommunikation und Kunst". In: E. Decker & P. Weibel, Vom Verschwinden der Ferne. Telekommunikation und Kunst. Köln: DuMont, 19–78.

Weibel, Peter, 1992. „Über die Grenzen des Realen. Der Blick und das Interface". In: G.J. Lischka (Hg.), 1992, 219–248.

Weidenmann, Bernd, 1989. „Der mentale Aufwand beim Fernsehen". In: J. Groebel & P. Winterhoff-Spurk (Hg.), Empirische Medienpsychologie. München: Psychologie-Verlagsunion, 134–149.

Weischenberg, Siegfried, 1992. Journalistik. Theorie und Praxis aktueller Medienkommunikation. Bd. 1: Mediensysteme, Medienethik, Medieninstitutionen. Opladen: Westdeutscher Verlag.

Weischenberg, Siegfried, 1994. „Journalismus als soziales System". In: K. Merten, S.J. Schmidt & S. Weischenberg (Hg.), 1994, 427–454.

Weischenberg, Siegfried, 1995. „Konstruktivismus und Journalismusforschung. Probleme und Potentiale einer neuen Erkenntnistheorie". In: Medien Journal, Nr. 4/1995, 47–56.

Weischenberg, Siegfried, 1995a. Journalistik. Theorie und Praxis aktueller Medienkommunikation. Bd. 2: Medientechnik, Medienfunktionen, Medienakteure. Opladen: Westdeutscher Verlag.

Weizsäcker, Carl F. von, 1980. Der Garten des Menschlichen. Beiträge zur geschichtlichen Anthropologie. München: Hanser.

Welsch, Wolfgang, ^{2}1988. Unsere postmoderne Moderne. Weinheim: VCH.

Welsch, Wolfgang (Hg.), 1993. Die Aktualität des Ästhetischen. München: Fink. (Darin: Vorwort von W. Welsch, 7–9.)

Wendel, Hans Jürgen, 1989. „Wie erfunden ist die Wirklichkeit?". In: DELFIN XII, 1989, 79–89.

Wendel, Hans Jürgen, 1990. Moderner Relativismus: Zur Kritik antirealistischer Sichtweisen des Erkenntnisproblems. Tübingen: Mohr (Die Einheit der Gesellschaftswissenschaften, Bd. 61).

Werber, Niels, 1992. Literatur als System. Zur Ausdifferenzierung literarischer Kommunikation. Opladen: Westdeutscher Verlag.

Wersig, Gernot, 1993. „Bausteine zu einer Theorie der nachmodernen visuellen Kommunikation". In: G. Bentele & M. Rühl (Hg.), Theorien öffentlichter Kommunikation. Problemfelder, Positionen, Perspektiven. München: Ölschläger, 367–380.

Weyer, Johannes, 1993. „System und Akteur. Zum Nutzen zweier soziologischer Paradigmen bei der Erklärung erfolgreichen Scheiterns". In: KZfSS, Jg. 45, Nr. 1/1993, 1–22.

Wiener, Oswald, 1993. „Freihandzeichnungen zur ›Computer-Kultur‹" In: G. Kaiser et al. (Hg.), 1993, 233–247.

Wilson, Stephen, 1989. „Umwelt-erfassende Kunstwerke und interaktive Kunstereignisse". In: KUNSTFORUM International, Bd. 103, 166–179.

Winter, Rainer, 1995. Der produktive Zuschauer. Medienaneignung als kultureller und ästhetischer Prozeß. München: Quintessenz.

Winter, Rainer & Roland Eckert, 1990. Mediengeschichte und kulturelle Differenzierung. Opladen: Leske & Budrich.

Zauner, Hansjörg, 1995. Hansjörg Zauner II. Wien: Ms..

Ziegler, Ulf Erdmann, 1993. „Je mehr, desto besser. Technologie im Museum". In: K.H. Bohrer & K. Scheel (Hg.), Medien. Neu? Über Macht, Ästhetik, Fernsehen. Merkur Sonderheft, Jg. 47, Nr. 9–10/1993, 807–828.

Ziemke, Axel, 1992. System und Subjekt. Biosystemforschung und radikaler Konstruktivismus im Lichte der Hegelschen Logik. Braunschweig–Wiesbaden: Vieweg.

Zitterbarth, Walter, 1991. „Der Erlanger Konstruktivismus in seiner Beziehung zum konstruktiven Realismus". In: M.F. Peschel (Hg.), Formen des Konstruktivsmus in der Diskussion. Wien: VUV-Universitätsverlag, 73–87.

Abbildungsverzeichnis

Abb. 1	Beobachtungsaspekte medienwissenschaftlicher Forschung
Abb. 2	n-tv-Anzeigenkampagne (doppelseitig) in der Werbefachzeitschrift „Horizont“
Abb. 3	DER SPIEGEL. Werbespot „Monday morning feels so bad“
Abb. 4a–b	Canale Grande. Das Medienjournal mit D. Moor. VOX
Abb. 5	Karsten Bott. „Speicher. Versuche zur Darstellbarkeit von Geschichte(n)“, 1993. In: KUNSTFORUM INTERNATIONAL, Bd. 127, 1994, S. 86
Abb. 6	ON KAWARA. „Oct. 25, 1982. - 17. Juli 1985.“ In: KUNSTOFURM INTERNATIONAL, Bd. 127, 1994, S. 108–109.
Abb. 7	Kult um den Sport. Stern-Magazin, Heft 50, 1987. In: ADC-Jahrbuch 1988, S. 294.
Abb. 8	Computerprogramm „Jamaica Plain“ für Jugendliche, Media Lab, MIT. In: KUNSTFORUM INTERNATIONAL, Bd. 97, 1988, S. 81.
Abb. 9	„Der vernetzte Körper.“ In: KUNSTFORUM INTERNATIONAL, Bd. 132, 1996, S. 179.
Abb. 10	Richard Kriesche, „brain-tv“ 1980. In: KUNSTFORUM INTERNATIONAL, Bd. 103, 1989, S. 135.
Abb. 11	Renaro Cesaro, „Abendmal“. In: MAX, 4. Jg., Nr. 6/94, S. 245.
Abb. 12	Smirnov-Cola-Reklame. In: MAX, 4. Jg., Nr. 6/94, S. 332.
Abb. 13	Aufzeichnung von Augenbewegungen (A.L. Yarbus, Eye Movement and Vision. New York 1967). In: D.H. Hubel 1989: 90)
Abb. 14	Jochem Hendricks: Augen Zeichnungen (1992). In: U.E. Ziegler 1993: 820.
Abb. 15	René Magritte, „Ceci n'est pas une pipe.“ In: KUNSTFORUM INTERNATIONAL, Bd. 129, 1995: 166f.
Abb. 15a	Ian Hamilton Finlay, „Ceci n'est pas une pipe.“ In: KUNSTFORUM INTERNATIONAL, Bd. 132, 1996, S. 352.
Abb. 16	David Octavius Hill & Robert Adams. „Fischerfrauen von New Haven“, 1845, In: H. von Amelunxen 1988: 40.
Abb. 17	Anzeigenkampagne für die Marke Einhorn. In: Museum Folkwang. Werbefotografie in Deutschland seit den zwanziger Jahren. 1989, S. 111.
Abb. 18	Gilbert & George 1972. In: Volker Kahmen, Fotografie als Kunst. Tübingen 1973, S. V
Abb. 19	Bernhard Prinz, „Zwei Allegorien“. In: KUNSTFORUM INTERNATIONAL, Bd. 83, 1986, S. 134–135.

Sachindex

A

Advotainment 134; 140
Alphabetisierung 41; 151
Anschlußfähigkeit 9; 21; 22; 77
kommunikative 9; 22; 25; 73; 74
Anwendungsorientierung 70
Ästhetik 101; 122; 133; 138; 144
Auge 59; 105; 160; 161; 164; 173; 174
Ausblendungsregel 122; 136
Authentizität 46; 101; 167; 170; 173; 184
Autor 1; 29; 80; 81; 83; 86

B

Bartering 133; 144
Bedeutung 4; 17; 18; 20; 23; 26; 31; 39; 54; 82; 88; 157; 162; 173; 104; 110; 115; 122; 128; 130;145; 146; 147
Beobachter 7; 10; 11; 15; 16; 17; 21; 38; 54; 55; 56; 57; 58; 59; 60; 68; 72; 73; 77; 83; 89; 98; 99; 102; 103; 110; 122; 154; 158; 167; 174; 182
Bewußtsein 5; 7; 8; 9; 10; 11; 12; 20; 22; 24; 25; 26; 28; 34; 52; 58; 65; 69; 103; 111; 113; 117; 129; 151; 160; 172
Bild 34; 69; 93; 94; 95; 99; 100; 101; 105; 111; 130; 133; 134; 145; 153; 156; 157; 158; 160; 163; 164; 166; 167; 168; 170; 171; 172; 173; 174; 175; 177; 178; 180; 182; 183; 184; 185
Biographie 19; 92
Bootlegging 148

C

Code 27; 95
Common sense 16; 22
Computer 3; 44; 94; 95; 96; 99; 100; 105; 106; 109; 116; 134; 146; 160; 170; 185
Cyberspace 69; 78; 98; 99; 102; 105; 106; 107; 108; 112; 113; 114; 115; 117; 124; 161; 184
Cyborg 107

D

Daguerrotypie 156
Demokratie 39; 108
Demokratisierung 41; 150
Denken 5; 12; 13; 73; 108; 161
Dialektik 45; 137; 151; 163
Differenz 3; 10; 12; 17; 21; 25 39; 40; 42; 56; 57; 59; 62; 63; 66; 71; 72; 84; 85; 98; 102; 110; 114; 115; 116; 145; 153; 154; 170; 171; 173; 176; 177; 178; 183
Differenzierung 39; 41; 42; 43; 45; 68; 114
Digitalisierung 66; 95; 100; 124; 144; 172
Diversifikation 119

E

Eigenwertbildung 59; 72
elektronische 3; 110; 119; 174
Emotion 13; 14; 127
Empfänger 145; 164; 26

Empirie 43; 46; 57; 76
Erinnern 12; 14; 64; 65; 66; 68; 69; 168; 173
Erkenntnistheorie 57; 58; 61; 100; 113; 139; 161
Erlebnisgesellschaft 141; 143
Erwartung 62; 141; 167
Erzählmuster 127
Europa 39; 40; 161
Evidenz 54; 68; 114
Evolution 4; 12; 13; 35; 42; 43; 142; 160

F

Fernsehen 3; 44; 47; 51; 54;83; 92; 93; 94; 96; 123; 124; 128; 134; 142; 143; 144; 145; 147; 170; 173; 178; 180; 183; 185
Fiktion 2; 25; 31; 84; 96; 98; 102; 109; 114; 116; 140;153; 176
fiktiv 13; 25; 44; 63; 102; 170; 171
Film 3; 83; 92; 93; 121; 124; 132; 153; 157; 161; 168; 178; 184; 185
Fremdreferenz 12; 23; 56; 59; 60; 62; 63; 71; 153; 167

G

Gedächtnis 12; 13; 14; 45; 62; 63; 64; 65; 66; 69; 74; 92; 94; 101; 160; 162
  Speicher 64; 69
Geschichte 4; 13; 17; 31; 32; 36; 43; 56; 61; 74; 80; 95; 103; 105; 108; 123; 132; 134; 150; 171; 172; 185
Geschlossenheit (operationale) 7; 12; 16; 35; 38; 71
  Siehe System
Gesellschaft 3; 7; 8; 16; 18; 24; 26; 27; 30; 35; 36; 37; 38; 41; 45; 46; 52; 53; 55; 61; 62; 66; 68; 72; 75; 79; 83; 85; 87; 88; 89; 92; 94; 103; 107; 113; 119; 120; 121; 122; 126; 134; 137; 140; 142; 143; 150; 151; 152; 174; 176; 182; 184; 185
Grenzproblem 33; 34

H

Handlung 9; 22; 24; 26
Herrschaft 104; 161
Hörfunk 3; 47; 51; 83; 93

I

Identität 39; 41; 42; 69; 82; 85; 89; 90; 94; 104; 106; 147
Imagination 8; 10; 119; 174
Individualisierung 41; 46; 123; 145; 146; 150; 151
Individuum 12; 13; 61; 75; 85
Industrialisierung 41; 150
Industrie 38; 128; 130
Information 4; 7; 8; 11; 20; 22; 27; 78; 106; 123; 132; 136; 140; 141; 143; 144; 147; 173; 174; 183
Infotainment 138; 141; 148; 185
Intentionen 19; 25; 60; 120; 150
Interaktion 4; 12; 13; 14; 15; 17; 26; 31; 33; 34; 36; 42; 47; 52; 59; 62; 75; 76; 80; 107; 110; 111; 112; 117; 142; 143; 146; 171
Interkulturalität 39; 42
Intermedialität 42
Internet 117; 118; 121; 147; 153
Interpretation 17; 24; 38; 40; 111; 116; 158; 178
  Siehe Lesart

J

Journalismus 1; 27; 63; 70; 78

K

Kanonisierung 79; 80; 81; 83; 86; 89; 92; 93; 94
Kino 126; 173

Kollektives Wissen 13
Kommerzialisierung 68; 118; 123; 149; 152; 175
Kommunikatbildung 19; 20; 25
Kommunikation 1; 2; 3; 4; 5; 6; 7; 8; 9; 10; 11; 12; 16; 18; 19; 21; 22; 23; 24; 25; 26; 27; 29; 30; 34; 35; 36; 37; 38; 42; 43; 45; 52; 53; 61; 62; 63; 64; 66; 68; 72; 73; 75; 77; 78; 80; 82; 83; 84; 86; 87; 89; 95; 106; 107; 113; 115; 118; 121; 122; 123; 126; 133; 134; 138; 139; 141; 146; 147; 148; 149; 152; 158;170; 174; 175; 185
Massenkommunikation 26; 27; 43; 115; 145
  Telekommunikation 45; 95; 112; 144
  Kommunikationsofferte 23; 25; 26
Komplexität 31; 37; 41; 45; 51; 85; 86; 87; 102; 112; 121; 162; 184
Konsens 12; 16; 41; 55; 76; 90; 110
Konstruktivismus 1; 32; 55; 57; 60; 62; 98; 99; 103; 112; 151
  Erlanger 60
  Kulturalistischer 60
  Operativer 62
  Radikaler 1; 53; 57; 98; 99; 103; 113; 151
Konstruktivität 11; 42; 46; 53; 71; 75; 99; 158; 162; 182
Konsum 39; 126; 134; 136; 139; 144
Kontext 4; 7; 17; 20; 31; 44; 57; 66; 73; 92; 101; 107; 117; 120; 133; 156; 175; 182
  Rezeptionskontext 17; 168
  Sinnzusammenhang 13; 25; 66
Kontingenz 18; 41; 42; 68; 73; 83; 103; 151; 164; 170
Kontingenzerfahrung 46; 47; 54; 150
Kontrolle 15; 21; 37; 38; 107; 152; 160; 164; 177
Kreativität 25; 89; 106; 108; 109; 111; 121; 147; 162
Kultur 2; 4; 13; 15; 16; 18; 24; 30; 35; 36; 37; 38; 39; 40; 41; 44; 45; 52; 53; 54; 64; 66; 77; 79; 85; 87; 89; 94; 102; 103; 104; 107; 110; 115; 119; 120; 139; 141; 152; 161
kultureller Wandel 37; 89
Kunst 56; 84; 86; 94; 98; 100; 104; 108; 109; 110; 111; 112; 117; 119; 120; 121; 131; 133; 134; 137; 138; 139; 140; 142; 143; 144; 150; 153; 154; 156; 166; 168; 172; 175; 176; 177; 178; 183; 184
Kunstwerk 84; 102; 139

L

Latenzbeobachtung 40; 53; 150; 151
Lernen 14; 69
Lesart 17; 34; 66; 84
  Siehe Interpretation
Lesestrategien 19
Liebe 23; 85; 126
Lifestyle 127; 131; 133; 134; 135; 137
Literaturwissenschaft 79; 82
  empirische 79

M

Macht 120; 137
Macht 23; 24; 82
Malerei 154; 156
Manipulation 115
Marketing 27; 125; 126; 130; 144; 146; 147; 149; 152
Marktforschung 125; 128; 129; 134
Massenmedien 3; 26; 27; 43; 45; 51; 55; 56; 63; 92; 96; 114; 118; 120; 121; 139; 144; 146; 149
Medien 1; 2; 3; 4; 9; 11; 18; 19; 35; 38; 39; 41; 42; 43; 44; 45; 46; 47; 51; 52; 53; 54; 55; 57; 63; 64; 65; 68; 69; 77; 79; 83; 86; 89; 92; 93; 94; 95; 96; 100; 101; 103; 104; 106; 108; 110; 115; 116; 118; 119; 121; 122; 123; 132; 138; 139;

141; 142; 144; 145; 147; 149; 151; 152; 153; 170; 171; 173; 174; 175; 184; 185
Medienangebot 4; 20; 21; 22; 44
Medienentwicklung 42; 116; 171
Mediengeschichte 4; 42; 78; 108; 153
Medienkultur 41; 42; 43; 53; 55; 118; 139; 141
Medienkulturwissenschaft 41; 42
Medientechnologie 42; 96; 108
Medientheorie 1; 45
Medienverbund 44; 52; 104; 154
Medienwirkung 1; 77
Medienwissenschaft 1; 2; 4; 28; 41; 77; 78; 93
Medium 2; 3; 6; 26; 42; 44; 45; 47; 51; 52; 53; 93; 99; 104; 108; 116; 122; 126; 152; 153; 154; 156; 171; 173; 183; 185
Metapher 10; 110; 161; 178
Metaphysik 150; 161
Methode 28; 156; 164
Mimesis 167; 170
Moderne 42; 84; 90; 108; 150; 151
Modernisierung 41; 42; 150; 151
Multimedia 45; 95; 100; 144; 186
Musik 115; 116; 130; 133; 147; 148; 153; 176

N

Nachricht 43; 51; 77; 175
Narzißmus 25; 39; 184
Netzwerk 7; 110; 143

O

Objekt 55; 58; 59; 60; 61; 63; 69; 72; 84; 104; 106; 111; 138; 172; 175
Objektivität 55; 57; 61; 63; 65; 98
Öffentlichkeit 27; 38; 42; 43; 45; 53; 106; 132; 156; 176
Ökonomie 42; 78; 122; 166
operativ geschlossen 11; 12; 63

P

Pencil of Nature 157; 171
Philosophie 56; 57; 58; 60; 98; 100; 161
Plakat 161; 183
Pluralismus 41; 68; 73; 102; 119
Pluralität 12; 37; 44; 53; 73; 94; 102; 147; 184
Politik 43; 45; 77; 111; 119; 121; 126; 129; 139
Pop Art 138; 139; 176
Print 3; 63; 69; 83; 101; 118; 122; 126; 128; 139; 146; 185
Public Relations 1; 27; 126; 177
Publizistik 1; 27; 55

R

Rationalität 18; 41; 75; 150
Realismus 56; 57; 116; 162; 171
Realität 10; 13; 15; 16; 17; 18; 51; 52; 53; 55; 56; 57; 59; 61; 63; 64; 69; 70; 71; 72; 73; 96; 98; 99; 100; 102; 105; 106; 108; 111; 112; 113; 114; 164; 167; 171; 183; 184
Referenz 16; 22; 44; 46; 52; 53; 61; 73; 101; 141; 154; 167; 170; 172
Reflexivität 16; 26; 31; 43; 46; 47; 52; 75; 83; 150; 151; 153
Reklame 128; 133; 136; 137; 140; 144; 154; 180
Religion 82;119; 121; 150
Repräsentation 54; 55; 64; 71; 104; 105; 131; 156; 167; 170; 171; 182
Reproduktion 9; 13; 22; 33; 37; 42; 166; 185
Rezeption 20; 21; 84; 85; 86; 88; 90; 93; 116; 140; 148; 154; 158; 168; 178
Rolle 10; 13; 14; 23; 27; 30; 31; 36; 39; 52; 55; 58; 63; 64; 65; 71; 76; 80; 81; 86; 89; 101; 102; 127;

129; 132; 133; 150; 151; 152; 154; 158; 161; 175; 185
Rundfunk 3; 63; 92; 145

S

Selektion 17; 24; 81; 170; 184
Selektivität 32; 46; 68; 75; 122
Semantik 36; 38; 46; 66; 104; 122; 141
Sender 26; 47; 51; 133; 145; 152
Sensomotorik 13; 14
Simulation 14; 62; 98; 99; 103; 105; 107; 108; 109; 110; 116; 119; 134; 184; 185
Sinn 4; 12; 21; 22; 23; 25; 26; 28; 30; 38; 60; 61; 65; 78; 85; 102; 108; 109; 111; 113; 114; 115; 120; 141; 142; 148; 151; 161; 171
Social Spot 125
Sozialisation 19; 37; 44; 62; 65; 83; 84; 86; 89; 119; 153
Sozialsystem 2; 75; 79; 80; 121; 135; 143; 26; 27; 30; 37; 73; 144; 158
Soziologie 34; 35; 142
Sprache 2; 5; 6; 7; 9; 12; 13; 15; 16; 17; 18; 21; 37; 45; 58; 69; 86; 110; 162; 176
Spracherwerb 16
Sprachphilosophie 56; 57; 58
Sprechen 5; 15
Struktur 6; 8; 16; 21; 34; 44; 121; 177
strukturelle Kopplung 6; 7; 9; 10
Subjekt 9; 10; 53; 55; 58; 59; 61; 62; 63; 75; 95; 103; 106; 151
Subsystem 33; 123
Symmetriebrechung 15; 33; 71
Synthese 7; 8; 22; 111
System 2; 7; 8; 9; 10; 11; 14; 15; 17; 18; 19; 20; 22; 23; 24; 27; 28; 30; 32; 33; 34; 36; 55; 56; 58; 59; 60; 62; 63; 68; 71; 72; 93; 98; 103; 104; 120; 142; 146; 151; 171
  Ausdifferenzierung 19; 26; 27; 39; 41; 52; 53; 72; 81; 94; 115; 120; 122; 123; 134; 136; 144; 146; 147;149
  Autonomie/autonom 9; 16; 18; 25; 27; 38; 46; 72; 100; 111; 152
  Autopoiese 20; 30
  autopoietisch 6; 8
  Bildungssystem 146
  Emergenz 15; 31
  Entdifferenzierung 44; 45; 146; 153
  Erziehungssystem 80
  funktionale Differenzierung 41; 43; 68
  heterogenetische Systeme 32
  Journalismussystem 63; 77; 84
  Literatursystem 79; 80; 81; 82; 84; 86; 89; 90
  Mediensystem 2; 42; 47; 52; 55; 151; 153; 185
  Nervensystem 8; 65; 100
  Operationale Geschlossenheit *Siehe* Geschlossenheit
  Selbstbeobachtung 27; 53; 55; 150
  Selbstbeschreibung 27; 120
  Selbstreferentialität 12; 24; 51; 52; 71
  Selbstreferenz 12; 23; 30; 32; 46; 52; 62; 139
Systemtheorie 24; 27; 28; 29; 30; 31; 32; 63

T

Technisierung 41; 108
Techno 101; 103; 109; 115; 116
Telefon 39; 96
Text 17; 18; 20; 21; 31; 79; 84; 93; 95; 100; 131; 141; 153; 160; 163; 166; 182
Theater 14; 138; 184
Tradition 4; 7; 61; 70; 81; 89; 129
TV 47; 49; 52; 53; 54; 92; 116; 117; 129; 131; 133; 135; 140; 142;

144; 145; 146; 152; 178; 180; 185

U

Umwelt 6; 8; 9; 10; 11; 12; 13; 14; 15; 17; 18; 28; 36; 38; 55; 58; 59; 60; 62; 63; 64; 71; 75; 88; 100; 137; 149; 160; 162; 163; 167
Unterhaltung 51; 92; 108; 123; 133; 140; 141
Urbanisierung 41; 150; 151
USA 39; 92; 124; 129; 144; 145; 146

V

Vergangenheit 18; 43; 64; 65; 68; 103; 163; 172; 174
Vergessen 14; 45; 66; 68; 69; 79; 87; 94; 168
Verhalten 6; 13; 16; 32; 35; 58; 100; 119; 140; 162; 163; 164; 168; 174; 176
Verhaltenskoordinierung 16; 21
Verstehen 4; 7; 8; 19; 20; 21; 22; 25; 26; 54
Virtualisierung 51; 54; 100; 135; 184
Virtualität 54; 100; 102; 112; 113; 114; 115

W

Wahrheit 2; 23; 57; 65; 70; 73; 74; 77; 85; 102; 161
Wahrnehmung 8; 11; 13; 18; 19; 21; 25; 26; 43; 52; 59; 69; 72; 84; 101; 110; 162; 163; 170; 171
Weltgesellschaft 103; 184
Werbeeinnahmen 51; 118; 124; 133; 149
Werbefoto 174; 182
Werber 27; 28; 129; 130; 139; 143; 147; 149
Werbespot 45; 130; 135; 140; 167
Werbesystem 118; 120; 121; 122; 123; 136; 141; 142
Werbewirtschaft 119; 120; 121; 125; 132; 136; 140; 144; 146; 152
Werbung 39; 47; 51; 76; 93; 109; 118; 119; 120; 121; 122; 123; 124; 125; 126; 128; 129; 130; 131; 132; 133; 134; 135; 136; 137; 138; 139; 140; 141; 142; 143; 144; 145; 146; 147; 148; 149; 152; 154; 156; 164; 166; 174; 175; 176; 177; 178; 182; 183
  Fernsehwerbung 118; 121; 122; 123; 124; 126; 128; 129; 130; 131; 132; 133; 134; 135; 137
  Werbeträger 93; 124
Wert 79; 80; 89; 93; 182
Wirkungsforschung 76
Wirtschaft 43; 45; 54; 119; 120; 123; 125; 142; 145; 146; 148; 149; 152
Wirtschaftssystem 80; 120
Wissen 4; 7; 8; 13; 14; 15; 16; 17; 18; 19; 22; 24; 25; 30; 35; 36; 37; 38; 39; 52; 59; 60; 62; 69; 70; 71; 72; 73; 74; 75; 76; 77; 78; 86; 87; 88; 89; 101; 111; 114; 122; 136; 142; 150; 157; 158; 160; 173; 175
World Wide Web (WWW) 69

Namenindex

A

Acham, K. 73
Adamson, R. 168
Adenauer,K. 126
Adorno, Th. W. 130; 137
Adrian X, R. 112
Alfes, H.F. 13; 45
Allen, W. 171
Amelunxen, H. von 156; 157; 167; 171; 172; 173
Ascott, R. 110; 111
Assmann, A. 64
Assmann, J. 64
Augustinus 161

B

Badura, B. 70
Baecker, D. 10; 11
Ballstaedt, S.-P. 160
Barthes, R. 164; 168; 172; 173; 180
Baudrillard, J. 104; 170; 177
Baumhauer, O.A. 35
Bayard, H. 156
Beckmann, E. 106; 107
Bell, D. 150
Bender, Ch. 30; 32
Beneix, J.J 138
Benjamin, W. 164; 168; 184; 185
Bense, M. 85
Bentele, G. 55
Berger, J. 31
Berkeley, G. 56
Bleicher, J.K. 47; 51
Blöbaum, B. 27
Blumler, J. 4
Böckelmann, F. 44
Böhme, G. 166
Böll, H. 90
Bolten, H.G. 88
Bolten, J. 120; 123; 182
Bolz, N. 27; 45; 99; 101; 102; 103; 104; 105; 106; 107; 120; 146; 154; 156; 175; 178
Bourdieu, P. 24; 76
Boventer, H. 55
Buchli, H. 120
Burian, R.M. 60
Burke, P. 122

C

Carlyle, Th. 161
Carpenter, E. 44
Ceccato, S. 58
Chabrol, C. 138
Chéreau, P. 138
Chomsky, N. 5
Ciompi, L. 14; 19
Comolli, J.L. 161

D

Daguerre, L. 156
Degler, H.D. 146
Deleuze, G. 173
Denecke, M. 148
Descartes, R. 161
Dietl, H. 138
Doelker, Chr. 53
Dröge, F. 42; 78

E

Eastman, G. 156; 157

Ebguy, R. 148
Eckert, R. 45; 106
Eggert, R.W. 125
Eibl, K. 85
Eichhorn, C. 96; 108
Einstein, A. 86
Empedokles 58
Endrös, S. 148
Esser, H. 24; 29; 62

F

Faßler, M. 95
Faulstich, W. 93
Fedrowitz, J. 100
Feilke, H. 13; 16; 22
Fellini, F. 138
Felsenberg, A. 96
Festenberg, N. von 51
Fisher, S. 105; 113
Fleck, L. 11; 40; 60; 61; 89; 184
Flusser, V. 102; 104; 164; 168; 174
Foerster, H. von 7; 59; 72; 73; 103
Foulkes, D. 4
Frey, D. 88; 89
Früh, W. 19
Fuchs, M. 163
Fuchs, P. 182

G

Gangloff, T.P. 103; 107
Gehrke, R. 1
George, G. 93; 156
Gerz, J. 170
Gieseking, F. 148
Godard, J.-L. 138
Goertz, L. 110
Goethe, J.W. von 80; 86; 90
Gollwitzer, P.M. 89
Görke, A. 27
Grass, G. 83; 87
Grassmuck, V. 106
Grimm, J. 54
Groeben, N. 75
Großklaus, G. 171; 172; 173
Großmann, R. 115

H

Habermas, J. 53; 130
Haefner, K. 107
Hagendorf, H. 64
Halbach, W.R. 95
Hansen, K.P. 35
Hardt, D. 64
Hartmann, P. 5
Hauptmeier, H. 19; 70; 74
Heißenbüttel, H. 86
Hejl, P.M. 30; 31; 32; 74; 75
Herder, J.G. 5
Heumann, W. 124
Heuser, U.J. 145
Hickethier, K. 68; 92
Hiegler, G. 178
Hill, D.O. 168
Hine, R. 115
Hölderlin, J.C.F. 81
Hölscher, T. 64
Homer 80
Horkheimer, M. 137
Horx, M. 119; 120; 141; 143; 148
Hubel, D.H. 161
Hudson, H. 138
Humboldt, W. von 5
Hymes, D. 5

I

Igelhaut, S. 95
Irigaray, L. 161
Irle, M. 88; 89

J

Jäger, G. 29
Jahraus, O. 10
Jandl, E. 86
Janich, P. 54; 57; 58
Jay, M. 161

Jensen, S. 99; 105; 112; 113
Joyce, J. 86

K

Kabel, P. 124; 147
Kamlah, W. 59
Kamper, D. 104; 163
Katz, E. 4
Kellner, J. 120; 130; 138
Kepplinger,H.M. 44
Keusen, K.-P. 144
Kittler, F. 3; 42; 99; 104
Kleist, H. von 81
Klier, P. 46; 47; 53
Klix, F. 64
Kloepfer, R. 139; 140
Kloock, D. 164
Klopstock, F.G. 86; 90
Kluge, F.W. 105
Klüver, J. 30
Kopper, G.G. 42; 78
Koslowski, P. 150
Krauss, R. 184
Krippendorff, K. 3; 78
Krohn, W. 15; 32; 75; 76
Krueger, M.W. 99; 108; 110
Kruse, P. 58; 72; 73
Küppers, G. 15; 32; 75; 76
Kurz, R. 151; 160

L

Lakatos, I. 73
Landbeck, H. 139; 140
Landolt, M. 45; 120
Lanier, J. 106
Lantermann, E.O. 182
LaPiere, R. 7
Lepsius, M.R. 150
Lerg, W.B. 3
Lessing, J.G.E. 90; 178
Leukipp 58
Lichtenstein, R. 138
Liebmann, H.-P. 147
Lippert, W. 130
Lischka, G.J. 43; 161
Locke, J. 5
Löffelholz, M. 43; 52
Loo, H. van der 150
Luckmann, T. 31
Luhmann, N. 5; 6; 7; 8; 9; 10; 12; 16; 17; 21; 22; 23; 24; 27; 28; 29; 30; 31; 33; 34; 35; 51; 54; 55; 56; 57; 59; 60; 61; 64; 71; 72; 74; 75; 77; 120; 142
Lürzer, W. 129
Lüsebrink, H.J. 92
Lyotard, J.-F. 5; 29

M

Magritte, R. 138; 164; 166
Marcinkowski, F. 27
Marcuse, H. 130
Marius, D. 10
Martens, W. 34
Marx, K. 95; 161
Maturana, H.R. 6; 7; 8; 10; 64
Mayröcker, F. 86
McLuhan, M. 3; 120; 144; 164; 167; 175
Merten, K. 1; 4; 26; 27; 43; 45; 150
Meutsch, D. 17; 158; 160
Meyer, B. 15; 29; 30; 34; 35; 63; 71
Meyrowitz, J. 44; 53
Mittelstraß, J. 60
Mitterer, J. 58
Moles, A. 85
Monaco, J. 157
Müller, J. 162
Mummendey, H.D. 88
Musil, R. 184

N

Neisser, U. 157
Neverla, I. 44

Niépce, J.N. 156
Nowotny, H. 150
Nündel, E. 82

O

Oeser, E. 14
Oldenburg, C. 138
Ortstein, U. 129
Oyne, B. 129

P

Packard, V. 130
Parker, A. 138
Parsons, T. 9; 23; 34
Paslack, R. 32
Pasternack, G. 60; 62
Perniola, M. 184
Pichler, F. 107
Platon 58; 161
Plentzdorf, U. 86
Plumpe, G. 27
Polanski, R. 138
Prinz, B. 178

R

Reck, H.U. 64; 163; 176; 177
Rees, C.J. van 81
Reijen, W. van 150
Rempeters, G. 95
Renckstorf, K. 4
Reulecke, J. 122
Rheingold, H. 95; 108
Richter, M. 120
Rieck, G. 178
Riepl, W. 3
Ropohl, G. 63
Ros, A. 28; 30
Roth, G. 7; 11; 12; 32; 64; 157; 162; 163
Rötzer, F. 95; 96; 100; 157; 170; 185
Rühle, R. 124
Rusch, G. 12; 21; 30; 57; 65; 70

S

Salomon, G. 157
Sandbothe, M. 69
Saxer, U. 1; 2; 3; 7; 14; 45; 55; 120
Schanze, H. 95
Scheele, B. 75
Schenk, M. 4
Schenkel, C. 138
Schiller, F. von 86; 90
Schimank, U. 29; 31
Schirner, M. 120; 129; 130; 132; 137; 138; 139; 175; 177; 183
Schivelbusch, W. 172
Schlosser, G. 32; 33; 63
Schlotthaus, W. 82
Schmidt, H. 52
Schmidt, S.J. 1; 5; 7; 15; 19; 22; 27; 35; 41; 53; 60; 62; 64; 71; 74; 75; 79; 82; 87; 101; 118; 120; 121; 122; 123; 133; 134; 135; 150; 151; 152
Schmidt-Wulffen, S. 66
Schneider, W.L. 8; 22; 25; 26
Scholz, O.R. 133; 167
Schuldt, H.A. 138
Schulz, W. 145
Schulze, G. 82; 88; 141
Schweeger, E. 95
Schwegler, O. 11; 12
Scott, R. 138
Seel, M. 2
Segers, R. 35
Seitelberger, F. 14
Shakespeare, W. 80
Slesina, H. 125
Smith, B.R. 109
Sontag, S. 164; 167; 168; 171; 172; 174; 175; 178; 182
Spangenberg, P.M. 1; 27; 44; 45; 46; 102; 104; 114; 124; 150; 152; 157
Spieß, B. 41; 118; 120; 121; 122; 123; 133; 134; 135; 151
Stachowiak, H. 60

Stadler, M. 72; 73
Stegmüller, W. 54; 114
Stein, G. 86
Steinmüller, K. 95; 98; 100; 107; 108; 114
Sterbling, A. 31
Stipp, H. 145
Stolz, M. 146; 147; 148
Stramm, A. 86

T

Talbot, W.H.F. 156; 157; 171; 172
Teichert, W. 4
Terkessidis, M. 104
Teubner, G. 29
Thomsen, C. 110
Treiber, B. 75
Tropp, J. 146; 167

V

Varela, F.J. 7
Väth, H. 138
Viehoff, R. 35
Virilio, P. 104; 154; 174; 182
Vorderer, P. 87

W

Waffender, M. 95
Warhol, A. 138; 176; 185
Weber, S. 1
Weibel, P. 43; 95; 98; 99; 108; 111; 112
Weischenberg, S. 1; 2; 10; 27; 55; 63; 70; 77; 78; 84; 150
Weizsäcker, C.F. von 15
Welsch, W. 45; 73; 139
Wendel, H.J. 57
Werber, N. 27; 28; 129; 130; 139; 143; 147; 149
Wersig, G. 158; 185; 186
Westerbarkey, J. 45
Weyer, J. 31
Wicklund, R.A. 89
Wieland, C.M. 90
Wiener, O. 109
Wilson, S. 111
Winter, R. 4; 44; 45
Wittgenstein, L. 5

Z

Zauner, H. 182
Zeffirelli, F. 138
Ziemke, A. 14
Zitterbarth, W. 58

GPSR Compliance

The European Union's (EU) General Product Safety Regulation (GPSR) is a set of rules that requires consumer products to be safe and our obligations to ensure this.

If you have any concerns about our products, you can contact us on ProductSafety@springernature.com

In case Publisher is established outside the EU, the EU authorized representative is:

Springer Nature Customer Service Center GmbH
Europaplatz 3
69115 Heidelberg, Germany

Batch number: 10577876

Printed by Printforce, the Netherlands